特种建（构）筑物建造安全控制技术丛书

# 特种筒仓结构施工关键技术及安全控制

李慧民　周崇刚　裴兴旺　孟海　著

北京
冶金工业出版社
2018

## 内 容 提 要

本书系统阐述了特种筒仓结构施工关键技术及安全控制方法。全书分为 9 章，第 1 章为特种筒仓结构施工安全控制理论，第 2 章为特种筒仓结构施工关键技术，第 3 章为特种筒仓结构施工安全数值模拟方法，第 4 章为特种筒仓结构施工安全动态监测方法，第 5 章为特种筒仓结构施工安全风险评估方法，第 6 章~第 9 章为实例分析，系统全面地阐述了特种筒仓结构钢衬里模块化施工、预应力施工等关键施工技术及其安全控制方法，从而使得全书具有极强的实用性。

本书可作为特种筒仓建设工程从业人员的指导书籍，也可作为高等院校土木工程与安全工程等专业的教科书。

**图书在版编目(CIP)数据**

特种筒仓结构施工关键技术及安全控制/李慧民等著. —北京：冶金工业出版社，2018. 4

特种建（构）筑物建造安全控制技术丛书

ISBN 978-7-5024-7709-7

Ⅰ. ①特… Ⅱ. ①李… Ⅲ. ①筒仓—工程施工—安全技术 Ⅳ. ①TU249. 9

中国版本图书馆 CIP 数据核字（2018）第 046216 号

出 版 人　谭学余

地　　址　北京市东城区嵩祝院北巷 39 号　邮编　100009　电话　(010)64027926

网　　址　www. cnmip. com. cn　电子信箱　yjcbs@ cnmip. com. cn

责任编辑　杨　敏　美术编辑　彭子赫　版式设计　禹　蕊　孙跃红

责任校对　郑　娟　责任印制　牛晓波

ISBN 978-7-5024-7709-7

冶金工业出版社出版发行；各地新华书店经销；三河市双峰印刷装订有限公司印刷

2018 年 4 月第 1 版，2018 年 4 月第 1 次印刷

169mm×239mm；14 印张；272 千字；213 页

**68. 00** 元

**冶金工业出版社　投稿电话　(010)64027932　投稿信箱　tougao@cnmip. com. cn**

**冶金工业出版社营销中心　电话　(010)64044283　传真　(010)64027893**

**冶金书店　地址　北京市东四西大街46号(100010)　电话　(010)65289081(兼传真)**

**冶金工业出版社天猫旗舰店　yjgycbs. tmall. com**

# 前　言

本书主要针对双壳筒体结构施工全过程涉及的关键施工技术及安全控制问题进行分析，采用有限元数值模拟、施工现场动态监测、BP小波神经网络等方法，系统全面地介绍了双壳筒体结构钢衬里模块化施工、预应力施工、非能动结构施工等关键施工技术及其安全控制方法。全书分2篇共9章，第1篇为特种筒仓结构施工关键技术及安全控制基础理论，由特种筒仓结构施工安全控制理论、特种筒仓结构施工关键技术、特种筒仓结构施工安全数值模拟方法、特种筒仓结构施工安全动态监测方法、特种筒仓结构施工安全风险评估方法组成；第2篇为特种筒仓结构施工关键技术及安全控制实例分析，由工程概况、特种筒仓结构施工安全数值模拟、特种筒仓结构施工安全动态监测、特种筒仓结构施工安全风险评估组成。章节内容丰富，由浅入深，紧密结合工程实际，便于操作，具有较强的实用性。

本书主要由李慧民、周崇刚、裴兴旺、孟海撰写。其中各章分工为：第1章由李慧民、周崇刚、李兵撰写；第2章由李兵、周崇刚、盛金喜、王顺泽撰写；第3章由孟海、刘兆瑞、裴兴旺、李文龙撰写；第4章由周崇刚、李勤、盛金喜、孟海撰写；第5章由李勤、赵向东、刘兆瑞、王旋旋撰写；第6章由李兵、李勤、袁鹏飞撰写；第7章由孟海、李慧民、裴兴旺撰写；第8章由李慧民、赵向东、裴兴旺撰写；第9章由周崇刚、李文龙、刘怡君撰写。

本书的撰写得到了西安建筑科技大学、中冶建筑研究总院有限公司、北京建筑大学、中天西北建设投资集团有限公司、西安市住房保障和房屋管理局、西安华清科教产业（集团）有限公司、乌海市抗震办公室、百盛联合建设集团等单位的技术与管理人员的大力支持与帮助。同时在撰写过程中还参考了许多专家和学者的有关研究成果及文献资料，在此一并向他们表示衷心的感谢！

由于作者水平有限，书中不足之处，敬请广大读者批评指正。

作　者

2017 年 12 月

# 目　　录

## 第1篇　特种筒仓结构施工关键技术及安全控制基础理论

# 第2篇　特种筒仓结构施工关键技术及安全控制实例分析

# 第1篇

# 特种筒仓结构施工关键技术及安全控制基础理论

## 1 特种筒仓结构施工安全控制理论

20世纪90年代以来，随着我国经济建设的发展，工业项目建设规模不断扩大，生产技术和生产工艺更新步伐明显加快，使得筒仓结构的设计技术不断成熟，从而也推动筒仓施工工艺和施工技术的改进和提高。筒仓结构作为工业建筑配套的重要构筑物之一，也在向着更大的使用空间、更大的储存量以及更高层的方向发展。根据所承担工艺的不断改进和相应生产规模的逐步扩大，单个筒仓库的设计容量从2000t增加到200000t，直径也从10m增长到120m，高度甚至超过50m，这些明显的发展变化不仅增加了筒仓结构的施工难度，对筒仓施工技术提出了更高的要求，同时也使得此类工程施工更趋于专业化，掌握并不断完善专有施工技术，并对保证施工安全、工程质量和提高市场竞争力具有重要作用。

近十几年来，滑模施工技术得到了大量应用和飞速的发展，在混凝土结构筒仓、混凝土结构圆柱形冷却塔、混凝土结构烟囱等特种工程结构中运用广泛。由于滑模施工属于专业的施工工艺，所要求的技术水平远远高于普通模板支拆施工技术水平，因此滑模施工过程中需要有专业的技术管理人员对施工全过程进行控制，并应具有较为专业的施工队伍和操作人员，滑模设施在施工中才会得到比较充分的利用，工程的质量才能够得到必要的保证。滑模施工属于特种结构施工，总的来说还属于模板工程类别，模板工程中强调的刚度、强度和稳定性也在滑模施工中起到决定作用，同时也对工程造价和安全生产有重要影响。这些大空间、大跨度的圆柱形混凝土结构建筑投资巨大，施工过程中的安全控制难度大，近年来，国内外此类结构的类似安全事故发生很多，尤其以2016年江西丰城电厂特大坍塌事故最为惨重。

2016年11月24日7点左右，江西省宜春市丰城电厂三期在建项目冷却塔施工平桥吊倒塌，造成横板混凝土通道倒塌事故。事故发生的江西丰城电厂三期扩建工程由江西赣能股份有限公司出资建设，是江西省电力建设重点工程，截至2016年11月24日22时，确认事故现场74人死亡，2人受伤，直接经济损失10197.2万元，为特大灾难事故，如图1-1、图1-2所示。

图1-1 丰城电厂冷却塔

图1-2 11·24丰城电厂施工平台倒塌事故

2009年3月21日21时17分，某水泥厂生料均化库为钢筋混凝土筒仓结构，在生产线调试过程中生料均化库发生整体坍塌事故，造成重大损失。

2006年4月1日，山东省滕州市东郭镇山东恒仁工贸有限公司淀粉厂一储粮钢板筒仓发生崩裂坍塌事故，造成10人死亡、3人受伤。

2002年9月24日20时30分，在新疆维吾尔自治区二建公司承建的塔城国家储备粮库10号平房仓东北角施工现场，施工单位涂料工违反安全技术操作规程，在移动脚手架车时，脚手架钢架管触到通往机场的10kV高压线上，造成2人死亡和1人受伤。

2001年10月16日16时30分，某钢铁公司2号加热炉技术改造工程发生安全事故，7人当场死亡，2人受重伤，直接经济损失130万元左右。

2000年8月27日，孟加拉国某水泥粉磨站，包括一座水泥库，一座熟料库，施工过程中发生了熟料库仓顶整体坍塌事故，整个仓顶平台坍塌，当场造成多人死伤。

据统计，全球有67%以上的工程事故是发生在施工阶段，研究成果表明，所有事故中，发生在施工期间的安全事故占到了总数的83%之多，而根据1995~2004年间的357起施工事故统计显示，78%的建筑安全事故都是发生在结构施工期。在相当多的工程施工过程中，建设单位为了经济效益而盲目加快施工进度、尽量缩短工期，这就需要减少模板支撑体系的周转时间。同时又没有相应的规范及标准来规定出混凝土结构在施工期的受力以及安全性能，模板支撑系统怎样搭设才是安全又经济的，什么时候能达到拆除支撑的安全临界状态，施工期的“时变结构”能承受多大荷载等。这些原因就造成了施工与安全之间的相互矛盾，支撑拆除过早或者受荷过大都会给结构带来很大的安全隐患，这就是施工期安全事故概率较高的重要原因之一。

所有成型的建筑结构都是由基本构件一步步通过施工建造最终达到完整的结构形态，整个过程是一个逐步推进且不断变化的过程。在这个过程中结构的受力状态、刚度、约束条件以及材料各项物理特性（如混凝土强度）等都会随着施工的不断推进而发生持续性变化，从而造成结构在施工过程中不断地发生内力重分布，而且结构成型以后的位移变形和内力分布情况也可能因为施工工序的不同而形成差异。传统的结构设计和施工方法并没有考虑到结构施工过程中各方面的动态变化，只是将结构成型的最终状态作为设计计算时的依据。而且现在常用的结构模拟计算软件中能够对连续性施工过程进行比较准确模拟分析的软件也不是很多，譬如目前在设计和施工阶段对结构进行力学分析计算，通常是使用结构PKPM软件在已经成型的结构模型上分楼层施加荷载来实现的。

但是事实上，这种方法并没有反映出结构受力和变形因施工过程中结构形态变化而导致的巨大差异。这种方法用在较为成熟和传统的建筑结构设计和施工中可能是可以控制的，但是如果在日益兴起的特种筒仓结构的设计和施工中忽视这种差异，就很有可能给结构施工带来安全隐患，严重时可能造成重大的施工安全事故。据统计，我国近十年来发生在施工过程中的结构坍塌事故很多，发生在施工阶段的坍塌事故占所有结构坍塌事故的70%以上，而导致施工过程中结构坍塌事故比其他阶段多的主要原因有以下几点：

（1）内在原因是结构在施工过程中存在许许多多的不确定因素和复杂的结构性能变化，这些不确定因素和变化使得结构在施工阶段要比其他阶段的风险率高出很多。

（2）目前对于结构施工过程中的各项力学性能和变化规律的研究不尽完善，以及施工人员对施工过程的管理不能完全到位，这些是结构施工阶段发生事故的风险率比其他阶段更高的外在原因。

（3）结构在设计阶段只是将结构成型的最终状态作为设计计算依据，却没有考虑结构在施工过程中强度、刚度以及边界条件和结构受力形式转换导致的内力以及形态等各方面的动态变化，而是在结构上对这些因素进行一次性加载。但是实际结构施工是一个不断随施工进展而变化的过程，结构的材料强度、约束条件、导荷方式都在不断地发生变化，各种荷载也是慢慢变化逐步加载到结构上的。对不同的施工方案和施工工序而言这些变化的规律也是不尽相同的。对于像特种筒仓结构这样的特殊结构而言，由于其形式复杂，变化因素多，施工周期长，且现在可供借鉴的施工技术和经验较少，这种效应的影响就会被很大程度的放大，甚至造成严重的工程事故。随着结构施工工艺的不断创新以及越来越多的新颖复杂结构和新问题的不断涌现，传统的设计计算和施工过程验算方法已经很难满足这些结构对安全施工的需求。

因此，急需探索出一个行之有效的方法解决这一问题。本书依托采用我国拥有自主知识产权的第三代核电技术建造的工程为背景，基于施工力学理论和施工控制理论运用有限元模拟软件对特种筒仓结构施工过程进行仿真模拟分析和施工安全监测、安全风险评估研究，为施工安全过程控制和施工事故预防提供了一种有效的方法，对今后类似筒仓结构工程施工也具有一定的参考价值。

## 1.1 特种筒仓结构简介

### 1.1.1 常规筒仓结构

#### 1.1.1.1 筒仓的分类

筒仓是用于贮存散状物料的薄壁筒状结构（构筑物），被大量应用于农业与工业领域中。与以往的物料存储方法相比，利用筒仓结构能够缩短物料的装卸流程，同时降低了运输以及维护的成本。随着工业的快速发展以及农业产量的逐年提高，筒仓结构以其占地面积少、存储量大、操作简便等诸多优势备受青睐。

目前，我国工程中应用最多的筒仓结构主要为混凝土筒仓和钢板筒仓，如图1-3、图1-4所示。混凝土筒仓结构发展较早，且更为成熟，1985年我国发布了《钢筋混凝土筒仓设计规范》，使得混凝土筒仓结构的设计具有可靠依据。钢板筒仓在所有筒仓类型中建造费用最低，除了筒仓本身的造价低，基础部分造价也低，它只有钢筋混凝土筒仓造价的1/2，即使与现行的砖混结构筒仓相比，也能节约20%的投资。钢板筒仓的钢材用量与其混凝土筒仓钢筋用量几乎相当，水泥用量节省约2/3，随着钢材的价格进一步降低，建造费用也会逐渐下降。

(a)

(b)

(c)

(d)

图1-3 常见的筒仓形式

（a）混凝土结构群仓；（b）混凝土结构单体仓；（c）大直径落地式钢筒仓；（d）高架支撑式钢筒仓

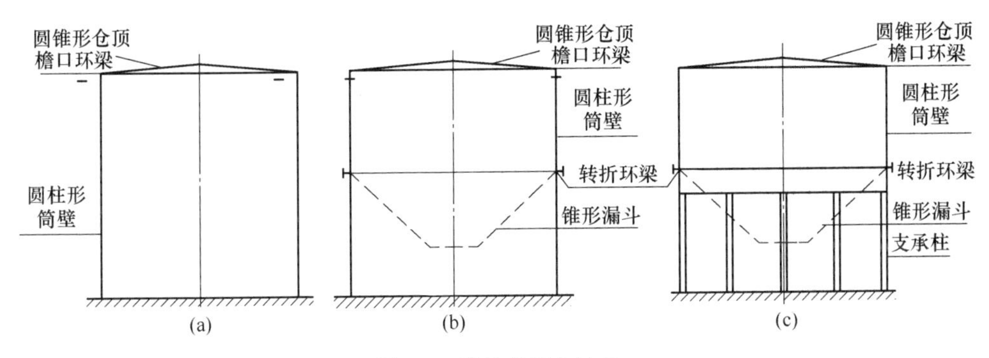


图 1-4　常见的筒仓结构

（a）落地式钢筒仓；（b）裙承式高架钢筒仓；（c）柱承式高架钢筒仓

钢板筒仓的发展已有 100 多年的历史，但早期主要应用于国外，近年来，随着我国钢铁产业的快速发展，钢铁产量大幅升高，钢板筒仓在国内的应用范围逐渐扩大，其发展主要分为四个阶段：铆接式钢板筒仓、焊接式钢板筒仓、装配式钢板筒仓以及螺旋咬边式钢板筒仓。

其中铆接式钢板筒仓的仓壁采用铆接连接，施工费时费力，现已被淘汰；焊接式钢板筒仓的仓壁通过焊接连接成整体，结构气密型很好，该类型筒仓仓壁较厚，需现场焊接，建造成本较高；装配式钢板筒仓的仓壁采用波纹薄钢板，通过装配的方式现场组装，结构具有自重轻、成本低、自动化程度高、便于维护与更换等优点，应用非常广泛；螺旋咬边式钢板筒仓利用了钢材抗拉强度高的特点，在仓壁外咬成一条高于仓壁厚度的螺旋凸条，并且内部附加钢筋，使得仓体强度大大提高，结构安全可靠，目前已在国内被广泛地应用。除了混凝土筒仓和钢板筒仓外，筒仓按照不同的分类方法具有不同的类型，如按使用功能来分，划分为农业筒仓和工业筒仓，农业筒仓用来贮存粮食、饲料等粒状和粉状物料；工业筒仓用以贮存焦炭、水泥、食盐、食糖等散装物料。详细的筒仓分类如图 1-5 所示。

筒仓按材料可划分为钢筋混凝土结构筒仓、钢结构筒仓、砖混结构筒仓。而钢筋混凝土结构筒仓按浇筑形式又可分为预制装配式及整体浇筑式，预应力与非预应力筒仓。从经济、耐久性等方面考虑，工程上应用最广泛的是整体浇筑的普通钢筋混凝土筒仓和以装配式为施工方式的钢板筒仓，如图 1-6、图 1-7 所示。

钢筒仓种类较多，可以按照结构形式分为两大类，一是落地式钢筒仓，二是高架式钢筒仓。典型的高架式钢筒仓由锥形漏斗、漏斗上端筒仓以及支承裙筒组成，裙筒既可以支承于地面，也可以支承于支柱上。落地式钢筒仓将圆柱筒置于环形桩基上，筒仓的压力均匀传递给环形地基，不会出现应力集中的现象，但水平荷载或者温度以及边界变化会导致其壳体出现径向变形，产生弯曲应力。落地式筒仓是典型的均匀支承，本研究主要以落地式钢筒仓为对象。

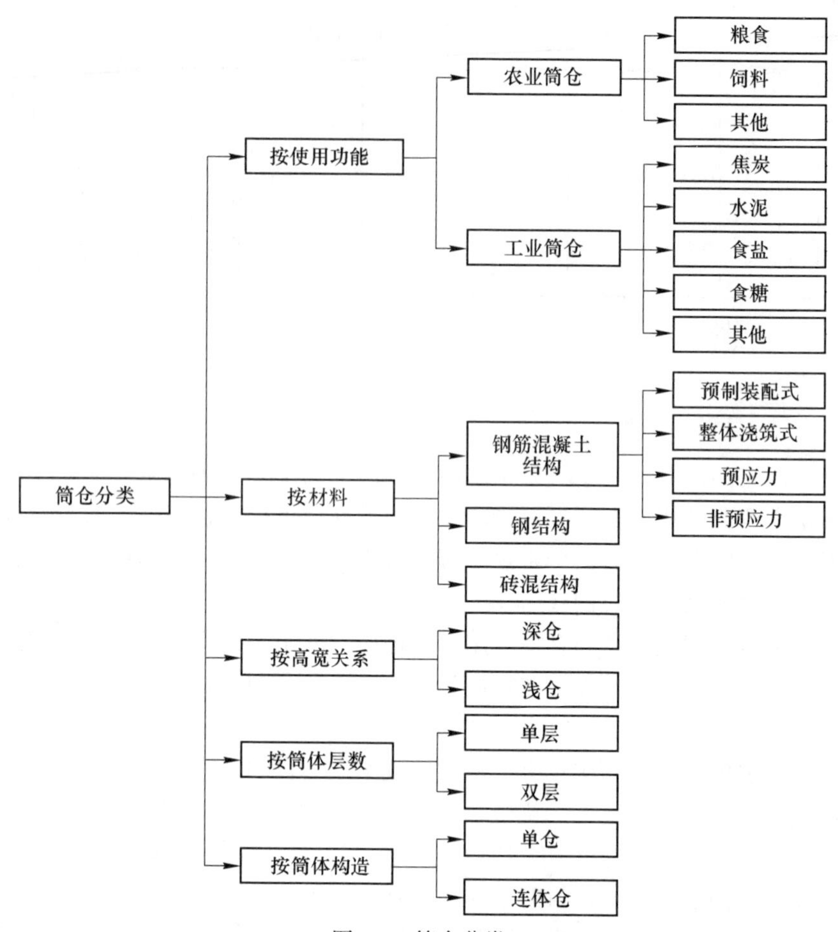


图1-5 筒仓分类

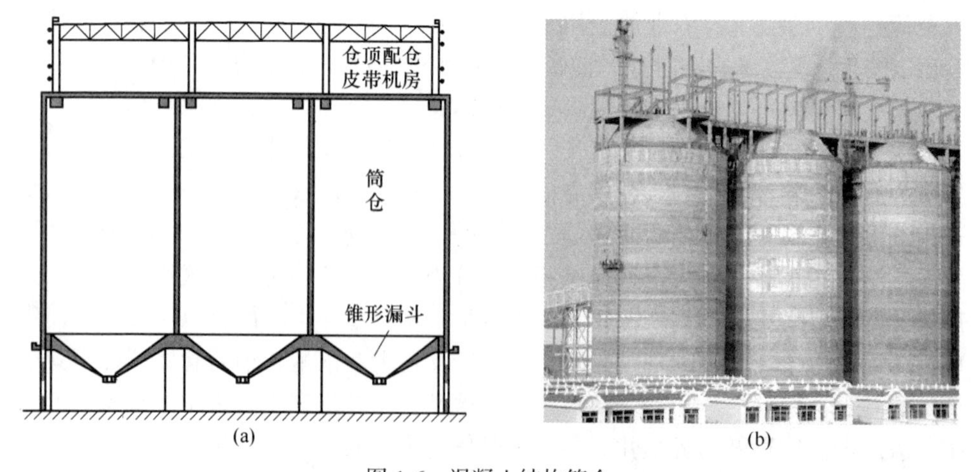


图1-6 混凝土结构筒仓

（a）混凝土筒仓构造；（b）混凝土筒仓实景图

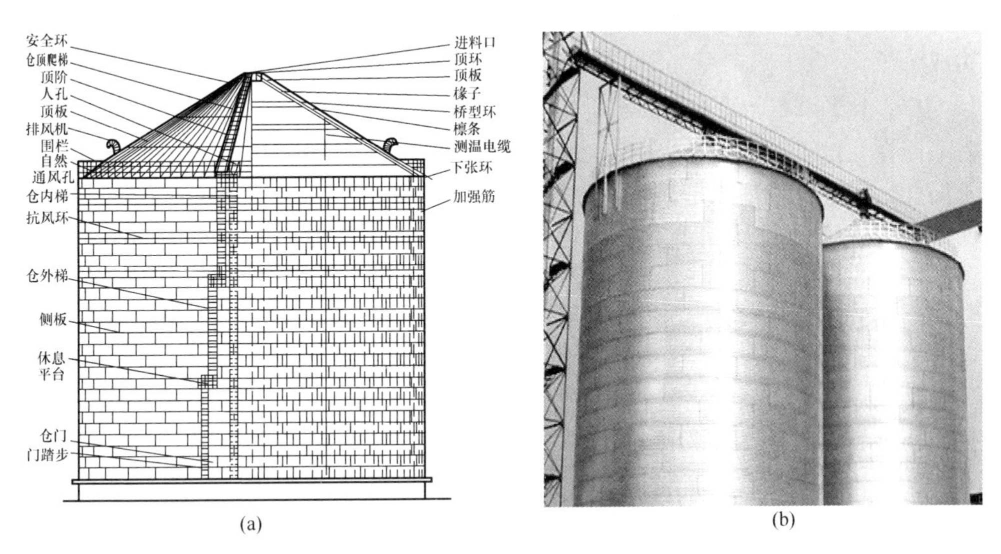


图 1-7 钢板结构筒仓

（a）钢板筒仓构造；（b）钢板筒仓实景图

筒仓按平面形状分为圆形、矩形、多边形等，应用最多的是圆形及矩形筒仓。此外，我国《钢筋混凝土筒仓设计规范》（GBJ 77—85）根据筒仓高度与平面尺寸的关系，可分为浅仓和深仓两类，如图 1-8 所示。浅仓主要作为短期贮料用，由于浅仓中所贮存的松散物体的自然崩塌线不与对面仓壁相交，一般不会形成料拱，因此可以自动卸料。深仓中所存松散物体的自然崩塌线经常与对面立壁相交，形成料拱引起卸料时的堵塞，因此，从深仓中卸料需用人力或动力设施，深仓主要供长期贮料用。

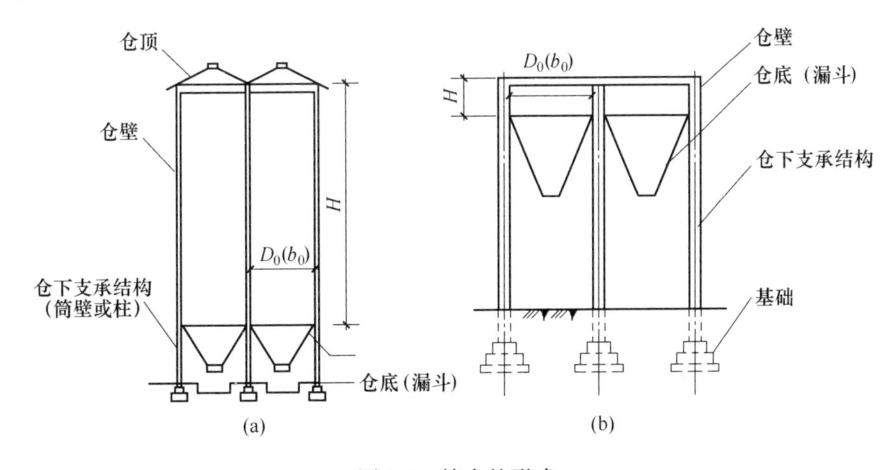


图 1-8 筒仓的形式

（a）深仓；（b）浅仓

筒仓通常由仓上建筑物、仓顶、仓壁、仓底、仓下支撑结构、基础六个部分构成。

1.1.1.2 筒仓的发展

筒仓在世界范围内已经有了200多年的建造使用历史，早期建造的钢筋混凝土筒仓，它的直径都不是很大，大直径的筒仓是随着设计和建造技术的不断发展而出现的。20世纪80年代法国的南特尔糖厂建造的预应力筒仓，外筒直径已经达到47.5m，高度达到54m，贮量达到70000t；布瓦里粮仓，其外筒直径达到53m，高度达到了34m，贮量达到了600000t，这些都是早期的大直径的筒仓。随着冶金、建材、矿业、轻工业等行业的不断发展，散装物料的贮藏、装卸和接受的数量也随之越来越大，因此，在世界各地普遍都建造了一些容量较大的、坚固耐用的混凝土筒仓，用来满足日益增大的使用需求。

从筒仓结构概念的提出，至今上百年的时间，已在国内外上千项大型工程中得到了应用，部分常见筒仓结构见表1-1。

**表1-1 常规筒仓工程实例**

| 序号 | 筒仓名称 | 结构类型 | 单体/连体 | 屋顶结构 | 储存量 | 图 例 |
|---|---|---|---|---|---|---|
| 1 | 粮仓 | 钢筋混凝土结构 | 连体仓 | 钢架结构 | — |  |
| 2 | 虎山集团熟料筒仓 | 钢筋混凝土结构，直径60m，$H$=22.8m | 单体仓 | 钢网架结构 | 10万吨容量 |  |
| 3 | 胡家河矿井储煤筒仓 | 钢筋混凝土结构，直径15m，$H$=35.6m | 连体仓 | 混凝土屋架结构 | — |  |
| 4 | 丰博水泥储藏筒仓 | 底部混凝土结构，上部钢结构 | 连体仓 | 钢架结构 | — |  |
| 5 | 螺旋式钢板仓 | 钢结构 | 连体仓 | 钢架结构 | — |  |

与此同时，由于滑模施工技术被运用于筒仓施工中，并且与筒仓相互配套的处理设备（如称重、干燥、装卸、清洗）的不断完善，进而使得混凝土筒仓的大规模建造和使用逐渐成为可能。发展到今天，随着对大容量筒仓的不断需求以及大容量筒仓的出现，筒仓的直径与高度均得到了很大程度的提高和发展。

新中国成立以来，为了满足大规模工业建设的需要，使得筒仓构筑物得到了快速的发展，矿料筒仓设计被广泛应用于煤炭、化工、冶金、建材等行业。70年代之后，大量的筒仓建筑也被广泛应用在了火力发电、轻工业等行业中。随着筒仓的大量使用，国家随之颁布了关于筒仓设计的规范——《钢筋混凝土筒仓设计规范》（GBJ 77—85），在一定程度上推动了混凝土筒仓的发展和使用。

从单体工程的规模上来看，原来的小直径群仓逐渐被大直径大组合的群仓替代；从高度方面来看，从10~20m高的浅圆仓发展到了30~50m甚至更高的深仓；从构造方式来看，也由原来的普通钢筋混凝土筒仓发展为现在的预应力钢筋混凝土筒仓。同时，越来越多的筒仓施工要求采用整体滑升施工技术，这些使得我国的筒仓滑模施工技术得到了进一步的发展，并且跨上了一个新的台阶。筒仓滑模施工工法与传统施工工法相比较，具有模具构造简单、施工效率高、安全可靠性能好、劳动强度较低、控制纠偏手段较为先进、质量效果较好、工期较短、经济效益较好等一系列的优点。筒仓结构设计、建造的发展趋势为：

（1）向大容量发展。随着科技进步不断推进，筒仓的设计和施工也逐步完善和改进，已经从过去的直径5~12m发展到如今的最大直径80m（其中直径≥60m的筒仓称之为超大直径筒仓），单仓容量更是由当初的200t发展到如今的约万吨左右。但是，筒仓规模并不是越大越高越好，其设计选型与经济效益需要进一步辨证分析。

（2）向轻型结构发展。大直径筒仓的仓顶以及仓上结构的建造一般都采用轻型钢结构、网架结构以及网壳结构，这样做一方面将筒仓设备布设在仓顶的露天处，可以省去仓顶及仓上大空间大跨度的钢筋混凝土构造；另一方面可以减轻筒仓仓壁荷载及仓顶辅助构造支撑，降低工程施工难度和节省工程造价。

（3）向功能多元化、自动控制化方面发展。筒仓内的自动检测系统，能够自动检测筒仓内的温度、粉尘、储料高度和自燃情况，并且增加一系列新的技术措施，用以解决堵塞和积滞等问题，以达到贮料的装、储、运一体化，加快了筒仓的吞吐速度，提高了贮运的周转能力和效率。

以上发展趋势不仅充分反映了筒仓存储量大、运行费用低、节约用地以及转运通畅，而且有效减少了环境污染等一系列的优点，因而，筒仓技术被广泛地应用在现代农业、矿业、建材、电力、化工、粮食等众多的领域中。滑模工艺作为筒仓施工的主要工艺，其技术应用体系也需要随着筒仓结构的发展特点不断演化推进，以便适应工程的施工需求。

### 1.1.2 广义筒仓结构

广义的筒仓结构指体型多为圆柱体的混凝土结构或钢结构构筑物，其施工工艺流程是与圆柱形筒仓结构较为一致的特种结构，混凝土结构多采用滑模施工法，钢结构多采用吊装施工、拼装焊接施工等。本书从施工工艺的角度归纳了常见的几种广义“筒仓结构”，如图1-9所示。

储油罐

冷却塔

烟囱

核岛安全壳

图1-9 广义的筒仓结构（施工工艺角度）

（1）储油罐。储油罐是储存油品的容器，它是石油库的主要设备。储油罐按材质可分金属油罐和非金属油罐；按所处位置可分地下油罐、半地下油罐和地上油罐；按安装形式可分立式、卧式；按形状可分圆柱形、方箱形和球形。

（2）冷却塔。冷却塔是用水作为循环冷却剂，从系统中吸收热量排放至大气中，以降低水温的装置；其是利用水与空气流动接触后进行冷热交换产生蒸汽，蒸汽挥发带走热量达到蒸发散热、对流传热和辐射传热等原理，来散去工业上或制冷空调中产生的余热来降低水温的蒸发散热装置，以保证系统的正常运行，装置一般为桶状，故名为冷却塔。

（3）烟囱。烟囱的主要作用是拔火拔烟、排走烟气、改善燃烧条件。中国最高的单筒式钢筋混凝土烟囱为210m。最高的多筒式钢筋混凝土烟囱是秦岭电厂212m高的四筒式烟囱。现在世界上已建成的高度超过300m的烟囱达数十座，例如米切尔电站的单筒式钢筋混凝土烟囱高达368m。分类一般有砖烟囱、钢筋混凝土烟囱和钢烟囱三类。

（4）核岛安全壳。反应堆安全壳，指包在反应堆厂房外面起保护作用的一个立式圆柱状半球形顶盖或球形的密封金属或混凝土外壳。核电站反应堆发生事故时会大量释放放射性物质，安全壳作为最后一道核安全屏障，能防止放射性物质扩散污染周围环境。同时，也常兼作反应堆厂房的围护结构，保护反应堆设备系统免受外界的不利影响，它是一种体态庞大的特种筒仓结构。

### 1.1.3 特种筒仓结构

特种筒仓结构本书指核电站双壳筒体结构，外壳为与混凝土筒仓结构相类似的圆柱形混凝土结构，内壳为将钢板筒仓结构、混凝土筒仓结构、预应力混凝土筒仓结构相结合的特殊形式的筒仓结构组合，如图1-10所示。由于其施工工艺包含了钢板筒仓结构、混凝土筒仓结构、预应力筒仓结构的相关工艺，见表1-2，因此，本书统称为特种筒仓结构。本书以期通过对特种筒仓结构的施工关键技术及安全控制理论的研究，在为核电站双壳筒仓结构施工安全管理人员服务的同时，亦能为传统的各类筒仓结构施工安全控制提供借鉴。

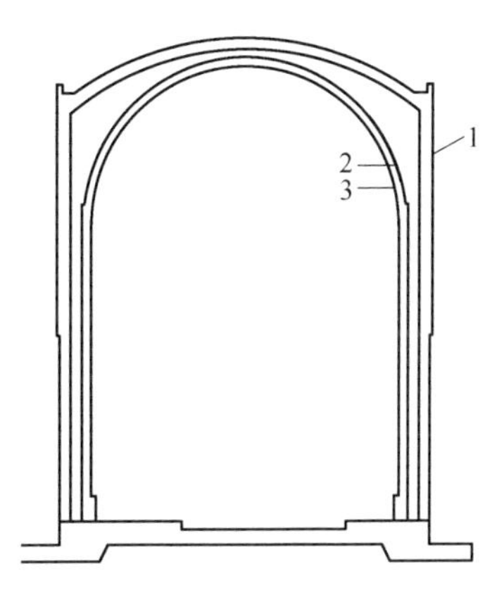


图1-10 特种筒仓结构
1—外壳钢筋混凝土结构；
2—内壳钢筋混凝土预应力结构；
3—内壳钢衬里结构

**表1-2 特种筒仓结构与筒仓施工工艺对比分析**

| 序号 | 核电站双壳筒体 | 筒 仓 | 施工工艺 |
|---|---|---|---|
| 1 | 外壳（混凝土结构） | 混凝土结构筒仓、冷却塔、烟囱 | 爬模工程 |
| 2 | 内壳（混凝土结构） | 混凝土结构筒仓、冷却塔、烟囱 | 爬模工程 |
| 3 | 内壳（预应力混凝土结构） | 预应力混凝土结构筒仓、烟囱 | 爬模工程、预应力工程 |
| 4 | 钢衬里（钢结构） | 钢板结构筒仓、储油罐、烟囱 | 吊装工程、焊接工程 |

安全壳按结构分为单层和双层壳。双层壳的内层称为主安全壳，主要承受事故压力，外层称为次级安全壳，起生物屏蔽及保护作用；两层之间留有环形空腔，可保持一定的负压，使核电站内部的放射性物质不会向外界泄漏。安全壳按材料可分成钢、钢筋混凝土及预应力混凝土三种。

（1）钢安全壳。世界上第一个安全壳是1953年在美国西米尔顿的诺尔斯核动力试验室建成的。但工程实用的安全壳则是在20世纪50年代后期，世界上第一批核电站投入商业运行而出现的球形及圆筒形钢安全壳，尺寸较小。从60年代开始，随着反应堆功率的提高，出现了内径超过30m的圆筒形安全壳。70年代，为了适应大功率核电站的工艺布置，出现了球径达60m左右的钢球壳。为了尽量避免焊后热处理，壁厚通常都控制在38mm以内。钢安全壳一般用作主安全壳，建造在与其相脱离的混凝土次级安全壳里面。沸水堆的钢安全壳尺寸比压水堆的稍小，多为球壳加上一小段筒壳，呈“烧瓶”型。由于工艺比较成熟，目前钢安全壳仍被大量采用。

（2）钢筋混凝土安全壳。为了降低钢安全壳的造价，20世纪60年代初美国首先采用了带有薄的碳钢衬里的钢筋混凝土单层安全壳，它由内径超过30m的圆筒壳和半球顶组成。沸水堆核电站的安全壳尺寸较小，形状较为复杂，筒壁多为锥壳与圆筒壳的组合结构。为了能承受事故压力和温度作用，钢筋混凝土安全壳必须采用排列很密的粗钢筋。这种壳的表面虽易开裂，但由于它比较经济，目前仍被采用。

（3）预应力混凝土安全壳。20世纪60年代中期，首先应用于法国的EL4核电站，其后在美国、加拿大等国迅速推广并有所发展。大致经历了三个阶段：

1）第一代预应力混凝土安全壳的特点是采用扁穹顶，筒壁环向预应力钢束由六个扶壁锚固，所用钢束的极限承载力较低，筒壁施加的预压应力较高。

2）第二代也采用扁穹顶，但筒壁扶壁减少到三个，单根钢束的承载力增大一倍，由于充分发挥普通钢筋的作用，筒壁的预压应力有所降低。

3）第三代则把扁穹顶改为半球顶，省去了传统的环梁，改善了安全壳结构的受力性能。穹顶的预应力钢束也与筒壁的竖向钢束合而为一，因而比第二代更经济合理。目前有的国家还在探索比第三代预应力安全壳更为先进的结构形式，把环向锚固扶壁减少到两个，以改善受力性能和减少总钢束数。

有的国家在加紧研究无衬里的预应力双层安全壳等新形式，以求得更加经济合理的效果。在预应力安全壳中，事故压力荷载是由大量的双向预应力钢束承受的，因此，安全壳结构不会出现脆性破坏，设计压力也可不受限制，受力比较安全可靠。此外，不少的安全壳还采用不灌浆无粘接的预应力配筋，便于对预应力钢束作定期的检查和补张拉以及必要的更换。因此自70年代以后，在世界各国的轻水堆和重水堆核电站建设中普遍采用。

## 1.2 特种筒仓结构研究现状

### 1.2.1 国外研究现状分析

国外关于特种筒仓结构施工关键技术及安全风险问题的研究已有一定规模，陆续从多个角度提出了相关的意见或建议，并公开发表了其相应的研究成果，部分成果如下：

Gould和Sen（1974）通过对柱支承筒仓中的应力状态进行了初步的理论研究，后来经过大量的研究指出，在柱支承筒仓中不设环梁的情况下，筒仓的壁内会产生高度的薄膜应力集中现象，同时产生了由于支柱的偏心支承作用而引起的弯矩作用。

马塞尔赖姆伯特等（1976）从筒仓结构的静力理论分析角度，系统而详细地总结了筒仓（包括钢筒仓、钢筋混凝土仓、圆形仓、方形仓等）的静力试验和计算结果，阐述了筒仓的使用与维护以及各种类型筒仓的建造。

Lihgtfoot与Oliveto（1977）采用弹性及塑性理论计算方法对模架体系承载力

研究进行了相关分析。

N. Yamaki 在 S. P. Timoshenko 和 D. O. Brush 等（1984）给出了理想圆柱壳在轴压作用下的弹性经典屈曲载荷，并依据圆柱壳的失效形式进行更为规范的分类，使得对圆柱壳型的筒仓结构研究更具有针对性。

Gorenc（1985）通过研究柱支承钢筒仓结构的设计准则，指出在对柱支承筒仓结构进行设计时，必须在充分考虑壳体薄膜应力的同时也要考虑到弯曲应力的影响，而结构有可能在弯曲应力的影响下造成壳体局部区域的材料强度屈服而引起破坏。

J. G. Teng，J. M. Rotter（1989）研究环板环梁的弹性屈曲得出在少柱支承的筒仓中，环梁中的周向应力沿轴向及横截面方向都是变化的。

Rotter 等（1993）根据钢筒仓结构的特点，在考虑壳体的初始缺陷以及材料的非线性因素及参数选取等影响的情况下，针对这类结构建立了大量的有限元模型，进行了分析和计算，并提出了一系列的设计准则。

P. L. Gould，R. V. Ravichandran，S. Sridharan（1994）利用局部-整体有限元模型研究了旋转壳的非线性屈曲问题以及圆柱壳在其他复杂支承条件下的结构行为和强度。

Peter Knoede 和 Thomas Ummenhofer 等（1995）将筒仓当做一个壳体结构来考虑，在试验测定多个参数的基础上分析在轴对称情况下散粒体对仓壁的冲击作用并用几种不同的模型来进行散粒体对仓壁的冲击计算。

J. M. Rotter（1996）引入实测缺陷分析了一个容量 10000t 的高架式筒仓，研究了轴向轴对称缺陷对屈曲强度的影响，并考察了残余应力的影响。

F. Ayuga 和 M. Guaita（2001）使用 ANSYS 分析了不同卸料模式及偏心卸料对筒仓侧压力的影响，并用理想弹塑性模型来模拟材料卸料时的剪胀特性。

Shie-Chen yang 和 Shu-San Hsiau（2002）模拟了在筒仓卸料时加入正八字形楔体和倒八字形楔体分流器的情况，计算了能够减少作用在仓壁上的压力的方法。

M. A. Mar tinez 和 I. Alfaro（2002）运用有限元软件对筒仓进行了分析，计算了筒仓静态下的仓壁受力性能以及在轴对称情况下卸粮过程中的动态侧压力，并在前面结果符合标准的情况下进行了筒仓在震动情况下的力学性能分析。

J. Kozicki 和 J. Tejchman（2005）在考虑了卸料过程中物料之间相互碰撞作用的情况下，运用胞自动生成机来模拟筒仓的卸料性能。

M. R. Sharifi 等人（2006）以某筒仓工程滑模施工为例，对整个筒仓滑模过程进行了仿真模拟，并将现场数据和仿真模拟数据相比较，使得仿真模型应用的开发很具有实用性。

Eren Uckan（2015）等人研究了钢筒仓在地震作用下的抗震性能，并对土耳其 Van 地震后钢筒仓的表现进行总结。

Nicola Zaccari 等人（2016）研究了筒仓的结构受力破坏并对筒仓的钢筋配筋的设计给出建议。

### 1.2.2 国内研究现状分析

国内关于特种筒仓结构施工关键技术及安全风险问题的研究亦有一定规模，陆续从多个角度提出了相关的意见或建议，并公开发表了其相应的研究成果，部分成果如下：

邢立新（2010）研究了大型水泥熟料筒仓结构工作应力试验及有限元分析，试验结果显示仓壁底部环向应力很小接近于零，与有限元在贮料水平侧压力工况下的结果趋于一致，而规范中浅仓公式计算结果显示底部应力最大。

汪红等（2010）采用 ANSYS 软件对电厂新建的储煤圆形筒仓结构建立有限元模型，采用对仓壁和漏斗壁施加平均应力的方法，对预应力筒仓进行非震和地震作用下整体受力分析。结果表明，采用预应力结构可以有效控制裂缝，预应力筒仓具有良好的抗侧性能。

李强波等（2010）采用 Staad. pro 软件对灰库结构进行设计，包括模型简化、荷载输入以及有限元模型建立及分析，采用弹性壳单元和梁单元对筒仓结构进行有限元离散和分析，对分析结果进行了比较，供筒仓结构设计及研究人员借鉴参考。

袁龙飞（2011）以预应力混凝土圆形筒仓为研究对象，结合实际工程计算和结构设计中所遇到的问题，采用 ANSYS 有限元软件对筒仓结构进行了预应力模拟方法、动力特性、结构-地基相互作用、地震作用效应及其抗震性能分析，探讨了筒仓结构的设计方法。

童军（2011）以某钢筒仓为研究背景，利用大型通用有限元软件 ABAQUS 建立三维的筒仓模型，对结构静力响应进行了详细的分析和验算。然后用有限元数值分析计算的方法，包括线性特征值屈曲和几何非线性屈曲，对竖向载荷作用下进行分析计算。

李永国（2011）通过某钢筋混凝土筒仓改扩建结构设计实例，介绍了房屋改扩建结构设计一般流程，并对结构方案的确定、结构计算分析、新老桩基的沉降差控制、新老构件连接节点的构造处理、筒壁的加固和老旧混凝土结构耐久性的提高等进行了分析和探讨。

蒋华等（2012）以都江堰某筒-柱支承式钢筋混凝土圆形筒仓结构为例，对筒-柱支承式混凝土筒仓动力特性进行分析，结果表明，筒-柱支承式筒仓的底部筒-柱结构的开口削弱程度介于柱承式和筒承式之间，研究结果可作为类似工程实际应用的参考和借鉴。

刘玉龙（2012）以辽宁交通水泥有限公司水泥熟料储存库工程和河北石家庄燕赵水泥有限公司水泥熟料储存库工程为研究对象，对大直径筒仓无内支撑、无径向拉杆滑升模板施工技术和筒仓滑模与仓顶钢结构整体抬升一次安装就位施工技术进行了研究。

赵松（2013）针对筒仓贮料压力进行了分析，以武汉青山区“7.9”筒仓倒塌事故为背景，采用试验研究、理论分析和数值模拟相结合的方法，对筒仓各工况下的贮料压力进行研究，同时将结果运用到事故筒仓的分析中，查明了事故原因。

李庆波等（2013）研究了滑模施工工艺对筒仓结构受力的影响，以内径15m贮煤筒仓为例，在贮料荷载作用下对原设计结构和不同滑模施工工艺建造的筒仓进行模拟，分析得到不同滑模施工工艺建造的筒仓与原设计结构应力、应变的差异为结构设计提供参考。

王亚东（2014）研究了基于时间序列分析和人工神经网络的筒仓结构损伤诊断方法，对筒仓模型的损伤诊断结果显示，基于时间序列分析和人工神经网络的方法无论在单损伤还是多损伤情况下都非常有效。

蒋守高等（2014）研究十二连体钢筋混凝土圆筒仓施工技术，根据结构特点分析十二连体筒仓采取一次组装整体滑升的液压滑升模板施工工艺，仓顶梁板采用在滑模内桁架平台上搭设支架、支设仓顶梁板模板的现浇施工方案，，取得较好的实施效果。

陈强（2014）研究了大型工业钢板筒仓的优化设计分析，采用数值模拟分别对钢板筒仓由于卸料引起的压力增大效应、太阳辐射对结构性能的影响以及其结构形式进行了分析和研究。最后，对一大型水泥钢板仓进行了结构设计，并用ANSYS对其进行了稳定性分析。

余超杰（2015）研究了筒仓结构强度有限元自动建模分析方法，采用ANSYS的APDL语言和二次开发技术开发了筒仓静态受力分析的参数化建模专用程序模块，进而指导其他类型的群仓进行分析，在已有仓型的基础上，再通过一些附加操作，方便进行有限元分析。

赵祥允（2015）以某水泥厂水泥生产线20000t水泥生料均化库筒仓为例，从工程实例的角度进行了混凝土筒仓结构的安全评估、计算分析和加固技术方案的研究。

许启铿等（2015）以某粮食储备库项目为例，采用大型通用有限元软件MIDAS建立了筒承式钢筋混凝土粮食立筒单仓与群仓结构的分析模型，分析了筒承式钢筋混凝土粮食立筒单仓与群仓结构在地震作用下的位移反应和应力反应。

司建磊（2016）重点阐述分析了大直径预应力混凝土筒仓结构施工的施工步骤和方法，归纳了预应力工程应用到大直径混凝土筒仓结构中的优点：施工方法操作简单，工序少，受条件限制少，综合性能较好，费用较低，提高了结构的刚度、抗裂性、耐久性和稳定性。

贾一凡（2016）利用有限元分析的方法建立模型，得到结构受力性能进行结构强度与结构稳定性的评判，并与规范计算结果进行了对比。将有限元分析结果与规范计算结果进行了综合对比，结构表明该有限元模型能够很好地模拟竖向变截面大直径粮食钢筒仓。

张庆章（2016）以实际筒仓工程为依据，提出了以粮食筒仓仓壁底部为关键部位的结构承载力计算的方法，对实际混凝土筒仓工程关键部位的混凝土强度和钢筋各种指标进行试验测试，研究结果发现混凝土强度比设计强度低，但钢筋指标均满足安全要求。

李小军（2017）通过对筒仓中预应力钢绞线预加应力的长期检测，借鉴《公路钢筋混凝土及预应力混凝土桥涵设计规范》（JTG D62—2004）中桥梁的预应力损失计算公式，对大直径预应力筒仓的预应力损失进行计算，分别得出预应力损失的理论值与实验值。

刘德乾等（2017）参考混凝土结构设计规范与路桥规范（JTG D62—2004）中的预应力损失计算公式，对内蒙古红庆河煤矿筒仓中预应力钢绞线预加应力进行了长期监测并计算了长期预应力损失计算，得出预应力长期损失的理论值与实验值。

边兆伟等（2017）研究环锚预应力技术在筒仓优化设计中的应用，针对一个实际的工程案例，采用普通方法和环锚预应力技术两种方法分别进行设计，结果显示：采用环锚预应力技术的筒仓更有利于节约资源，缩短了施工周期，减少了工程造价和施工难度。

研究中存在的问题：国内外关于特种结构施工关键技术及安全控制的研究已有一定规模，部分研究已经开展实际应用，但国内现阶段还存在如下问题：

（1）以往研究多停留在特种筒仓结构设计阶段，而施工阶段的研究多停留在解决施工过程中的某项具体技术、施工安全问题的单一层面，针对施工过程中的关键环节、安全风险来源、风险管控体系的研究不充分；

（2）以往研究多停留在特种筒仓结构施工的某个单一环节或单一结构体系施工上，尤其忽略了涉及混凝土结构、预应力结构、钢结构交叉作业的施工安全风险评估及控制体系的研究，对于整体把握分析特种筒仓结构安全风险评估等方面的研究较少；

（3）国内特种筒仓结构在结构体系设计和关键技术问题上有待进一步研究，如何解决结构设计安全、结构施工安全的关键技术控制措施有待进一步明确。

因此，通过研究特种筒仓结构的工艺及技术流程，找出施工过程中的关键安全管控因素，形成完整的技术控制链条，为特种筒仓结构的安全风险控制提供切实可行的办法。

### 1.2.3 边界、内容、技术路线

#### 1.2.3.1 研究边界

“特种筒仓结构”是传统筒仓结构的一种范围升级，针对的是包含了钢结构筒仓、混凝土结构筒仓、预应力结构筒仓全部施工工艺的筒仓结构，本书特指核电站双壳筒体结构，本书以期通过对特种筒仓结构施工关键技术及安全控制理论的研究，在为核电站双壳筒仓结构施工安全管理人员服务的同时，亦能为传统的各类筒仓结构施工安全控制提供借鉴，研究涉及方面很多，本研究无法处处尽到，特将研究边界限定如下：

（1）研究的对象仅为混凝土、预应力、钢结构的筒仓结构。本书仅就混凝土结构、预应力结构、钢结构的筒仓结构的施工技术问题和安全风险问题展开研究，砖混结构等其他结构体系的筒仓不在研究范围之内。

（2）研究的范围仅为筒仓结构的“筒壁”的施工工艺问题。本书仅围绕各结构类型筒仓的“筒壁”的施工技术问题及其施工安全问题，不涉及筒仓筒壁以外的内部结构，如筒内料斗、生产设备相关承重结构。

（3）影响施工过程安全风险问题的政策因素等本书暂不做深入分析。施工安全风险的影响因素包含人的因素、物的因素、环境因素、工艺技术因素、管理因素、政策因素等，但本书仅从技术角度出发，以建立施工安全控制体系为分析方向，其他层面的施工安全风险影响因素暂不展开分析。

#### 1.2.3.2 研究内容

（1）特种筒体结构施工安全数值模拟方法。对特种筒仓结构施工时变结构分析和设计方法进行系统的归纳，对结构时变模拟关键技术进行总结，对结构拼装模拟技术、卸载模拟技术、预应力找形技术、时变模拟技术进行详细介绍，在传统结构分析方法的基础上，将结构时变分析技术引入到特种筒仓结构施工安全数值模拟中，将结构按照基本荷载作用下、抗震和时变结构施工分析三个步骤进行，建立了考虑施工过程的时变结构的施工数值模拟流程框架，为完善特种筒仓结构施工安全数值模拟方法提供了技术支持，为特种筒仓结构施工时变模拟分析的方法提供了参考。

（2）特种筒体结构施工安全动态监测方法。在特种筒体结构施工安全数值模拟方法研究成果的基础上，对特种筒仓结构施工安全监测系统及步骤进行了归纳，并对特种筒仓结构施工安全监测的项目和位置进行了确定，据此，通过对施工安全传感器的优化布置理论与方法的分析，建立了基于静力动力分析的特种筒仓结构施工安全传感器布置方法并对监测数据的后处理方法和程序进行了编程实现，以期为特种筒仓结构施工安全风险评估方法的分析提供基础。

（3）特种筒体结构施工安全风险评估方法。在特种筒体结构施工安全数值模拟

方法和施工安全动态监测方法的基础上，建立构建特种筒仓结构施工安全风险评估指标体系，并对现有各安全风险评估方法的优缺点及适用性进行比选，针对选择出的安全风险评估方法的短板进行改进，建立基于BP小波神经网络的安全风险评估模型，最终建立基于BP小波神经网络的特种筒仓结构施工安全风险评估模型；同时，确定特种筒仓结构施工安全风险评估程序与评估等级；最后运用实际工程项目的大样本数据，对安全风险评估模型进行训练与检测分析，以论证模型的可靠性。

（4）技术路线。通过对现阶段国内外特种筒仓结构施工安全风险问题的分析，梳理和总结出现阶段国内特种筒仓结构施工安全风险控制手段不成熟的现状，基于此，提出研究并建立一种较为成熟、科学的特种筒仓结构施工安全控制的方法，以期达到对全过程安全风险的有效控制，具体的技术路线如图1-11所示。

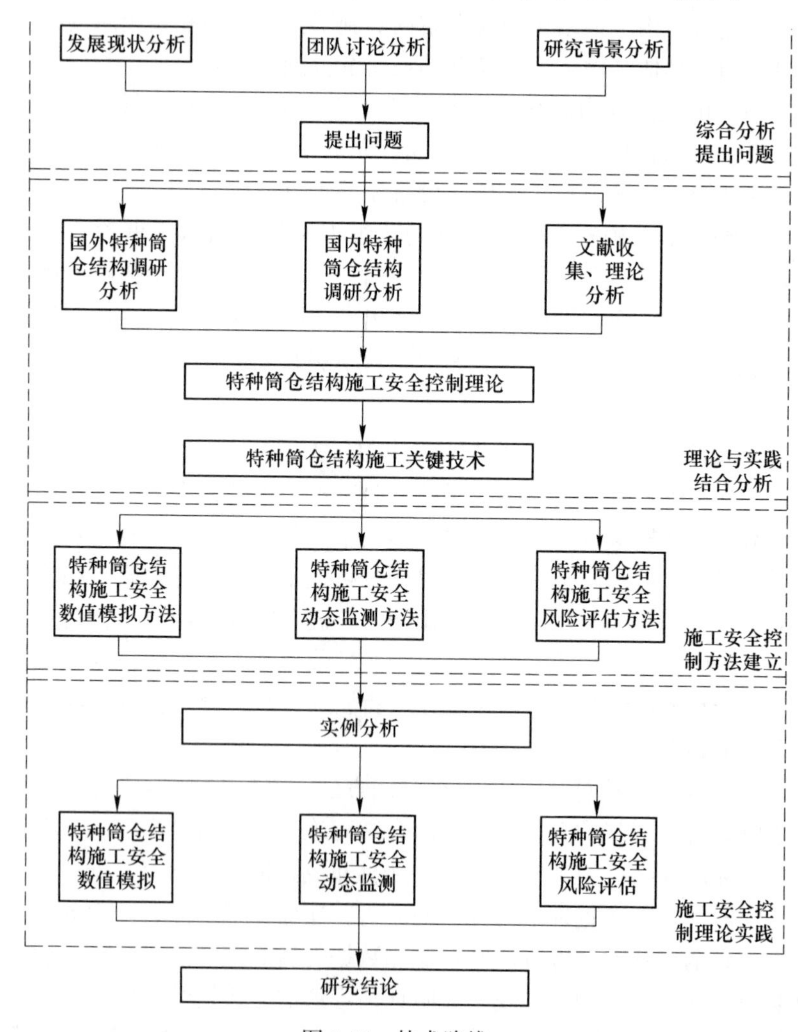


图1-11 技术路线

## 1.3　特种筒仓结构施工安全影响因素

### 1.3.1　结构施工过程中的时变特性

结构施工过程是一个复杂的结构系统渐变过程，其结构体系从无到有、从小到大、从简单到复杂、从局部到整体、从施工零态到竣工后的初始态，经历了一系列巨大变化，如图 1-12 所示，表现出很强的时变特性，主要包括边界条件时变、荷载时变、材料性质时变、几何构形及体系时变和结构刚度时变等。各种时变特性在不同结构中的具体表现也不相同。

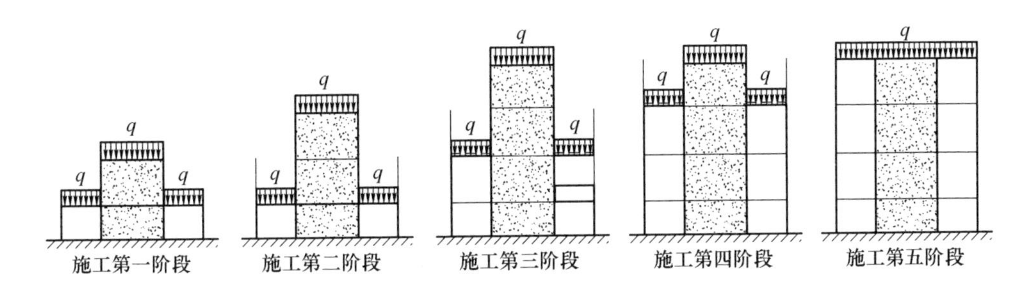


图 1-12　施工过程示意图

（1）边界条件时变。边界条件主要是指约束边界条件。施工过程中，结构建造在大地之上，随着施工的进展，上部荷载不断增加，下部基础结构也在不断地产生沉降压缩变形，从而导致支撑边界条件的时变；同样在结构施工的过程中，由于结构未形成一个完整体系，无法独立承受外部荷载作用，往往采用临时支撑来承担结构所受荷载。随着结构的逐渐成形，临时支撑也将逐步被拆除，边界条件发生变化，即表现出约束边界条件的时变特性。

（2）荷载时变。荷载边界时变主要是指施工过程中由于人流流动、材料堆放、施工设备等一系列因素产生的施工活荷载和不断变化的结构自重荷载，这些荷载将随着施工进度而不断变化，即表现出强烈的荷载时变特性。

（3）材料时变。建筑工程中的材料时变主要是指混凝土收缩徐变特性。其特性由混凝土材料本身性质决定，其施工过程中的强度、弹性模量以及收缩徐变变形都随着时间的发展而不断变化；一般结构（如框剪）或工程（如大坝）的混凝土浇筑都是分段分时逐步进行，在下一段混凝土浇筑的时候，前一段混凝土还未稳定，从而形成了一个由不同物理特性并不断变化的材料组成，即表现出强烈的材料时变特性。

（4）几何构形、体系及刚度时变。施工过程中，结构的几何构造和形状是按照设计要求在施工安装中逐步形成的。随着施工进展，结构构件按照设定顺序或规律安装到相应位置，结构几何构形和几何形状由小到大，逐步完善，最终实现设计位形。因此，每一施工阶段结构几何构造和形状都是不断变化的。同样，由于施工顺序问题，部分构件可能不能按顺序和构造需求及时安装到位，而要等结构其他构件安装到位后才能安装，使得形成的临时结构体系与设计结构体系不一致；复杂结构往往需要设置临时支撑，形成与设计结构体系不同的支撑与结构协同工作的复杂体系，而随着几何构形的完善，最终需要拆除临时支撑，即拆撑卸载过程，使得主体结构能够独立承受荷载，从而再次引起结构体系的转换。伴随几何构形的不断变化和结构体系的可能转换，结构的刚度也在不断地变化，这种刚度的时变特性实际中主要表现在两方面：构件数量的变化和预应力水平的变化。

施工过程中构件的安装和拆除直接影响相应部位的刚度，进而影响结构的整体刚度。对于预应力结构而言，其构件刚度与其自身预应力水平密切相关，预应力水平的变化直接影响拉索等预应力构件的自身刚度，而预应力张拉过程实际上就是一个逐步对预应力构件施加预应力进而使其具有足够刚度实现设计位型的过程，因此几何构形、体系及刚度时变也是结构施工过程中的重要时变特性。

### 1.3.2 结构施工安全的影响因素分析

（1）结构分析模型对结构施工安全影响。结构分析模型是为了提前分析结构状况，但无论采用何种分析方法和手段，总是要对实际结构进行简化后建立计算模型，计算模型的各种假定、边界条件处理、模型自身的精度等，都与实际结构之间存在差异，这就使得理论计算控制指标存在一定的误差，进而不能反映真实情况，会影响到结构施工安全。

（2）施工监测对结构施工安全影响。在进行应力与变形等监测的时候，因测量仪器、仪器的安装、测量方法、数据采集以及环境情况等不可避免存在误差，这些都会对最终结构安全产生极大影响。

（3）时变特性对结构施工安全影响。结构施工过程是一个复杂的结构系统渐变过程，其结构体系从无到有、从小到大、从简单到复杂、从局部到整体、从施工零态到竣工后的初始态，经历了一系列巨大变化，表现出很强的时变特性。主要包括边界条件时变、荷载时变、材料性质时变、几何构形及体系时变和结构刚度时变等。各种时变特性在不同结构中的具体表现也不相同。

（4）施工质量对结构施工安全影响。构件加工制作工艺方法存在缺陷，构件制作过程中存在偷工减料，结构在设计阶段就无法满足规范规定的设计要求，现场焊接或螺栓安装质量较差，安装顺序及工艺不当甚至错误；构件吊装、定位、矫正方法不当或不正确，临时支撑刚度不足，无法保证安装过程中结构整体稳定性，施工安装方案不合理或者结构施工前未进行合理的数值模拟跟踪验算。

（5）其他因素对结构施工安全影响。包括人的因素、物的因素、管理因素、环境因素等。

### 1.3.3 结构施工安全控制存在的问题

（1）施工过程结构安全分析存在的问题。施工过程结构安全分析主要是解决其边界条件时变、荷载时变、结构的刚度、几何构形和体系时变、材料时变等关键时变因素的模拟问题。

1）边界条件的时变模拟。主要可以通过分步施加弹性约束或者临时支撑单元来模拟，施加弹性约束即通过弹簧单元来模拟其边界条件时变，弹簧将根据每阶段的受力改变变形量进而实现边界条件时变的模拟。对于脚手架、胎架等临时支撑构件，其受力特点是支撑承受压力而不能承受拉力，因此可通过临时支撑单元模拟，通过设置其双线性刚度，打开只压不拉性能实现其支撑边界条件的模拟。

2）荷载的时变模拟。可通过分步加载的方法实现，即根据施工阶段，按照统计出来的施工时变模型，对已施工部分进行施工荷载施加，模拟其施工荷载时变特性。

3）结构的刚度、几何构形和体系的时变模拟。可以通过非线性有限元和生死单元技术，不断修正结构计算刚度矩阵来实现。即通过将单元刚度矩阵乘以一个极小因子，同时将单元荷载、质量、阻尼、应变等设置为零，使其在计算中不起作用，实现单元“杀死”状态、模拟构件的拆除或者未施工状态。对于构件的安装模拟，可将单元刚度、质量和荷载等恢复其原始数值，且重新激活的单元应变记录实现。

4）材料时变模拟。主要是针对混凝土结构而言，由于其材料特性会随着时间的发展而变化，包括混凝土自身强度随龄期的发展变化，混凝土收缩、徐变效应随时间的发展等，是典型的时变材料。对混凝土材料时变的模型需开发材料时变子程序，模拟其施工过程中的强度变化和收缩徐变。

（2）结构施工安全监测存在的问题。结构施工安全监测主要是解决结构参数因素、结构分析模型、施工监测因素、施工管理因素等关键监测因素的实施问题。

1）结构参数因素。不论何种筒仓结构的施工安全监测，结构参数都是必须考虑的重要因素。结构参数主要包括：结构构件截面尺寸、材料容重、材料强度和弹性模量、施工荷载等。结构参数是施工控制中结构分析的依据，其真实性直接影响分析结果的精确性。但实际中，实际结构参数是不可能与设计完全吻合的，结构参数之间总是存在一定的误差，施工控制中，如何使结构参数尽量接近真实结构参数是首要解决的问题。

2）结构分析模型。无论采用何种分析方法和手段，总是要对实际结构进行简化后建立计算模型。计算模型的各种假定、边界条件处理、模型自身的精度等，都与实际结构之间存在差异，这就使得理论计算控制指标存在一定的误差。控制中需要在这方面做大量工作，从而将计算模型误差的影响减到最低限度。

3）施工监测因素。在进行应力与变形等监测的时候，因测量仪器、仪器安装、测量方法、数据采集以及环境情况等不可避免存在误差，所以在施工过程中的监测结果总是存在误差。因此，在监控过程中要从监测设备、方法上尽量设法减小测量误差，同时在分析时应考虑各种原因导致的误差影响。

4）施工管理因素。特种筒仓结构施工监测的目标是为了保证特种筒仓结构施工过程中的施工安全与质量，其监测对象就是特种筒仓结构施工本身。施工管理的好坏直接影响到特种筒仓结构施工的安全、质量和进度等，施工管理得当，施工对原结构产生的影响小；施工进度快，必然为施工监测提供有利条件。

（3）结构施工安全风险评估存在的问题。结构施工安全风险评估主要是解决安全风险评估指标体系构建、安全风险评估方法的选择、安全风险评估模型的建立等关键安全风险评估方法的实施问题。

1）安全风险评估指标体系构建。安全风险评估指标的确定是为了找出影响特种筒仓结构施工项目风险的原因及因素。在分析各个安全风险指标的基础上，寻求安全风险预控的最佳方案。特种筒仓结构施工事故发生的原因错综复杂，往往是多种因素共同作用的结果。根据目前对特种筒仓结构施工的安全风险分析情况来看，对导致特种筒仓结构施工事故发生的各因素间相互作用关系的认识并没有非常清楚，而且有时在安全风险发生前产生的预兆也不能从所有的影响因素中得到较好的反馈。

2）安全风险评估方法的选择。安全风险评估的方法有很多种，具体可以归纳为三种：定性评价方法、定量评价方法、定性与定量相结合的评价方法。总结安全风险评估的方法，主要有专家调查评分法、德尔菲法、层次分析法（AHP）、模糊综合评价法、蒙特卡洛模拟法、故障树分析法（FAT）、风险矩阵法、人工神经网络法。每个安全风险评估方法的侧重点都不一样，适用性也不一样，如何选择适合特种筒仓结构施工过程安全风险的评估方法，是构建安全风险评估模型的关键。

3）安全风险评估模型的建立。所建立的特种筒仓施工安全风险评估指标体系单位并不完全统一，需要将不同计量单位的安全风险评估指标体系通过一定的无纲量化方法进行处理，此外还需对特种筒仓结构施工安全风险评估模型所涉及的指标体系进行量化等。

## 1.4 特种筒仓结构施工安全控制基础理论

### 1.4.1 结构施工安全控制模型

特种筒仓结构的建设包括了很多阶段，其中施工阶段是最主要的、也是持续时间相当长的一个阶段，而影响这一阶段发展的可控和不可控因素有很多，例如设计图纸、构件尺寸、材料强度发展、不同工艺的施工荷载、材料种类、测量放线的准确性等可控因素以及地震等不可控因素。由于施工过程受到这些因素的影响，会造成结构成型状态与设计理想状态之间的内力状态和几何形状等方面的差异。这种差异严重时可能对整个结构的安全施工造成较大的威胁。为实现设计目标，结合现代控制理论，在施工过程中采用可行的科学技术手段对施工中的各项物理力学等各方面数据进行预测、监控、调整，对施工中可能出现的、不利于施工进展的各方面因素进行全面评估的一系列复杂过程被称为施工安全控制。

结构安全施工控制的目的就是要通过测量监控等一系列技术手段，对在建结构的应力、变形、平面位置等主要控制因素进行监测预报，并对监测结果与设计值或理论计算值进行对比分析，通过分析结果对施工过程进行调整使结构建造按预想路径发展，以最大限度地保证结构成形状态接近理论设计状态，将结构内力和变形控制在设计和规范允许范围之内，以保证结构预想功能的正常实现，并为后面的工序创造良好的施工条件。施工安全控制的主要任务有以下四项：

（1）理论计算，也就是在工程设计阶段和施工方案实施前，对整体结构和专项施工方案进行理论计算或利用结构分析软件对施工过程进行模拟计算，并得出各施工阶段各关键节点的应力应变的理论值。若有两种或两种以上的施工方案，可以对施工过程模拟计算结果进行对比分析并优选施工方案。

（2）施工过程监测，即到施工现场测量结构建造过程中应力应变的实际值。

（3）比较分析施工现场实测数据与理论计算值或模拟值之间的差异。

（4）调整纠偏，即根据对比分析的结果进行施工方案修正使结构施工按理想路径发展。这四项任务的关系如图 1-13 所示。

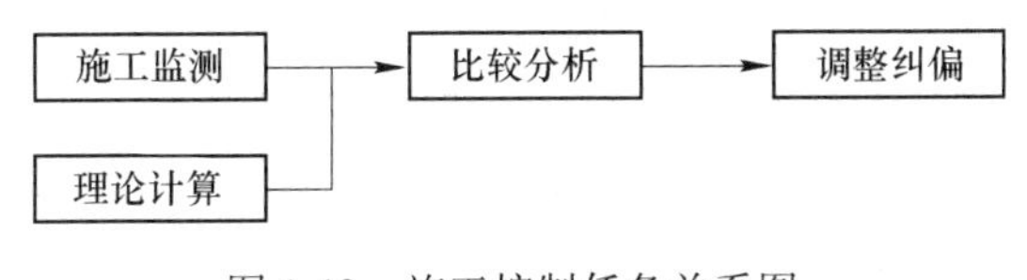


图 1-13 施工控制任务关系图

施工安全控制的内容总的来说主要包含如下几项内容：（1）结构变形控制；（2）结构内力控制；（3）结构稳定性控制；（4）工程安全控制。其中前两项控制是最基本的内容；结构稳定控制可以通过完成对结构的变形控制和内力控制来实现。一般来说，施工过程中只要做好了对结构变形、内力和稳定性的控制工作，结构的安全性就能得到很好的保障。

1）结构变形控制。结构发生在施工阶段的变形会受到施工中的很多不确定因素的影响，可能对于不同的施工方案结构的变形量会不同，但是任何一种施工方案都会产生变形。有时候对于不同的施工方案产生的结构变形差异会比较大，甚至对结构平面位置、楼层标高以及结构净高等方面造成超出设计和规范允许范围的影响，导致结构成形后的几何形态与设计理想状态偏差较大的情况，所以必须对施工中的结构进行结构变形控制。

2）结构内力控制。对结构内力的控制工作是结构施工控制中的最重要工作之一，同时也是监控难度最大的项目。结构内力的控制不同于结构变形控制，通过外观观察和测量是不能完成的，往往要运用更专业的仪器（如应力检测仪）对结构各构件的内力进行测量才能得到结构实际的内力情况。如果检测对比发现结构的实际内力状态和内力理论值的偏差超过了设计和规范允许的范围，就必须进行分析和纠偏工作，使结构内力回归正轨。以钢筋混凝土结构施工为例，混凝土构件的拉压应力在施工过程中若出现轻微的内力超限会导致构件产生不利于结构刚度、使用寿命和钢筋保护的裂缝，若出现严重的内力超限可能会导致结构被破坏甚至是垮塌。同样对钢筋内力的控制也同等重要，特别是对预应力钢筋施加的预应力大小控制。

3）结构稳定性控制。当作用在结构上的外力增加到某一界限值时结构的原有的稳定性被打破，在此基础上结构上的边界条件稍有变化结构就会出现失去稳定导致丧失正常工作的能力的现象，这种现象被称为结构失稳。结构的稳定性与结构的强度和刚度是结构安全工作的三要素，它们三者对于结构的安全性有着同等重要的意义。按失稳的弹塑性可分为弹性失稳、塑性失稳和弹塑性失稳。按失稳的范围可分为局部失稳和整体失稳。由于失稳而导致结构坍塌的例子，在世界各地也时有发生，其中较为严重的就是发生在 2004 年的阿联酋迪拜机场候机楼和法国戴高乐机场候机楼，因为结构失稳而导致的屋盖坍塌事故。由此可以看出结构稳定性对结构安全的重要性。

4）工程安全控制。前三项控制内容的最终目的就是保证结构在施工阶段的安全。施工的重要原则就是安全第一，如果没有了安全其他的一切工作都无从谈起。其实，施工安全控制不是独立的专项控制项目，只要前面三项控制工作完成得好，结构的安全自然就得到了控制。

### 1.4.2　结构施工安全控制方法

大型悬挑结构属于比较复杂的结构，施工过程中需要控制的因素比较多，所以要想更好地完成对大型复杂结构的施工控制工作实现控制目标就需要采用更为合适的施工控制方法。现在常用的施工控制方法有三种：开环控制、闭环控制和自适应控制。

（1）开环控制。由于开环控制只有监测系统而没有反馈系统和复杂的识别调整系统，所以开环控制在这三种控制方法中属于最经典、最简单、最成熟，但精度最低，应用范围最广的一种方法。这种方法主要用于结构形式较为简单、不确定因素较少、施工工艺成熟、几何形状和内力状况达到设计理想状态难度更低的结构，在常见的工程施工控制中也已积累不少成功应用的经验。开环控制系统组成如图 1-14 所示。

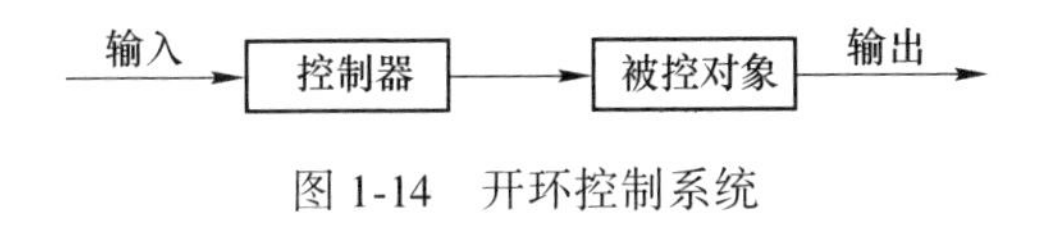


图 1-14 开环控制系统

（2）闭环控制。目前越来越多的复杂结构相继出现，施工工艺也愈加复杂，简单经典的开环控制显然已经不能满足这些结构对施工控制的要求。对于这样的复杂结构就需要使用更为先进的闭环控制技术了。闭环控制就是在开环控制的基础上加了一个信息反馈系统。

可以按需要对大型复杂结构各个施工阶段的各项特征数据进行检测并及时反馈给技术人员，以便对各阶段的误差进行及时纠偏调整，从而避免了各阶段误差随施工过程推进的累积。这就实现了施工过程中的多次调整，虽然不能完全实现设计理想状态，但是可以尽可能地使成型状态与之接近，最大限度地减小施工误差。因此，在类似本书模拟大悬挑结构这类较为复杂的项目中常常被采用。闭环控制系统组成如图 1-15 所示。

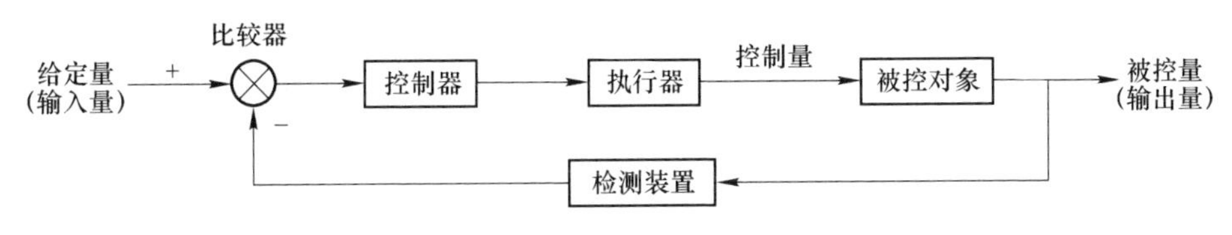


图 1-15 闭环控制系统

（3）自适应控制。随着计算机应用技术的不断发展，人们已经开始积极探索更为先进智能的施工控制方法。目前探索出比较成功的方法就是在闭环控制的基础上添加了一个信息辨识和计算分析系统而形成的新方法，这种方法被称为自适应控制法。这种方法是通过采集实测结果并和理论值进行比对分析，若辨识出误差系统就会把误差输入到相应的算法中重新计算修正得出计算模型修正参数；然后根据这些参数运用闭环控制的方法对结构进行控制。复杂的工程中这样的分析调整过程会反复多次的进行，这样就可以达到很好的控制效果。虽然这种方法还处在探索阶段，但是随着时间的推移和计算机应用技术的提升，这种方法必然会发展得越来越完善，越来越智能高效。

### 1.4.3 特种筒仓结构施工安全控制流程

施工控制可分为事前控制、事中控制和事后控制，运用有限元软件对施工过程进行模拟并提前预警和优选施工方案，就属于事前控制的一个重要方法。这种方法是随着计算机应用软件的不断发展将传统的专业知识结合新型的模拟软件，运用到工程实际施工过程中的一种施工控制新技术。通过理论计算、数值模拟等方法可以事先得出工程结构在各个施工阶段内力、变形等各方面的理想状况，而在施工过程中运用实地测量和观测可以得到结构在相应施工阶段内力和变形的实际结果。按常理若控制过程理想，实测数据和理论值应该是相吻合的；但由于一些确定或不定因素的影响总会造成这两个值之间存在或多或少的差异，也就是施工控制误差。导致这种误差的因素被统称为施工控制的影响因素，常见的施工控制影响因素主要有：数值模拟方法的不准确导致的事前结构施工过程结果与实际工况存在出入无法指导施工；现场监测方法不当导致无法准确地掌握现场施工安全的有效信息；安全风险评估方法的落后而导致的无法动态地对结构施工过程进行实时的安全风险评估。为此，本研究基于特种筒仓结构施工特点以及安全风险评估的理论，提出了一套适用于特种筒仓结构施工的数值模拟方法、动态监测方法、安全风险评估的方法流程，目的在于丰富特种筒仓结构施工安全风险控制方法的研究，整体运作流程如图 1-16 所示。

（1）施工安全数值模拟。运用有限元分析软件对结构进行简化模拟计算在施工控制中也是一个必不可少的过程，不论运用什么方法和软件进行模拟，在对实际结构进行理想简化过程中在边界条件等方面与实际结构之间总会存在差异。所以在模型建立时，需要尽可能地使模型趋近于实际结构，必要时还可以进行试验测定，尽可能地减小建模差异的影响。综上所述，影响施工控制的因素可分为固有因素和偶然因素两大类。而特种筒仓结构施工包含混凝土结构、预应力混凝土结构、钢结构等施工工艺。不同的施工工艺的数值模拟方法不尽相同，需建立适应于特种筒仓结构施工全过程的数值模拟方法，得到与实际工况相符的目标模型，并对其实际受力情况进行数值分析。

（2）施工安全动态监测。特种筒仓结构施工安全监测，是在前期施工模拟获得不同施工阶段的控制参数的基础上，对结构进行施工全过程实时跟踪，并通过数据的对比和分析对下一步施工方案进行预判和调整，从而达到对施工安全的动态控制。其中，通过对特种筒仓结构施工过程中监测传感器类型、位置、数量的优化，依据有限数量的传感器的检测结果，实时掌握特种筒仓结构结构的工作状态及各类参数是监测过程中的关键技术问题。总之，影响施工安全目标顺利实

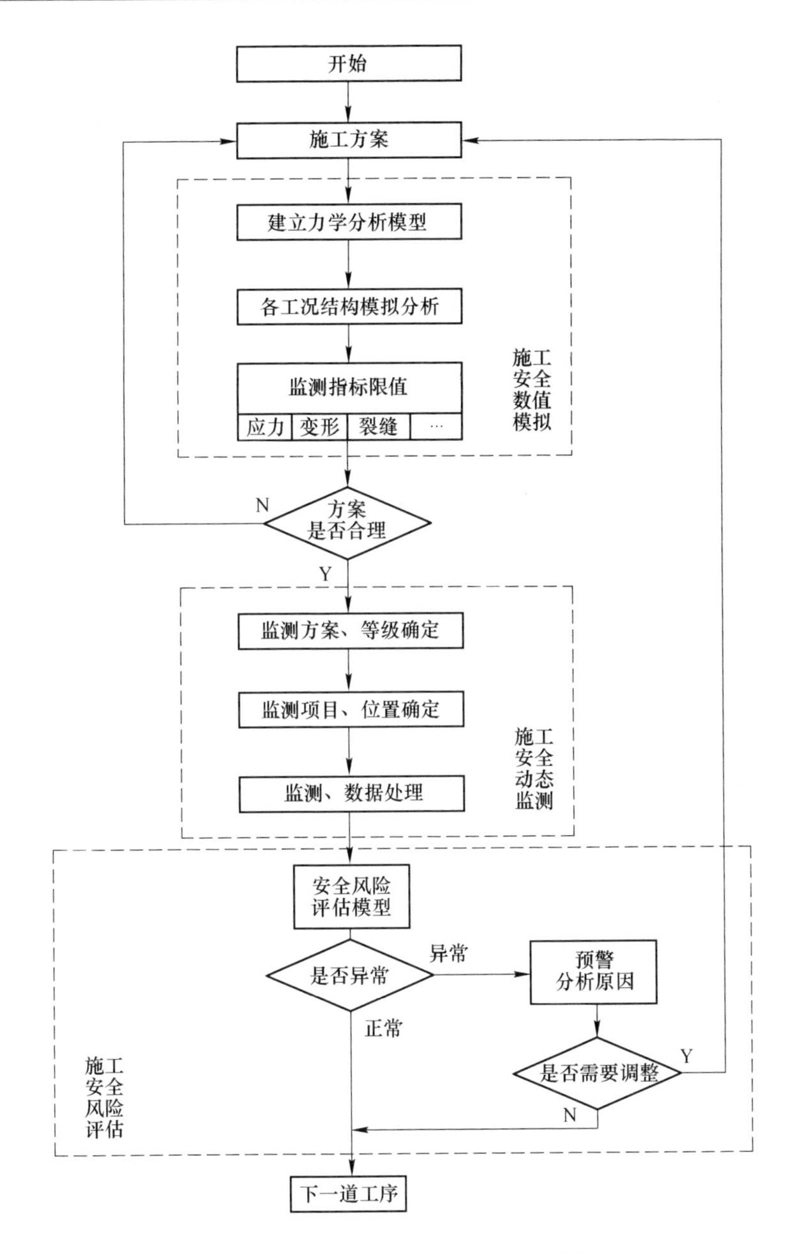


图 1-16 特种筒仓结构施安全风险控制技术流程

现的因素很多，施工安全监测是工程施工控制的基础，是确保结构在施工过程中安全并符合设计要求的重要手段。

（3）结构安全风险评估。在特种筒仓结构施工数值模拟方法和现场监测方法研究理论的基础上，构建合理的特种筒仓结构施工安全风险评估指标体系，并对现有各安全风险评估方法的优缺点及适用性进行比选，针对选择出的安全风险评估方法的短板进行改进，建立基于BP小波神经网络的安全风险评估模型，并确定特种筒仓结构施工安全风险评估的程序、等级和评价方法，最终对特种筒仓结构施工过程进行安全风险的动态评估。

# 2 特种筒仓结构施工关键技术

本章对特种筒仓结构施工过程中常见的施工技术如大体积混凝土施工技术、爬升模板施工技术、预应力混凝土施工技术、拼装吊装施工技术进行了系统地归纳，以期通过对特种筒仓结构施工关键技术的分析，为后续开展特种筒仓结构安全控制方法即施工安全数值模拟方法、动态监测方法、动态风险评估奠定基础。

## 2.1 大体积混凝土施工技术

### 2.1.1 大体积混凝土相关概述

#### 2.1.1.1 大体积混凝土的定义

目前，对于大体积混凝土尚没有明确的定义：

美国混凝土协会（ACI）规定："任意体量的混凝土，其尺寸大到必须采取措施减小由于体积变形引起的裂缝，统称为大体积混凝土。"ACI 提出了强制性规定：任何就地浇筑的大体积混凝土，其尺寸之大，必须要求解决水化热及随之引起的体积变形问题，以最大限度减少开裂，如图 2-1、图 2-2 所示。

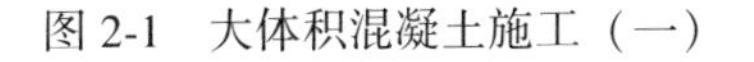

图 2-1 大体积混凝土施工（一）

图 2-2 大体积混凝土施工（二）

前苏联的相关施工规范中，将大体积混凝土定义为：在工程施工期间水化热作用下相互独立的且必须确定各构件温度问题的混凝土。

日本建筑学会标准（JASSS）的定义是："结构断面最小尺寸在 80cm 以上，同时水化热引起的混凝土内最高温与外界气温之差预计超过 25℃的混凝土称为大体积混凝土。”

根据我国《大体积混凝土施工规范》（GB 50496—2009）的规定：混凝土结构物实体最小几何尺寸不小于1m的大体量混凝土，或预计会因混凝土中胶凝材料水化引起的温度变化和收缩而导致有害裂缝产生的混凝土，称为大体积混凝土。

2.1.1.2 大体积混凝土的基本规定

对大体积混凝土施工要遵循以下基本规定：

（1）大体积混凝土施工应编制施工组织设计或施工方案。

（2）大体积混凝土工程施工除应满足设计规范及生产工艺的要求外，尚应符合下列要求：

1）大体积混凝土的设计强度等级宜为C25至C40，并可采用混凝土60d或90d的强度作为混凝土配合比设计、混凝土强度评定及工程验收的依据。

2）大体积混凝土的结构配筋除应满足结果强度和构造要求外，还应结合大体积混凝土的施工方法配置控制温度和收缩的构造钢筋。

3）大体积混凝土置于岩石类地基上时，宜在混凝土垫层上设置滑动层。

4）设计中宜采用减少大体积混凝土外部约束的技术措施。

5）设计中宜根据情况提出温度和应变的相关测试要求。

（3）大体积混凝土工程施工前，宜对施工阶段大体积混凝土浇筑体的温度、温度应力及收缩应力进行试算，并确定施工阶段大体积混凝土浇筑体的升温峰值，里表温差及降温速率的控制指标，制定相应的温控技术措施。

（4）温控指标宜符合下列规定：

1）混凝土浇筑体在入模温度基础上的温升值不宜大于50℃。

2）混凝土浇筑块体的里表温差（不含混凝土收缩的当量温度）不宜大于25℃。

3）混凝土浇筑体的降温速率不宜大于2.0℃/d。

4）混凝土浇筑体表面与大气温差不宜大于20℃。

（5）大体积混凝土施工前，应做好各项施工前准备工作，并与当地气象台、站联系，掌握近期气象情况。必要时，应增添相应的技术措施，在冬期施工时，尚应符合国家现行有关混凝土冬期施工的标准。

2.1.1.3 大体积混凝土的特点

在现代工程建设中，大体积混凝土占有重要地位，主要有以下特点：

（1）大体积混凝土的主要成分为骨料、水泥石、水分和气体，属于非匀质材料。在湿度、温度等因素变化的条件下，混凝土逐渐硬化，并产生一定的体积变形，但这种变形是不均匀的：骨料收缩较小，水泥石收缩较大。体积变形在内约束条件下不能自由发展，产生的约束应力会造成粘结微裂缝或水泥石微裂缝，进而会影响大体积混凝土的质量。

(2) 大体积混凝土一般结构厚实、自身结构断面大、混凝土量大、工程条件复杂、施工技术高、水泥用量也大，在浇筑完成后水泥水化会释放大量的水化热，由于其内部散热条件有限，导致内部温度急剧上升，预计产生的中心温度与表面温度之差在25℃之上，易使结构产生温度变形。

(3) 混凝土浇筑后，水泥水化作用会产生热量，大体积混凝土比普通混凝土截面厚大，其内部的热量散失速度远比表面的热量散失速度慢得多，造成较大的内外温度梯度，温度差产生的温度应力使得混凝土开裂。大体积混凝土平面尺寸大，则约束温度应力的作用力也随之变大，如若温度控制措施不到位，温度应力增长到超过此时混凝土的极限拉力，混凝土将产生裂缝。

(4) 作用在大体积混凝土结构的荷载会产生应力，大体积混凝土水泥水化热的温度应力也会很长时间内作用在混凝土结构上，二者的共同作用会使混凝土拉应力过大而导致裂缝产生，进而对混凝土的质量产生影响，会引发大体积混凝土结构的质量和安全问题。

(5) 混凝土抗拉强度较低，大约只有抗压强度的10%左右，拉伸变形能力很小，由于浇筑初期混凝土弹模较小、徐变较大，温升产生的温度应力不太大。后期混凝土温度逐渐降低，此时弹模提高、徐变减小，若混凝土收到约束限制了其收缩变形，将产生较大的拉应力。一旦拉应力超过混凝土的抗拉强度，就会出现裂缝，从而产生渗漏问题。

(6) 大体积混凝土升温时内表面温差过大，会造成表面裂缝；如果降温速率过快，会造成贯穿性冷裂缝。大体积混凝土，除严格控制内外温度梯度在规范要求之内，降温速率不宜过快。由于混凝土内部温度过大，温差应力达到混凝土极限抗拉强度时，理论上才会出现裂缝，且此裂缝出现在大体积混凝土的内部，如果相差很大，就会出现贯穿裂缝，影响结构使用。

(7) 对大体积混凝土结构设计时，结构构件断面尺寸与受力往往会有一定的差异，这种差异就会造成构件的刚度和配筋量的差异，从而引起混凝土内部温度应力的差异，因此导致大体积混凝土结构构件差异处出现裂缝。因此对大体积混凝土来说，结构构件断面尺寸的设计非常重要。

(8) 在建筑工程结构中，大体积混凝土的应用主要是在基础工程中（比如筏板)，并且混凝土的强度等级高且要求抗渗。大体积混凝土施工通常是在基坑内，施工阶段混凝土内部散热较慢，同时，由于大体积混凝土基础内部复杂、配筋量大、钢筋直径大，在混凝土收缩过程中容易产生表面辐射状裂缝。

#### 2.1.1.4 大体积混凝土施工准备

(1) 技术准备。大体积混凝土施工前应编制施工技术方案，施工技术方案的主要内容应包括：1) 设计和技术要求：描述本工程施工图设计中对大体积混凝土的施工技术要求，包括与混凝土施工的结构方面的要求，如：结构形式、构造特点、混凝土强度等级、抗渗等级、工程量等，描述本工程施工条件和环境及其对大体积混凝土施工的影响。2）施工设计计算：进行大体积混凝土施工过程的热工计算，选择大体积混凝土的基本施工方法和温度控制的养护方法，确保混凝土内外温差不超过25℃。3）根据设计要求和施工现场条件，提出混凝土配合比设计条件。4）提出防止大体积混凝土裂缝的措施。5）规定混凝土供应条件包括供应量、时间、浇筑强度等。6）规定混凝土的浇筑包括浇筑方法、浇筑路线、表面处理、钢筋保护。7）规定保证质量、环境和安全的措施。8）规定施工进度、劳动组织及机械设备要求等。9）规定大体积混凝土监视和测量的方法和要求。

（2）材料准备。1）当采用商品混凝土进行浇筑时，如果一个混凝土厂家供应不能满足施工进度要求，应考虑多家厂家合作供应的可能。2）当采用现场拌制混凝土进行浇筑时，应储备足够的材料，以满足连续施工的需要。3）按照物资供应计划储备足够的保温物资，确保浇筑混凝土及时保温和应急保温措施所需要的物资。4）大体积混凝土有连续施工的要求，现场应配置备用电源或发电设备。

（3）施工机械准备。大体积混凝土主要施工机械有：强制式混凝土搅拌机、自动计量和上料设备、混凝土运输车、混凝土泵车，拖式混凝土输送泵、混凝土布料设备、泵管、空气压缩机、振捣棒、平板振捣器、抹光机等。

（4）作业条件准备。1）钢筋、模板、预埋件及管线安装就位并通过验收，混凝土浇灌申请书得到批准。2）运输通道或浇筑脚手架搭设完毕并通过验收。3）混凝土搅拌站或预拌混凝土厂家做好准备，现场混凝土输送泵及管道已安装就位，机具设备、水电设施等已齐备，试运转正常。4）现场成立混凝土浇筑指挥系统，统一指挥和组织大体积混凝土的浇筑。各工种人数、工人技术要求符合要求，应进行培训和交底。5）对施工质量、环境和安全所要求的应急措施到位并经过检查。

（5）施工组织及人员准备。1）健全现场各项管理制度，专业技术人员持证上岗。2）班组已进场到位并进行了技术、安全交底。3）班组工人一般中、高级工不少于60%，并应具有同类工程的施工经验。

2.1.1.5　大体积混凝土施工工艺流程

大体积混凝土施工工艺流程如图2-3所示。

### 2.1.2　某大体积混凝土施工技术

以某项目超厚大体积混凝土结构施工为例，分析大体积混凝土施工技术。

（1）施工准备：

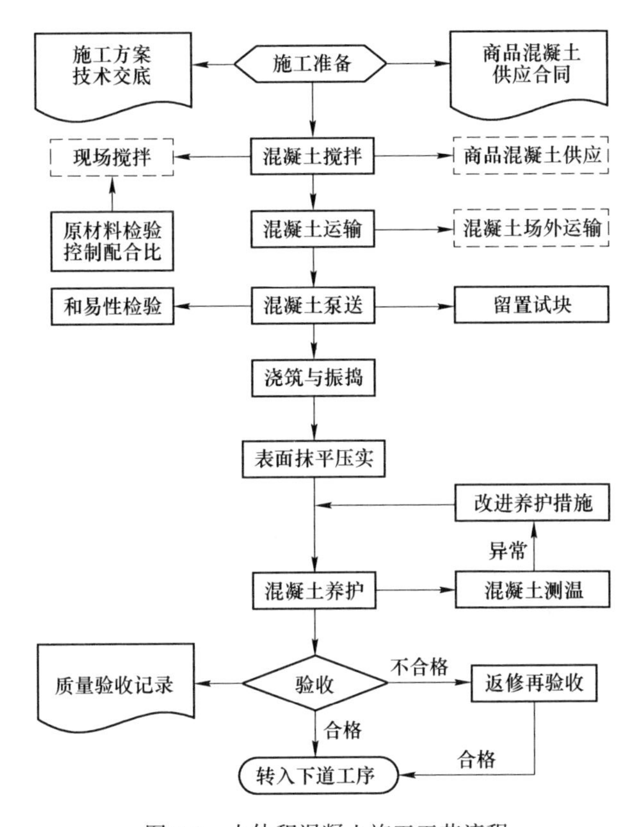


图 2-3 大体积混凝土施工工艺流程

1）原材料的要求：

①水泥：优先采用水化热低的矿渣硅酸盐水泥、火山灰硅酸盐水泥，水泥应有出厂合格证及进场试验报告。

②砂：优先选用中砂或粗砂，为增加混凝土的抗裂性，含泥量严格控制在2%以内。

③石子：选用自然连续级配的卵石或碎石，粒径 5～40mm，为增加混凝土的抗裂性含泥量严格控制在 1%以内。

④水：宜采用饮用水。如采用其他水，其水质必须符合《混凝土拌合用水标准》（JGJ63—89）的规定。

⑤外加剂：其掺量应根据施工需要通过试验确定，质量及应用技术应符合现行国家标准《混凝土外加剂》GB 8076、《混凝土外加及应用技术》GB 50119 等和有关环境保护的规定。

2）主要工机具：

①混凝土上料搅拌设备：混凝土自动计量设备、混凝土搅拌机、装载机、水

箱、水泵。

②混凝土运输设备：混凝土搅拌罐车、混凝土泵车、布料机、机动翻斗、手推车、串筒、溜槽。

③混凝土振捣设备：插入式振捣器、平板振动器。

④混凝土测温设备：电阻型测温仪、热电偶测温仪、玻璃温度计、湿度仪。

3）作业条件：

①编制混凝土浇筑方案，制定施工指示图表，确定流水分段划分、浇筑程序、原材料运输、混凝土配料、输送、浇筑、捣固方法以及设备移动、施工平面布置等。

②准备好混凝土搅拌、运输和浇筑机具设备，并进行一次全面检修，按施工平面布置图进行安装就位和试运转，施工需要工具亦按数量做好准备，放在规定地点备用。

③基础钢筋已绑扎完毕，并已经过验收；内外模板已支设好，并支撑牢固；板缝已堵严，并涂刷隔离剂；在模板上已弹好混凝土浇筑标高线。

④配置混凝土用的水泥、砂、石及粉煤灰、外加剂等材料，经检验质量符合有关标准 要求。并准备足够数量，能满足混凝土连续浇筑的需要；试验室已按实际材料提供混凝土配合比。

⑤根据混凝土浇筑方案，搭设好进入基坑的脚手马道和浇灌脚手平台。

⑥检查复核基础轴线、标高，大面积浇筑的基础，每隔 3m 左右钉上水平桩。

4）作业人员：

①主要作业人员：机械操作人员、混凝土工。

②施工人员应经过专业安全和技术培训，并接受了专项施工技术交底。

（2）施工工艺。施工工艺流程如图 2-4 所示。

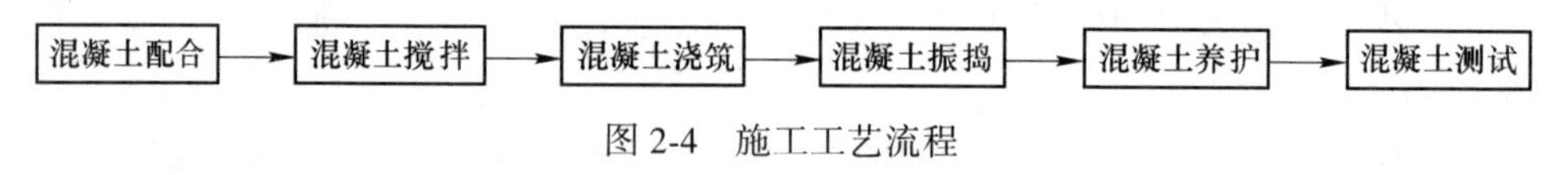


图 2-4 施工工艺流程

1）大体积混凝土防裂措施：

①选用中低热水泥，掺加粉煤灰，掺加高效缓凝型减水剂，均可以延迟水化热释放速度，降低热峰值。

②掺入适量的 U 型混凝土膨胀剂，防止或减少混凝土收缩开裂，并使混凝土致密化，使混凝土抗渗性提高。在满足混凝土泵送的条件下，尽量选用粒径较大、级配良好的石子；尽量降低砂率，一般宜控制在 42%~45%之间。

③在基础内预埋冷却水管，通循环低温水降温。

④控制混凝土的出机温度和浇筑温度，冬季在不冻结的前提下，采用冷骨

料、冷水搅拌混凝土。夏季如当时气温较高，还应对砂石进行保温，砂石料场设简易遮阳装置，必要时向骨料喷冷水。

2）大体积混凝土搅拌、运输操作工艺：

①混凝土搅拌要按配合比严格计量，要求车车过磅；装料顺序：石子→水泥→砂子；如有添加剂时，应与水泥一并加入；粉末状的外加剂同水泥一并加入，液体状的与水同时加入。为使混凝土搅拌均匀，搅拌时间不得少于 90 秒钟，当冬季施工或加有添加剂时，应延长 30 秒钟。

②混凝土自搅拌机卸出后应及时运送到浇筑地点；在运输过程中，要防止混凝土的“离析”，水泥浆流失、坍落度变化和产生初凝等现象，如有发生应立即报告技术部门采取措施。混凝土从搅拌机中卸出后到浇筑完毕的延续时间，不超过规范规定的时间。混凝土水平运输采用混凝土搅拌罐车或装载机，垂直运输采用混凝土泵车。

③泵送混凝土必须保证混凝土泵能连续工作，如发生故障停歇时间超过 45min 或混凝土已出现“离析”现象，应立即用压力水或其他方法冲洗净管内残留的混凝土。

3）大体积混凝土浇筑。浇筑方案应根据整体性要求、结构大小、钢筋疏密、混凝土供应等具体情况，分三种类型：全面分层法、分段分层法、斜面分层法，如图 2-5 所示。

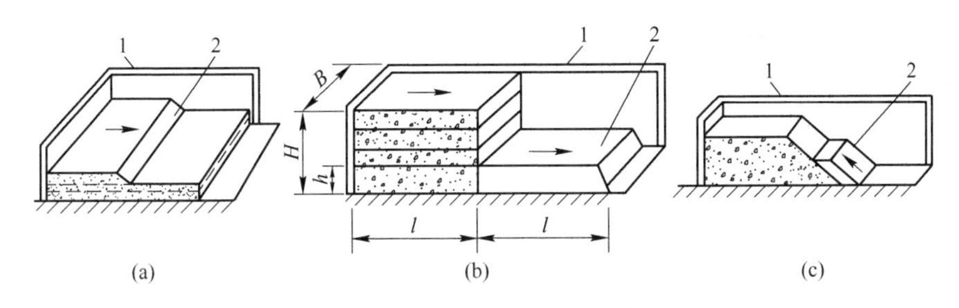


图 2-5　大体积混凝土浇筑方案

（a）全面分层；（b）分段分层；（c）斜面分层

1—模板；2—新浇筑的混凝土

①全面分层：当结构平面面积不大时，可将整个结构分为若干层进行浇筑，即第一层全部浇筑完毕后，再浇筑第二层，如此逐层连续浇筑，直到结束。在整个基础内全面分层浇筑混凝土，要做到第一层全面浇筑完毕回来浇筑第二层时，第一层浇筑的混凝土还未初凝，如此逐层进行，直至浇筑好。这种方案适用于结构的平面尺寸不太大，施工时从短边开始，沿长边进行较适宜。必要时亦可分为两段，从中间向两端或从两端向中间同时进行。

②斜面分层法：当结构的长度超过厚度的 3 倍时，可采用斜面分层的浇筑方

案。振捣工作应从浇筑层的下端开始，逐渐上移，以保证混凝土施工质量。混凝土浇筑采用“分段定点，循序推进、一个坡度、一次到顶”的方法——自然流淌形成斜坡混凝土的浇筑方法，能较好地适应泵送工艺，提高泵送效率，简化混凝土的泌水处理，保证了上下层混凝土不超过初凝时间，一次连续完成。当混凝土大坡面的坡角接近端部模板时，改变混凝土的浇筑方向，即从顶端往回浇筑。

③分段分层法：当结构平面面积较大时，全面分层已不适合，这时可采用分段分层浇筑方案，适宜于厚度不太大而面积或长度较大的结构。混凝土从底层开始浇筑，进行一定距离后回来浇筑第二层，如此依次向前浇筑以上各分层。混凝土浇筑时采用分层分段进行时，每段浇筑高度应根据结构特点，钢筋疏密程度决定，一般分层高度为振捣器作用半径的1.25倍，最大不得超过500mm。混凝土浇筑时，严格掌握控制下灰厚度、混凝土振捣时间，浇筑分为若干单元，每个浇筑单元间隔时间不超过3h。

4）大体积混凝土振捣和泌水处理：

①每浇筑一层混凝土都应及时均匀振捣，保证混凝土的密实性。混凝土振捣采用赶浆法，以保证上下层混凝土接茬部位结合良好，防止漏振，确保混凝土密实。振捣上一层时应插入下层约50mm，以消除两层之间的接槎。平板振动器移动的间距，应能保证振动器的平板覆盖范围，以振实振动部位的周边。

②在混凝土初凝之前，适当的时间内给予两次振捣，可以排除混凝土因泌水在粗骨料、水平钢筋下部生成的水分和空隙，提高混凝土与钢筋握裹力。两次振捣时间间隔宜控制在2h左右。

③混凝土应连续浇筑，特殊情况下如需间歇，其间歇时间应尽量缩短，并应在前一层混凝土凝固以前将下一层混凝土浇筑完毕。间歇的最长时间，按水泥的品种及混凝土的凝固条件而定，一般超过2h就应按“施工缝”处理。

④施工缝处理：混凝土的强度不小于1.2MPa，才能浇筑下层混凝土；在继续浇混凝土之前，应将界面处的混凝土表面凿毛，剔除浮动石子，并用清水冲洗干净后，再浇一遍高标号水泥砂浆，然后继续浇筑混凝土且振捣密实，使新老混凝土紧密结合。

⑤混凝土的泌水处理：斜面分层法浇筑混凝土采用泵送时，在浇筑、振捣过程中，上涌的泌水和浮浆将顺坡向集中在坡面下，应在侧模适宜部位留设排水孔，使大量泌水顺利排出。采取全面分层法时，每层浇筑，都须将泌水逐渐往前赶，在模板处开设排水孔使泌水排出或将泌水排至施工缝处，设水泵将水抽走，至整个层次浇筑完。

5）大体积混凝土养护和测温：

①大体积混凝土养护采用保湿法和保温法。保湿法，即在混凝土浇筑成型后，用蓄水、洒水或喷水养生；保温法是在混凝土成型后，覆盖塑料薄膜和保温

材料养护或采用薄膜养生液养护。

②在混凝土结构内部有代表性的部位布置测温点，测温点布置应在边缘与中间，按十字交叉布置，间距为3~5m，沿浇筑高度应布置在底部中间和表面，测点距离底板四周边缘要大于1m。通过测温全面掌握混凝土养护期间其内部的温度分布状况及温度梯度变化情况，以便定量、定性地指导控制降温速率。

③测温可以采用信息化预埋传感器先进测温方法，也可以采用埋设测温管、玻璃棒温度计测温方法。每日测量不少于4次（早晨、中午、傍晚、半夜）。

6）冬期施工：

①冬期浇筑的混凝土掺负温复合外加剂时，应根据温度情况的不同，使用不同的负温外加剂。且在使用前必须经专门试验及有关单位技术鉴定。冬期施工前应制定冬期施工方案，对原材料的加热、搅拌、运输、浇筑和养护等进行热工计算，并应据此施工。

②混凝土在浇筑前，应清除模板和钢筋上的冰雪、污垢。运输和浇筑混凝土用的容器应有保温措施。运输浇筑过程中，温度应符合热工计算所确定的数据、如不符时，应采取措施进行调整。采用加热养护时，混凝土养护前的温度不得低于2℃。

③整体式结构加热养护时，浇筑程序和施工缝位置，应能防止发生较大的温度应力，如加热温度超过40℃时，应征求设计单位意见后确定。混凝土升、降温度不得超过规范规定。

④混凝土试块除正常规定组数制作外，还应增设二组与结构同条件养护，一组用以检验混凝土受冻前的强度，另一组用以检验转入常温养护28d的强度。

## 2.2 爬升模板施工技术

### 2.2.1 爬升模板相关概述

爬升模板（即爬模），是一种适用于现浇钢筋混凝土竖向（或倾斜）结构的模板工艺，如墙体、电梯井、桥梁、塔柱等。按其构造和工作原理，可分为“有架爬模”（即模板爬架子，架子爬模板）和“无架爬模”（即模板爬模板）两种。我国的爬模技术，“有架爬模”始于20世纪70年代后期，在上海研制应用，目前不仅用于浇筑高层建筑的外墙、电梯井壁，而且已开始用于内墙以及一些高耸构筑物，“无架爬模”于80年代首先用于北京新万寿宾馆主楼现浇钢筋混凝土工程施工。此处注重介绍有架爬模。

爬升模板的工艺原理，是以建筑物的钢筋混凝土墙体为支承主体，通过附着于已完成的钢筋混凝土墙体上的爬升支架或大模板，利用连接爬升支架与大模板的爬升设备，使一方固定，另一方作相对运动，交替向上爬升，以完成模板的爬升、下降、就位和校正等工作。其施工程序如图 2-6 所示。

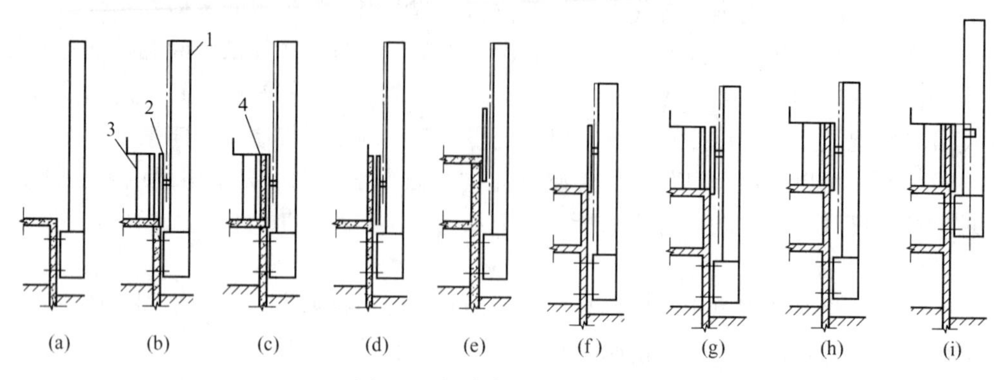


图 2-6　爬升模板施工程序图

（a）头层墙完成后安装爬升支架；（b）安装外模板悬挂于爬架上，绑扎钢筋，悬挂内模；（c）浇筑第二层墙体混凝土；（d）拆除内模板；（e）第三层楼板施工；（f）爬升外模板并校正，固定于上一层；（g）绑扎第三层墙体钢筋，安装内模板；（h）浇筑第三层墙体混凝土；（i）爬升爬架，将爬架固定于第二层墙体

1—爬升支架；2—外模板；3—内模板；4—墙体混凝土

有架爬升模板是综合大模板与滑动模板工艺和特点的一种模板工艺，具有大模板和滑动模板共同的优点。

它与滑动模板一样，在结构施工阶段依附在建筑结构上，随着结构施工而逐层上升，这样模板可以不占用施工场地，也不用其他垂直运输设备。另外，它装有操作脚手架，施工时有可靠的安全围护，故无需搭设外脚手架，特别适用于在较狭小的场地上建造多层或高层建筑。

它与大模板一样，是逐层分块安装，故其垂直度和平整度易于调整和控制，可避免施工误差的积累，且不会出现墙面被拉裂的现象。

爬升模板由大模板、爬升支架和爬升设备三部分组成，如图 2-7 所示。

（1）大模板：

1）与一般大模板相同，由面板、横肋、竖向大肋、对销螺栓等组成。面板一般用组合钢模板或薄钢板，也可用木（竹）胶合板。横肋用［6.3 槽钢，竖向大肋用［8 或［10 槽钢。横、竖肋的间距按计算确定。

2）模板的高度一般为建筑标准层高加 100~300mm（属于模板与下层已浇筑墙体的搭接高度，用于模板下端的定位和固定）。模板下端需增加橡胶衬垫，以防止漏浆。

3）模板的宽度可根据一片墙的宽度和施工段的划分确定，可以是一个开间、一片墙或一个施工段的宽度。其分块要与爬升设备能力相适应。

4）大模板的吊点，根据爬升模板的工艺要求，应设置两套吊点，一套吊点

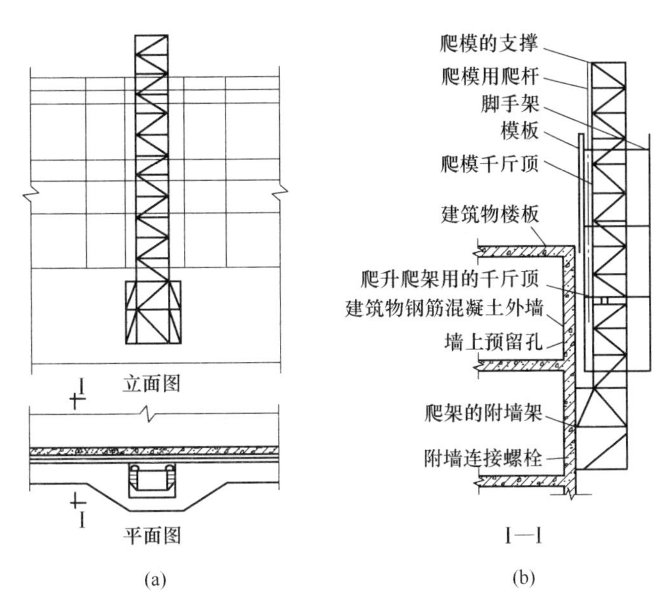


图 2-7 爬升模板构造
（a）平面图；（b）Ⅰ—Ⅰ剖面图

（一般为两个吊环）用于分块制作和吊运时用，在制作时焊在横肋或竖肋上，另一套吊点是用于模板爬升，设在每个爬架位置，要求与爬架吊点位置相对应，一般在模板拼装时进行安装和焊接。

5）大模板附有以下装置：

①爬升装置。大模板上的爬升装置是用于安装和固定爬升设备。常用的爬升设备为倒链和单作用液压千斤顶。

②外附脚手架和悬挂脚手架。外附脚手架和悬挂脚手架设在模板外侧，供模板的拆模、爬升、安装就位、校正固定、穿墙螺栓安装与拆除、墙面清理和嵌塞穿墙螺栓等操作使用。脚手架的宽度为600~900mm，每步高度为1800mm。

6）大模板如采用多块模板拼接，由于在模板爬升时，模板拼接处会产生弯曲和剪切应力，所以在拼接节点处时应进行加强，可采用规格相同的短型钢跨越拼接缝，以保证竖向和水平方向传递内力的连续性。

（2）爬升支架：

1）爬升支架由支承架、附墙架（底座）以及吊模扁担、爬升爬架的钱进顶架（或吊环）等组成。

2）爬升支架是承重结构，主要依靠附墙架（底座）固定在下层已有一定强度的钢筋混凝土墙体上，并随着施工层的上升而升高。其下部有水平起模支承横梁，中部有千斤顶座，上有挑梁和吊模扁担，主要起到悬挂模板、爬升模板和固定模板的作用。因此，要具有一定的强度、刚度和稳定性。

（3）爬升设备。爬升设备是爬升模板的动力，可以因地制宜地选用。常用的爬升设备有电动葫芦、倒链、单作用液压千斤顶等，其起重能力一般要求为计算值的两倍以上。

1）倒链。其又称环链手拉葫芦。选用倒链时，除了起重能力应比设计计算值大一倍以外，还要使其起升高度比实际需要起升高度大0.5~1m，以便于模板或爬升支架爬升到就位高度时，尚有一定长度的起重倒链，可以摆动，便于就位和校正固定。

常用倒链的规格，见表2-1。

**表2-1 常用倒链规格表**

| 起重量/t | 0.5 | 1.0 | 2.0 | 3.0 | 5.0 |
|---|---|---|---|---|---|
| 起升高度/m | 2.5~6 | 2.5~6 | 3~6 | 3~6 | 3~6 |

注：起升高度亦可按用户需要向厂家提出要求。

2）液压千斤顶及其他系统：

①千斤顶。千斤顶的底盘与模板或爬升支架的连接底座，用4只M14~M16螺栓固定。插入千斤顶内的爬杆上端用螺钉与挑架固定，安装后的千斤顶和爬杆应呈垂直状态。

②爬杆。爬杆采用Q235钢，其直径为$\phi$25mm（按千斤顶规格选用），长度根据楼层层高或模板一次要求升高的高度决定，一般爬升模板用的爬杆长度为4~5m。

（4）爬升模板的配置：

1）模板的配置原则：

①根据制作、运输和吊装的条件，尽量做到内、外墙均做成每间一整块大模板，以便于一次安装、脱模、爬升。

②内墙大模板可按建筑物施工流水段用量配置，外墙内、外侧模板应配足一层的全部用量。

③外墙外侧模板的穿墙螺栓孔和爬升支架的附墙连接螺栓孔，应与外墙内侧模板的螺栓孔对齐。

④爬升模板施工一般从标准层开始。如果首层（或地下室）墙体尺寸与标准层相同，则首层（或地下室）先按一般大模板施工方法施工，待墙体混凝土达到要求强度后，再安装爬升支架，从二层（或首层）开始进行爬升模板施工。

2）爬升支架的配置原则：

①爬升支架的设置间距要根据其承载能力和模板重量而定，一般一块大模板设置两个或一个。每个爬升支架装有2只液压千斤顶（或2只倒链），每只爬升

设备的起重能力为10~15kN，故每个爬升支架的承载能力为20~30kN。而模板连同悬挂脚手重3.5~4 5kN/m，所以爬升支架间距为4~5m。

②爬升支架的附墙架宜避开窗口固定在无洞口的墙体上。如必须设在窗口位置，最好在附墙架上安装活动牛腿搁在窗台上，由窗台承受从爬升支架传来的垂直荷载，再用螺栓连接以承受水平荷载。

③附墙架螺栓孔，应尽量利用模板穿墙螺栓孔。

④爬升支架附墙架的安装，应在首层（或地下室）墙体混凝土达到一定强度并拆模后进行，但墙体需预留安装附墙架的螺栓孔，且其位置要与上面各层的附墙架螺栓孔位置处于同一垂直线上。爬升支架安装后的垂直偏差应控制在$h/1000$以内。

### 2.2.2　某筒仓爬升模板施工技术

（1）工艺流程。目前爬升模板较多地用于高层建筑外墙外模板、电梯井壁内模。采用爬升模板工艺，只是对外墙外模板或电梯井壁内模的安装、拆除及支承架改用爬升支架。这种工艺由于楼板多采用现浇结构，其施工方法有两种，一种是先浇筑墙体再浇筑楼板；另一种是墙体和楼板同时浇筑，后一种工艺流程如图2-8所示。

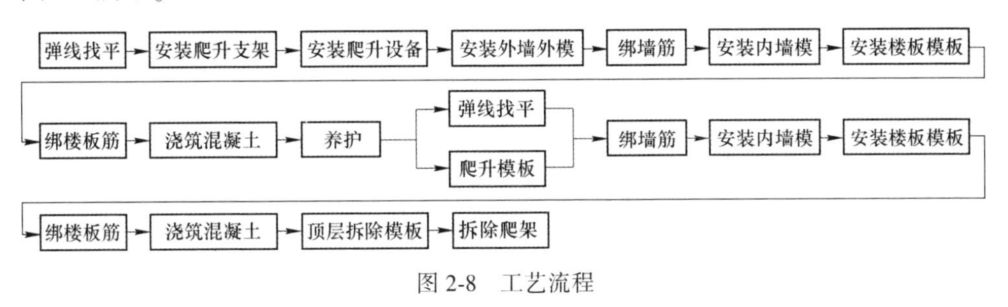


图2-8　工艺流程

（2）工艺要点：

1）爬升模板安装：

①进入现场的爬升模板系列（大模板、爬升支架、爬升设备、脚手架及附件等）应按施工组织设计及有关图纸验收，合格品方可使用。

②检查工程结构上预埋螺栓孔的直径和位置是否符合图纸要求。有偏差时应在纠正后方可安装爬升模板。

③爬升模板的安装顺序是底座—立柱—爬升设备—大模板。

④底座安装时，先临时固定部分穿墙螺栓，待校正标高后，方可固定全部穿墙螺栓。

⑤立柱宜采取在地面组装成整体，在校正垂直度后再固定全部与底座相连接

的螺栓。

⑥模板安装时，先加以临时固定，待就位校正后，方可正式固定。

⑦安装模板的起重设备，可使用工程施工的起重设备。

⑧模板安装完毕后，应对所有连接螺栓和穿墙螺栓进行紧固检查。并经试爬升验收合格后方可投入使用。

⑨所有穿墙螺栓均应由外向内穿入，在内侧紧固。

2）爬升：

①爬升前，首先要仔细验查爬升设备的位置、牢固程度、吊钩及连接杆件等项，在确认符合要求后方可正式爬升。

②正式爬升前，应先拆除与相邻大模板及脚手架间的连接杆件，使各个爬升模板单元系统分开。

③爬升时应先收紧千斤钢丝绳，然后拆卸穿墙螺栓。在爬升大模板时拆卸大模板的穿墙螺栓，在爬升支架时拆卸底座的穿墙螺栓。同时还要检查卡环和安全钩。调整好大模板或爬升支架的重心，使能保持垂直，防止晃动与扭转。

④爬升时操作人员站立的位置一定要安全，不准站在爬升件上爬升，而应站在固定件上。

⑤爬升时要稳起、稳落和平稳地就位，防止大幅度摆动和碰撞。要注意不要使爬升模板被其他构件卡住，若发现此现象，应立即停止爬升，待故障排除后，方可继续爬升。

⑥每个单元的爬升，应在一个工作台班内完成，不宜中途交接班，更不允许隔夜再爬升。爬升完毕应及时固定。

⑦遇六级以上大风，一般应停止作业。

⑧爬升完毕后，应将小型机具和螺栓收拾干净，不可遗留在操作架上。

3）拆除：

①拆除爬升模板，要有拆除方案，并应由技术负责人签署意见，并向有关人员交底后方可实施。

②拆除时要设置警戒区，要有专人统一指挥、专人监护，严禁交叉作业。拆下的物件，要及时清理运走。

③拆除时要先清除脚手架上的垃圾杂物，拆除连接杆件，经检查安全可靠后，方可大面积拆除。

④拆除爬升模板的顺序是：爬升设备—大模板—爬升支架。

⑤拆除爬升模板的设备，可利用施工用的起重机，也可在屋面上装设人字形拔杆或台灵架，进行拆除。

⑥拆下的爬升模板要及时清理、整修和保养，以便重复利用。

4）其他：

①组合并安装好的爬升模板、金属件要涂刷防锈漆，板面要涂刷脱模剂。以后每爬升一次，均要同样清理二次，并要检查下端防止漏浆的橡皮压条是否完好。

②所有穿墙螺栓孔都应安装螺栓。如因特殊情况个别螺栓无法安装时，必须采取有效的处理措施。所有螺栓都必须以 40~50N·m 的扭矩紧固。

③绑扎钢筋时，要注意穿墙螺栓的位置及其固定要求。

④内模安装就位并拧紧穿墙螺栓后，要及时调整内、外模的垂直度，使其符合要求。

⑤每层大模板的安装，均应严格按弹线位置就位。并注意标高，层层调整。

⑥爬升时，要求穿墙螺栓受力处的混凝土强度在 $10N/mm^2$ 以上。

（3）安全要求：

①爬模施工中所有的设备必须按照施工组织设计的要求配置。施工中要统一指挥，并要设置警戒区与通信设施，要做好原始记录。

②穿墙螺栓与建筑结构的紧固，是保证爬升模板安全的重要条件。一般每爬升一次应全数检查一次，用扭力扳手测其扭矩，保证符合 40~50N·m。

③爬模的特点是，爬升时分块进行，爬升完毕固定后又连成整体。因此在爬升前必须拆尽相互间的连接件，使爬升时各单元能独立爬升。爬升完毕应及时安装好连接件，保证爬升模板固定后的整体性。

④大模板爬升或支架爬升时拆除穿墙螺栓都是在脚手架上或爬架上进行的，因此必须设置围护设施。拆下的穿墙螺栓要及时放入专用箱，严禁随手乱放。

⑤爬升中吊点的位置和固定爬升设备的位置不得随意更动。固定的方式和方法也必须安全可靠，操作方便。

⑥在安装、爬升和拆除过程中，不得进行交叉作业，且每一单元不得任意中断作业。不允许爬升模板在不安全状态下过夜。

⑦作业中出现障碍时，应立即查清原因，在排除障碍后方可继续作业。

⑧脚手架上不应堆放材料，脚手架上的垃圾要及时清除。如临时堆放少量材料或机具，必须及时取走，且不得超过设计荷载的规定。

⑨倒链的链轮盘、倒卡和链条等，如有扭曲或变形，应停止使用。操作时不准站在倒链正下方。如重物需要在空间停留较长时间时，要将小链拴在大链上，以免滑移。

⑩不同组合和不同功能的爬升模板，其安全要求也不相同，因此应分别制订安全措施。

（4）爬模制作与安装的质量要求。爬模的制作和安装的质量要求，见表 2-2。

表 2-2 爬升模板的质量要求

| 项 目 | 质量标准 | 检测工具与方法 |
|---|---|---|
| （一）制作 | | |
| 1. 大模板 | | |
| 外形尺寸 | -3mm | 钢尺测量 |
| 对角线 | ±3mm | 钢尺测量 |
| 板面平整度 | <2mm | 2m 靠尺，塞尺检测 |
| 直边平直度 | ±2mm | 2m 靠尺，塞尺检测 |
| 螺孔位置 | ±2mm | 钢尺测量 |
| 螺孔直径 | +1mm | 量规测量 |
| 焊缝 | 按图纸要求检查 | |
| 2. 爬升支架 | | |
| 截面尺寸 | ±3mm | 钢尺测量 |
| 全高弯曲 | ±5mm | 钢丝拉绳测量 |
| 立柱对底座的垂直度 | 1% | 挂线测量 |
| 螺孔位置 | ±2mm | 钢尺测量 |
| 螺孔直径 | +1mm | 量规检查 |
| 焊缝 | 按图纸要求检查 | |
| （二）安装 | | |
| 1. 安装 | | |
| 墙面留穿墙螺栓孔位置 | ±5mm | 钢尺测量 |
| 穿墙螺栓孔直径 | ±2mm | 钢尺测量 |
| 2. 模板 | | |
| 拼缝缝隙 | <3mm | 塞尺测量 |
| 拼缝处平整度 | <2mm | 靠尺测量 |
| 垂直度 | <3mm 或 1‰ | 用 2m 靠尺测量 |
| 标高 | ±5mm | 钢尺测量 |
| 3. 爬升支架 | | |
| 标高 | ±5mm | 与水平线用钢尺测量 |
| 垂直度 | 3mm 或 5‰ | 挂线坠 |
| 4. 穿墙螺栓 | | |
| 紧固扭矩 | 40~50N·m | 0~150N·m 扭力扳手测量 |

## 2.3 预应力混凝土施工技术

### 2.3.1 预应力混凝土相关概述

预应力混凝土是最近几十年发展起来的一项新技术，现在世界各国都在普遍地应用，其推广使用的范围和数量，已成为衡量一个国家建筑技术水平的重要标志之一。目前，预应力混凝土不仅较广泛地应用于工业与民用建筑的屋架、吊车梁、空心楼板、大型屋面板等，交通运输方面的桥梁、轨枕以及电杆、桩等方面，而且已应用到矿井支架、海港码头和造船等方面，如60m拱形屋架、12m跨度200t吊车梁、5000t水压机架、大跨度薄壳结构、144m悬臂拼装公路桥和11万吨容量的煤气罐等都已应用成功。

（1）相关定义：

1）配制：①预应力混凝土应优先采用硅酸盐水泥、普通硅酸盐水泥，不宜使用矿渣硅酸盐水泥，不得使用火山灰质硅酸盐水泥及粉煤灰硅酸盐水泥。粗骨料应采用碎石，其粒径宜为5~25mm。②混凝土中的水泥用量不宜大于550kg/m$^3$。③混凝土中严禁使用含氯化物的外加剂及引气剂或引气型减水剂。④从各种材料引入混凝土中的氯离子总含量（折合氯化物含量）不宜超过水泥用量的0.06%。超过0.06%时，宜采取掺加阻锈剂、增加保护层厚度、提高混凝土密实度等防锈措施。

2）浇筑：①浇筑混凝土时，对预应力筋锚固区及钢筋密集部位，应加强振捣。②对先张构件应避免振动器碰撞预应力筋，对后张构件应避免振动器碰撞预应力筋的管道。

3）预应力张拉施工。预应力混凝土构件与普通混凝土构件相比，除能提高构件的抗裂度和刚度外，还具有能增加构件的耐久性，节约材料，减少自重等优点。但是在制作预应力混凝土构件时，增加了张拉工作，相应增添了张拉机具和锚固装置，制作工艺也较复杂。而预应力混凝土的分类按施工方法主要分为先张法和后张法，按照结构特点分为有粘结和无粘结。

有粘结：所谓有粘结预应力混凝土是指预应力筋沿全长均与周围混凝土相粘结。先张法的预应力筋直接浇筑在混凝土内，预应力筋和混凝土是有粘结的；后张法的预应力筋通过孔道灌浆与混凝土形成粘结力，这种方法生产的预应力混凝土也是有粘结的。

无粘结：无粘结预应力混凝土的预应力筋沿全长与周围混凝土能发生相对滑动，为防止预应力筋腐蚀和与周围混凝土粘结，采用涂油脂和缠绕塑料薄膜等措施。

①预应力筋采用应力控制方法张拉时，应以伸长值进行校核。实际伸长值与理论伸长值之差应控制在6%以内。否则应暂停张拉，待查明原因并采取措施后，方可继续张拉。

②预应力张拉时，应先调整到初应力，该初应力宜为张拉控制应力的10%~15%，伸长值应从初应力时开始量测。

③预应力筋的锚固应在张拉控制应力处于稳定状态下进行，锚固阶段张拉端预应力筋的内缩量，不得大于设计或规范规定。

(2) 先张法预应力施工。先张法是先张拉预应力筋，后浇筑混凝土的预应力混凝土生产方法。这种方法需要专用的生产台座和夹具，以便张拉和临时锚固预应力筋，待混凝土达到设计强度后，放松预应力筋。先张法适用于预制厂生产中小型预应力混凝土构件。预应力是通过预应力筋与混凝土间的粘结力传递给混凝土的，如图2-9~图2-11所示。

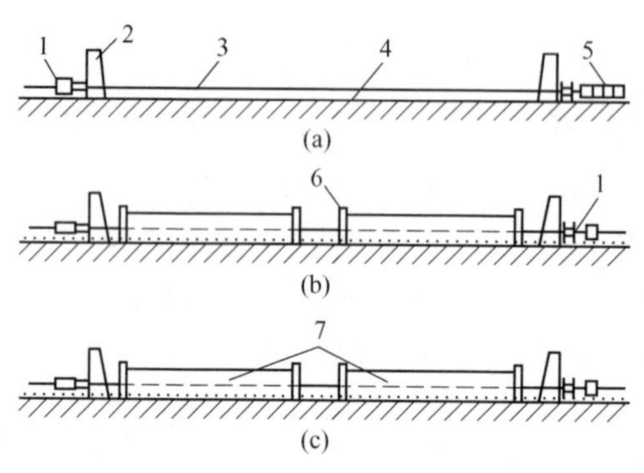

图2-9 先张法的施工程序示意图

(a) 张拉钢筋；(b) 浇筑混凝土；(c) 放松或切断预应力筋

1—锚具；2—台座；3—预应力筋；4—台面；5—张拉千斤顶；6—模板；7—预应力混凝土构件

1) 张拉台座应具有足够的强度和刚度，其抗倾覆安全系数不得小于1.5，抗滑移安全系数不得小于1.3。张拉横梁应有足够的刚度，受力后的最大挠度不得大于2mm。锚板受力中心应与预应力筋合力中心一致。

2) 预应力筋连同隔离套管应在钢筋骨架完成后一并穿入就位。就位后，严禁使用电弧焊对梁体钢筋及模板进行切割或焊接。隔离套管内端应堵严。

3) 同时张拉多根预应力筋时，各根预应力筋的初始应力应一致。张拉过程中应使活动横梁与固定横梁始终保持平行。

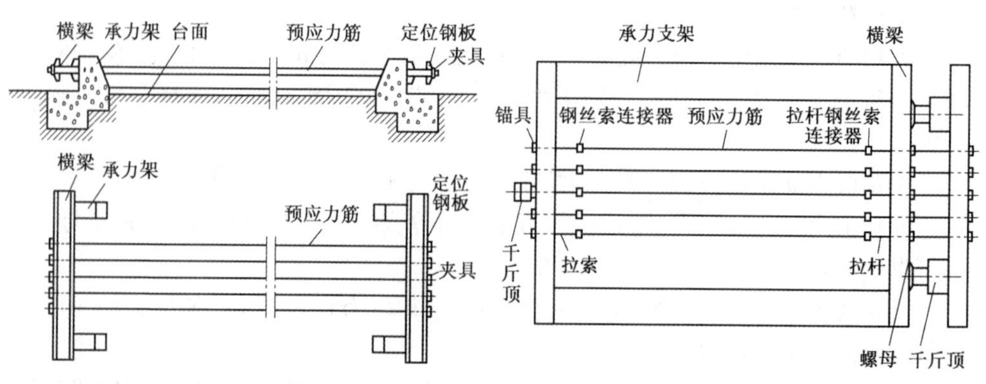


图2-10 重力式台座构造示意图

图2-11 先张法张拉台座布置图

（3）后张法预应力施工。后张法是先浇筑混凝土后张拉预应力筋的预应力混凝土生产方法。这种方法需要预留孔道和专用的锚具，张拉锚固的预应力筋要求进行孔道灌浆。后张法适用于施工现场生产大型预应力混凝土构件与结构。预应力是通过锚具传递给混凝土的，如图 2-12 所示。

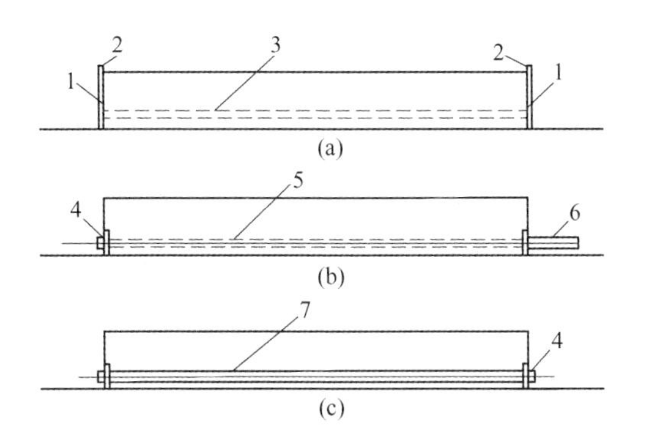

图 2-12 后张法的施工程序示意图

（a）制作混凝土构件；（b）张拉钢筋；（c）封端和孔道压浆

1—预埋钢板；2—模板；3—预留孔道；4—锚具；5—预应力钢筋；6—张拉千斤顶；7—孔道压浆

1）预应力管道安装应符合下列要求：

①管道应采用定位钢筋牢固地定位于设计位置。

②金属管道接头应采用套管连接，连接套管宜采用大一个直径型号的同类管道，且应与金属管道封裹严密。

③管道应留压浆孔与溢浆孔；曲线孔道的波峰部位应留排气孔，在最低部位宜留排水孔。

④管道安装就位后应立即通孔检查，发现堵塞应及时疏通。管道经检查合格后应及时将其端面封堵，防止杂物进入。

2）预应力筋安装应符合下列要求：

①先穿束后浇混凝土时，浇筑混凝土之前，必须检查管道并确认完好；浇筑混凝土时应定时抽动、转动预应力筋。

②先浇混凝土后穿束时，浇筑后应立即疏通管道，确保其畅通。

③混凝土采用蒸汽养护时，养护期内不得装入预应力筋。

3）预应力筋张拉应符合下列要求：

①混凝土强度应符合设计要求，设计未要求时，不得低于强度设计值的 75%。

②预应力筋张拉端的设置应符合设计要求。当设计未要求时，应符合下列规定：曲线预应力筋或长度大于等于 25m 的直线预应力筋，宜在两端张拉；长度小于 25m 的直线预应力筋，可在一端张拉。当同一截面中有多束一端张拉的预应力

筋时，张拉端宜均匀交错的设置在结构的两端，如图2-13所示。

③张拉前应根据设计要求对孔道的摩阻损失进行实测，以便确定张拉控制应力值，并确定预应力筋的理论伸长值。

④预应力筋的张拉顺序应符合设计要求。当设计无要求时，可采取分批、分阶段对称张拉。宜先中间，后上、下或两侧。

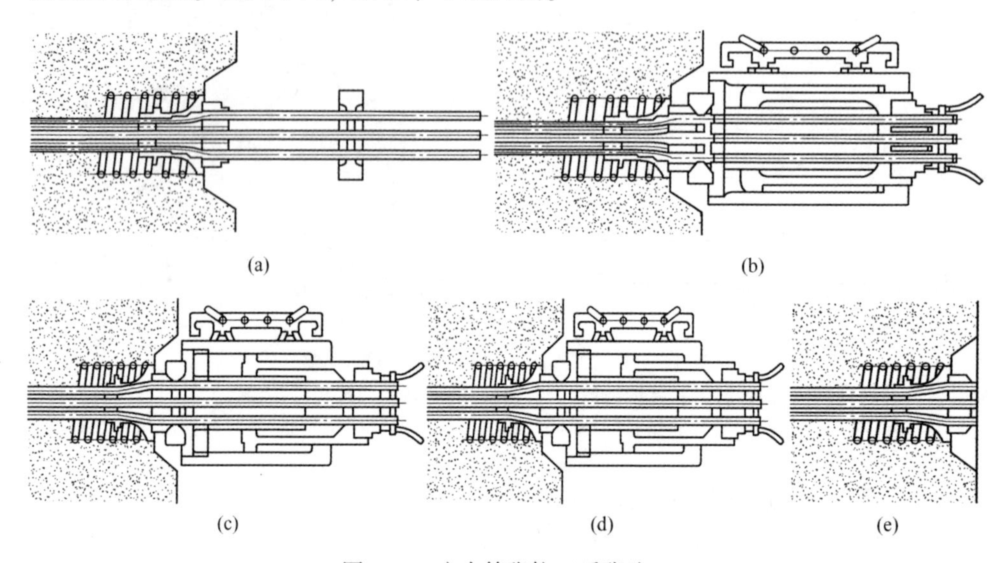


图2-13 应力筋张拉（后张法）

（a）准备工作；（b）千斤顶定位安装；（c）张拉；（d）锚固；（e）封端

## 2.3.2 某筒仓预应力混凝土施工技术

预应力混凝土施工的关键在于如何按照设计要求来建立预应力值。而准确、可靠地建立预应力值则与预应力混凝土施工工艺有极大的关系，在施工中应尽可能地减少预应力损失，尽量避免钢筋、钢丝的滑移和断裂，因此必须采用有效和方便的施加预应力的施工方法。当今国内外的预应力混凝土结构和构件的生产方法不外乎先张法和后张法两种。

以某预应力筒仓预应力工程举例说明：在筒壁内沿高度配置了间距不等的无粘结预应力筋，筒壁外侧按90°角设置了四个扶壁，用于预应力筋的锚固和张拉。每圈预应力筋分为两段，每段仓角180°。无粘结预应力筋采用强度为1860MPa，直径15.2mm的低松弛钢绞线，设计张拉控制应力为1395MPa。预应力筋为两端张拉，张拉力和伸长值双控。筒壁内每层预应力筋均为7根一束，采用7孔夹片式群锚锚具。

（1）特点：1）施工工艺构造简单，安装方便。2）防腐润滑油脂具有良好的化学稳定性，对周围材料无侵蚀作用；不透水，不吸湿；抗腐蚀性能强；润滑性能好，摩擦阻力小。

（2）适用范围：1）后张预应力混凝土结构。2）用于暴露或腐蚀环境中的体外素，拉索。

（3）工艺原理：无粘结预应力是采用预应力筋与非预应力筋同时安装，当混凝土达到设计允许张拉的强度（必须有混凝土试块强度报告）后，进行张拉，并永久地靠锚具传递给混凝土。

（4）施工工艺：

1）预应力筋制作与存放：将预应力筋按照施工图纸有关的结构尺寸和数量在工地现场下料。即：下料长度 $L$=结构内长度 $L_1$+张拉工作长度 $L_2$（每个张拉端预留 1m 的 $L_2$）。

2）预应力筋的铺设：预应力筋随主体结构进度，在非预应力筋安装的同时，将预应力筋逐根穿入非预应力筋骨架中，就位在定位筋上。

3）扶壁端模和端部安装：由于预应力需伸出模板之外，模板需要钻孔，因此建议端模采用木模。预应力进入扶壁以后就应集束布置，在距张拉端 1.5m 左右开始逐渐分散，对准承压板上的各自孔位。在穿入承压板之前，将螺旋筋带入。预应力筋穿了承压板后，要检查外露长度是否符合要求。承压板应准确定位，并与非预应力筋焊牢，施工工艺流程如图 2-14 所示。

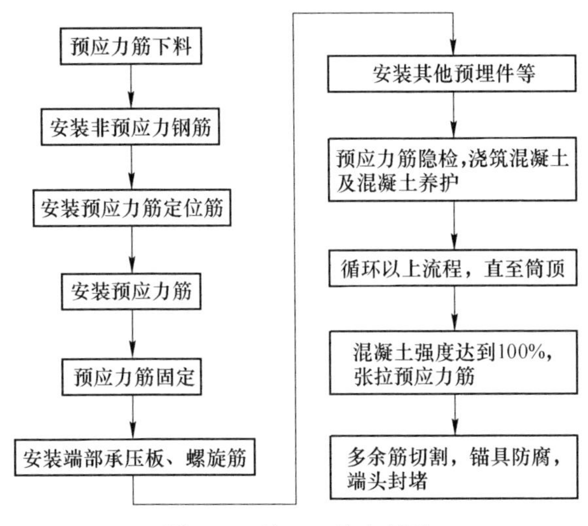


图 2-14 施工工艺流程图

4）浇筑混凝土。检查铺设安装情况，浇筑混凝土之前，应再次进行检查。主要内容有：预应力筋的定位、数量是否正确，固定是否牢靠；预应力筋的外皮是否有破损，破损处是否修补；承压板安装位置是否正确，固定是否可靠；螺旋筋安装就位情况；预应力筋预留张拉长度是否满足要求等。如果发现问题应及时改正，只有在隐蔽工程检查合格后，才能浇筑混凝土。浇筑混凝土时要振捣密实，尤其在端部，严禁出现蜂窝、孔洞等情况；同时，禁止振捣棒直接冲击无粘结筋。浇筑混凝土时必须有专人负责看管。

5）预应力筋的张拉混凝土达到设计允许张拉的强度时（设计强度的 100%）方可张拉。张拉之前，必须出具混凝土试块强度报告。预应力筋的张拉顺序为：从下向上，隔层对称张拉。张拉到顶部后，再从上向下完成全部预应力筋的张拉。张拉应在扶壁的两端同时进行，即每圈预应力筋的两段同时张拉，以保证结构受力的对称性。张拉千斤顶与压力表配套标定、配套使用，标定有效期不超过半年。张拉前要检查混凝土质量，尤其重要的是张拉端混凝土，不得有孔洞等缺陷，如发现问题应及时采取补救措施，如图 2-15 所示。

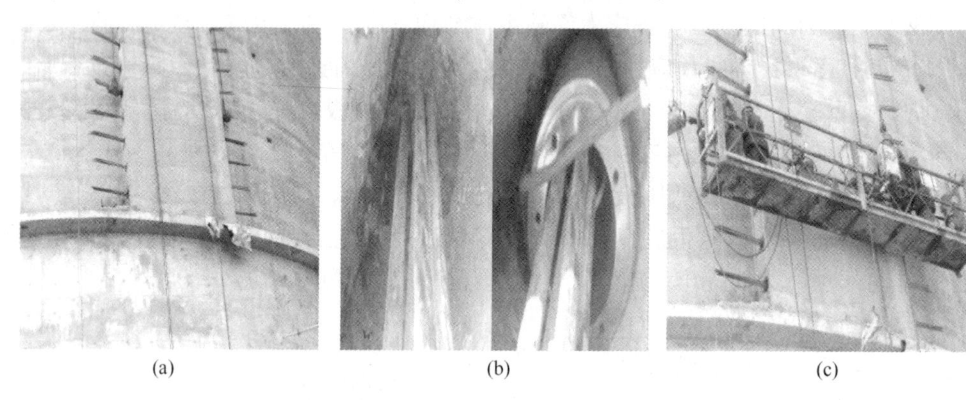

(a)　(b)　(c)

图 2-15　预应力施工现场

（a）预应力施工全景；（b）预应力筋的铺设；（c）张拉施工

本工程采用滑模施工技术，不搭设外脚手架，因此没有张拉操作平台。拟采用吊篮或吊架进行悬挂式张拉操作。根据本工程设计要求和具体情况，使用大吨位张拉设备整束张拉。由于吊篮或吊架的承载能力有限，还要避免发生偏重的现象，因此，应根据具体情况决定是否将千斤顶单独吊挂。张拉过程采用双控，即张拉力和伸长值双向控制。设计张拉控制应力为 $0.75f_{ptk}$，设计伸长计算值为 300mm。设计允许超张拉，但张拉最大应力不得超过 $0.75f_{ptk}$。各束预应力筋总实际伸长值与理论值的相对允许偏差为±6%。张拉过程中，该部位预应力筋两端及千斤顶后部不得站人，听从负责人安排。

（5）机具配备：

1）塔吊 1 台，升降梯 1 座（主要用于人员上下）。

2）吊架 2 个，大吨位张拉设备 4 个。

3）张拉人员自行配备。

（6）质量与安全要求：遵照《混凝土工程施工质量验收规范》（GB 50204）、

《无粘结预应力混凝土结构技术规程》（JGJ92）、《建筑施工高处作业安全技术规范》（JGJ80）等有关规定。

（7）质量控制：

1）材料的质量检验：每种型号的锚具每 100 套为一个批次；预应力钢绞线除有生产厂家的出厂报告外，还应按每 60t 为一个批次进行复试。钢绞线和锚具的复试样品在施工现场取样。

2）预应力筋的过程控制：放筋时要防止外层塑料皮被硬物磕破，当每束穿完两根时要与定位支架绑牢，这样在穿线过程中不会出现交叉现象。预应力筋锚板必须与外模板贴严，固定锚垫板要牢固，螺旋筋位置要贴紧锚垫板，并要固定牢靠。同扶壁柱周圈对拉，锚垫板上下位置高差 60mm。

（8）安全：

1）用电时应注意防止漏电，接电应由专业电工操作。张拉时千斤顶后面严禁站人，闲杂人员不得围观。预应力施工人员应在千斤顶两侧操作，不得在后部来回穿越。在张拉过程中，不得擅自离开岗位。

2）油泵与千斤顶的操作者必须紧密配合，只有在千斤顶就位妥当后方可开动油泵。油泵操作人员必须精神集中，平稳给油、回油，应密切注视油压表读数；张拉到位或回缸到底时，需及时将控制手柄置于中位，以免回油压力瞬间迅速加大。

3）张拉过程中，锚具和其他机具严防高空坠落伤人。油管接头处和张拉油缸端部严禁手触、站人，人员应站在油缸两侧。

4）预应力筋施工部位的脚手架应满足预应力筋铺放和张拉施工的技术要求，要有护栏、安全网等保护措施，安全要有保障。

5）坚持每周班前安全活动，提高安全意识，做到安全生产。工人上岗前要进行身体检查，患有心脏病、高血压、癫痫病等不得进行高空作业。对拆倒吊脚手架及最后拆除要进行工艺交底和工艺培训。

## 2.4 拼装吊装施工技术

### 2.4.1 某筒仓拼装吊装施工技术

以某储煤筒仓的吊装工程举例说明。本工程圆形储煤筒仓为现浇钢筋混凝土结构，内直径 40.0m，高 41.95m，壁厚 0.5m，共 24 座。筒仓顶部两侧的桁架采用钢结构，间距 15.0m、高 14.45m，长 45.45m；每个筒仓顶部钢结构的总质量约 360t。由于筒仓顶部钢结构的质量较大，无法采用拖带施工，且筒仓周围施工场地狭小，无法采用整体吊装的施工方案，故采用 2 台 250t 履带式起重机抬吊的方式进行筒仓顶部钢结构的吊装施工。

筒仓顶部钢结构吊装的施工流程主要包括：构件进场→构件检测→构件存放

→构件现场拼装→协作单位自检→拼装桁架验收→桁架运送、现场安装等。筒仓顶部钢结构吊装的施工流程，如图 2-16 所示。

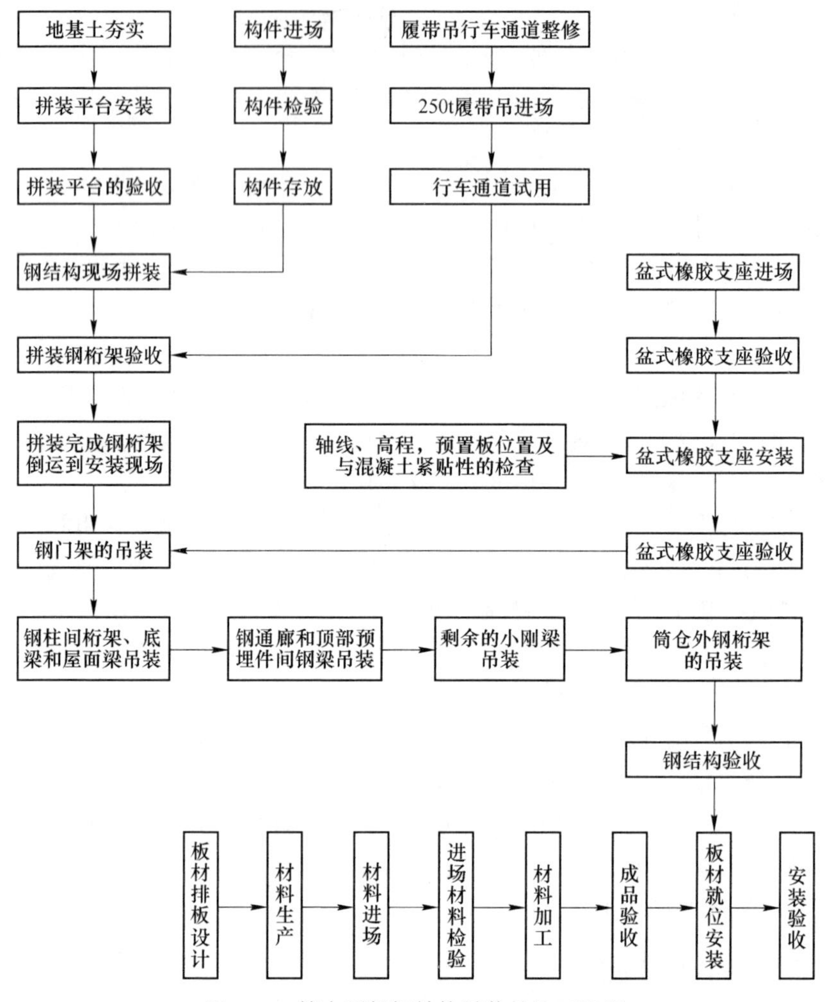


图 2-16　筒仓顶部钢结构吊装的施工流程

#### 2.4.1.1　筒仓顶部钢结构的拼装

本工程钢构件的质量和起吊高度较大、施工场地狭小，为满足施工机械最大起重量的要求、方便钢结构的安装，需在施工现场分片拼装筒仓顶部的钢结构，再由 250t 履带式起重机吊运安装。在钢桁架的现场拼装施工中，由起重量 25. 0t 的轮胎式起重机吊运钢构件，由起重量 250t 履带式起重机吊运钢桁架。在将钢桁架吊装至筒仓顶部时，需要 2 台履带式起重机协同作业，采用 2 座起重臂长 60. 0m 的塔式起重机吊装质量较轻的普通构件。塔式起重机的平面布置，如图 2-17所示。

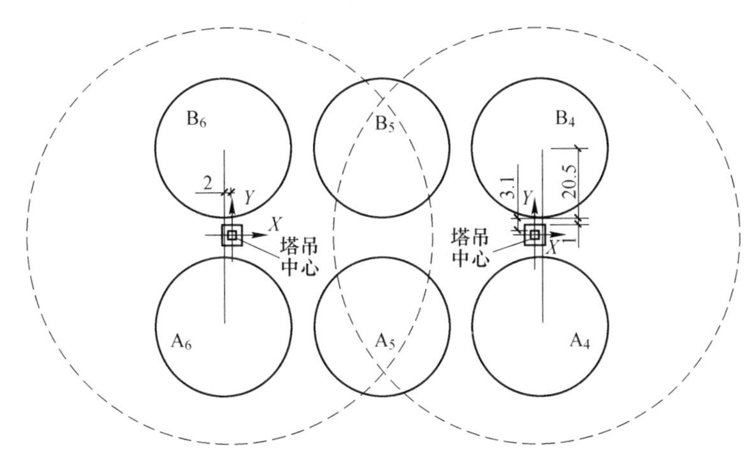


图 2-17 塔式起重机的平面布置

(1) 拼装前准备工作。拼装钢桁架前需要在现场搭设拼装平台，拼装平台搭设完成后检验平台的平整度，如发现较大偏差则需要进行调整，整改验收合格后才能使用。构件进场时要核对构件的出厂合格证与所需构件是否符合，并根据构件运货清单核实构件的结构尺寸和数量是否符合图纸要求。在存放场地堆放构件时，钢柱和钢梁一定要垫平，以防止变形；构件底部要用枕木找平，避免钢构件与地坪接触；分层码放的构件最高不超过 7 层，H 型钢的翼缘板应上、下堆放，层与层之间不能直接接触，以防止构件上的油漆磨损。拼装前根据框架的轴线在平台上进行 1∶1 放样，在轴线相交部位用角钢定位，并画出构件的重心轴线，根据桁架的构件布置图和轴线位置安置构件进行拼接。

(2) 钢桁架拼装。首先在拼装平台上定位 15.0m×80.0m 的钢桁架轴线，定位轴线的对角线误差尺寸控制在 2.0~3.0mm。轴线定位完成后，要将框架构件和腹杆钢管支撑的尺寸投影到轴线上，对桁架中间的连系梁则采用组对 H 型钢定位腹板的高度。现场采用 25.0t 轮胎式起重机倒运和安放钢构件，在构件安放过程中要用各种规格的铁垫片和钢楔来调整构件的高程，使构件的平整度达到规范要求。利用全站仪对安放钢构件的位置进行校核，如发现构件安放位置不正确必须立刻调整并复查，直至位置正确后方可进行拼装。确认钢构件位置准确后，即可对上、下钢构件的节点进行对接定位，定位时要确认构件节点位置是否正确，若发现超差必须修正，再采用高强螺栓连接和焊接的方式拼装钢构件。拼接过程中应在高强螺栓最终拧紧并检验合格后再进行焊接作业。焊接时采用二氧化碳气体保护焊和间断焊、对称焊的方式，以减少构件的焊接变形、抵消焊接时产生的应力，对于存在焊接变形的部分钢构件可采用火工方式进行矫正。焊口补漆时，先打掉焊接时产生的氧化皮和其他杂质，涂底漆保证焊口不生锈，待底漆风干后依次涂装中间漆和面漆。

（3）拼装桁架的验收与倒运。钢桁架拼装完成后要先进行自检、打磨和校正，再交由施工方和监理进行专检和验收，检查和验收中要使用钢尺和全站仪测量每个空间接口的点位并做好记录。采用 250t 履带式起重机以吊起行走的方式倒运钢桁架，先要整平起重机行走路线上的地基，在起重机的站车位置应满铺路基箱。

2.4.1.2 某筒仓顶部钢结构的吊装

（1）吊装钢门架。筒仓顶部钢结构吊装的主要工艺流程：安装盆式橡胶支座→吊运安装门架→吊装桁架→吊装底梁和屋面梁→吊装钢通廊和月牙部分的钢梁→整体吊装筒仓间的钢桁架→钢结构主体验收。现场钢门架采用整体吊装方式，起吊质量为 25. 2t，包括钢柱、底部钢梁、屋面钢梁、吊钩和锁具。在最不利工况条件下，起重机吊臂的工作幅度为 22. 6m，起吊高度为 72. 0m，起吊质量为 31. 9t>25. 2t。吊装钢柱和钢门架时的起重机站位示意，如图 2-18 所示。

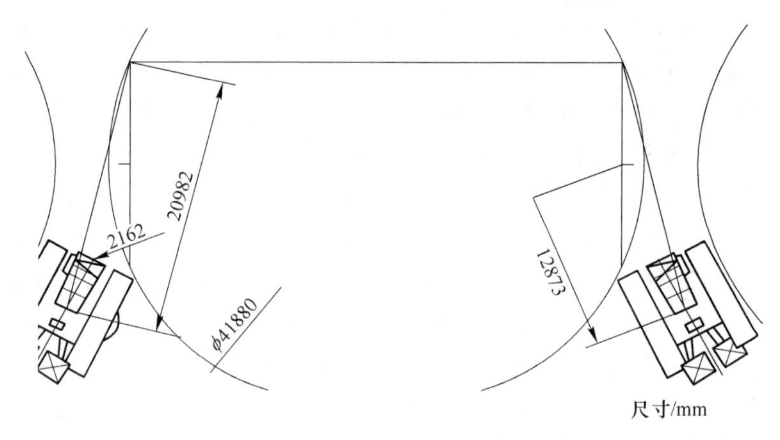


图 2-18 吊装钢柱和钢门架时的起重机站位示意

（2）吊装桁架、通廊和钢梁。钢门架整体吊装就位后，需要采用 H 型钢对单根钢柱或钢门架进行支撑加固。当端头部位的 2 个钢门架吊装固定后，以先远后近的顺序吊装其他桁架，最后吊装底部钢梁和屋面钢梁。由于在吊装桁架钢梁时起重机站位不变，起重机在吊装远端桁架钢梁时的水平工作距离较大，故仅对起重机吊装远端桁架时的参数进行分析。在吊装桁架时，2 台起重机以“双机抬吊”的方式作业，单台起重机的工作幅度为 25. 2m，起吊高度为 72. 0m。钢桁架的整体质量为 62. 0t，其端部 2 个钢柱支撑的质量约为 14. 0t，减去已吊装完的钢柱部分质量，吊装桁架的质量约 40. 2t。起重机的负载率在 76%左右，符合吊装规范的要求。钢门架和桁架吊装完成后，要组建桁架的空间稳定体系，先吊装桁架间的底部钢梁，后吊装桁架间的屋面钢梁。通廊下部最重的钢梁质量为 6. 0t 左右，在工况不变的条件下起重机的起重质量为 30. 4t>6. 0t，能够保证起吊安全。

其后吊装钢通廊和筒仓顶部预埋件间的连系钢梁，联系梁吊装完毕后，在钢梁上铺装木跳板，为其他钢梁的吊装搭建施工平台，利用施工平台吊装其他钢梁和质量在1.0t以下的构件。起重机的站位不变，吊装原则是先下后上。考虑到起重机吊臂的活动范围受限，可先行吊装外围筒仓的钢桁架，再吊装内侧2个筒仓的主体框架结构，最后吊装内侧筒仓间的连系梁和钢桁架。筒仓间连系梁和钢桁架的整体质量为20.0t，起重机吊臂的工作幅度为18.0m，起吊高度为72.0m，起重能力为36.0t>20.0t，能够保证起吊安全。

在整个吊装过程中，通过合理安排吊装结构和吊装顺序，仅使用2台250t履带式起重机进行吊装，就安全顺利地完成了钢结构主体吊装。通过使用上述钢结构施工工艺，顺利完成了12个筒仓的钢结构施工，确保了工程的安全、质量，提前了工期并取得了较好的经济效益，对以后的筒仓钢结构施工具有指导作用。

### 2.4.2 某核电站穹顶吊装施工技术

以某核电站安全壳钢衬里穹顶吊装施工举例说明，钢衬里穹顶由球缺及圆环带两部分组成。球缺的内半径为24000mm，圆环带内半径为6000mm，钢衬里穹顶的下口内径为37000mm，全高为11050mm。

钢衬里穹顶为双曲面薄壳形结构，是由6mm厚钢板及焊接在其外侧的∠200×100×10、∠75×50×6角钢肋组成，在角钢肋焊有$\phi 8\times 80$的锚杆。另外在穹顶钢衬里壁板的内侧焊接有安装喷淋管、通风管支架等。

整体吊装施工流程：人员就位→吊具检查→风速测定→吊装命令下达→吊机发动→吊机吊装→吊机回转→穹顶置于核岛正上方→穹顶下落→穹顶置于13个千斤顶上→高空组对→吊机摘钩→宣布吊装成功。

#### 2.4.2.1 钢衬里的现场拼装

整个穹顶钢衬里板分成五层，其中内半径为6000mm圆环带部分为最下一层，与钢衬里筒身壁板相连，此层分为20块。球缺部分共分为四层，每层从上至下又分别分成1块、2块、20块、20块，穹顶分层分块示意图如图2-19所示。钢衬里穹顶壁板结构总质量为121t，起重钢板质量为80.035t，角钢质量为38.7t，锚杆质量为2.256t。根据图纸，在直径为30390mm的圆周上设置13个吊装吊点。

（1）施工准备。技术准备：根据穹顶整体拼装、吊装方案进行拼装基础的设计，确定拼装场地中心坐标，并设置人员进出通道。场地准备：施工应选择在天气较好的情况进行，如遇到台风、雨等恶劣天气环境下应该停止作业，且施工应该保证在无积水的前提下进行；应清除拼装场地附近的障碍物，避免预制件拼装时受到不必要的影响；场地的地基承载力应达到120kPa。

（2）拼装场地的施工。穹顶现场拼装场地的施工主要工序为：场地平整→

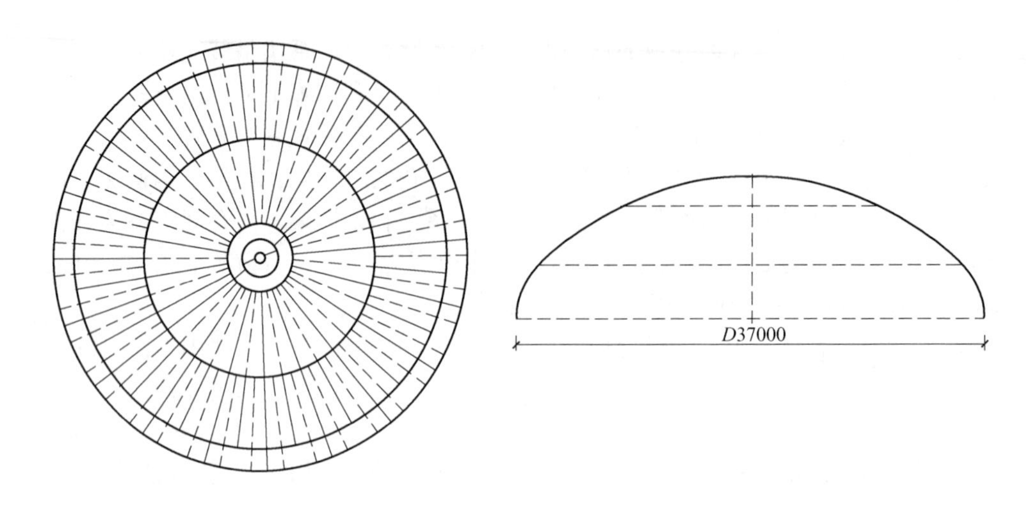


图 2-19 穹顶分层分块示意图

确定施工坐标系→ 开挖基槽→（浇筑垫层）绑扎基础钢筋 →支设基础模板→ 安装预埋件→ 浇筑混凝土→ 养护→ 工字钢安装本方案设计的基础支墩共 39 个，均布在直径为 37000mm 的圆周上，从 2. 129g 开始，每隔 10. 2564g 在穹顶第一层壁板竖向焊缝深处及壁板跨中各设置一个。

（3）拼装顺序。第一圈的支撑、走道搭设→吊装第一块定位→调整下口→调整上口→吊装第二块板→调整定位→组对、点焊对接缝→吊装其他板→其他板的焊缝组对→焊接对接缝→伸缩缝组对→伸缩缝焊接→无损探伤→连接角钢和锚固件焊接→整体几何尺寸检查→第二圈支撑、走道搭设→吊装第二圈板→竖向对接缝焊接→伸缩缝焊接→组对点焊第一圈、第二圈穹顶板之间的环向焊缝→环向焊缝焊接→无损探伤→连接角钢和锚固件焊接→整体几何尺寸检查→吊装、组对、焊接其他层穹顶板→整体几何尺寸检查→组对吊装用的吊耳→焊接吊耳→无损检测→现场补漆。

根据穹顶的分层分块示意图，将车间预制好的穹顶板由下至上进行拼装，在下一圈板拼装成整体后再进行上一圈板的拼装，依次类推，直到拼装成一个整体。穹顶的分层分块示意图以及吊耳布置图如图 2-20 所示。

（4）第一圈板的拼装。按设计图纸的排板，吊装第一层的任意一块穹顶板至对应位置，利用支墩上的三角挡板和锲铁调整此板下口内侧与 $R=18500$mm 的圆周线重合，同时将没有余量的一侧调整至与地面的分块角度投影线重合，用可调支撑调整好上口的标高和半径，利用线坠检查后，再分别用全站仪和水准仪检查半径和标高。由逆时针方向吊装第二块板，第二块板的左侧（无余量一侧）搭接在第一块板的右侧（有余量一侧）上面。同第一块相同的方法调整第二块

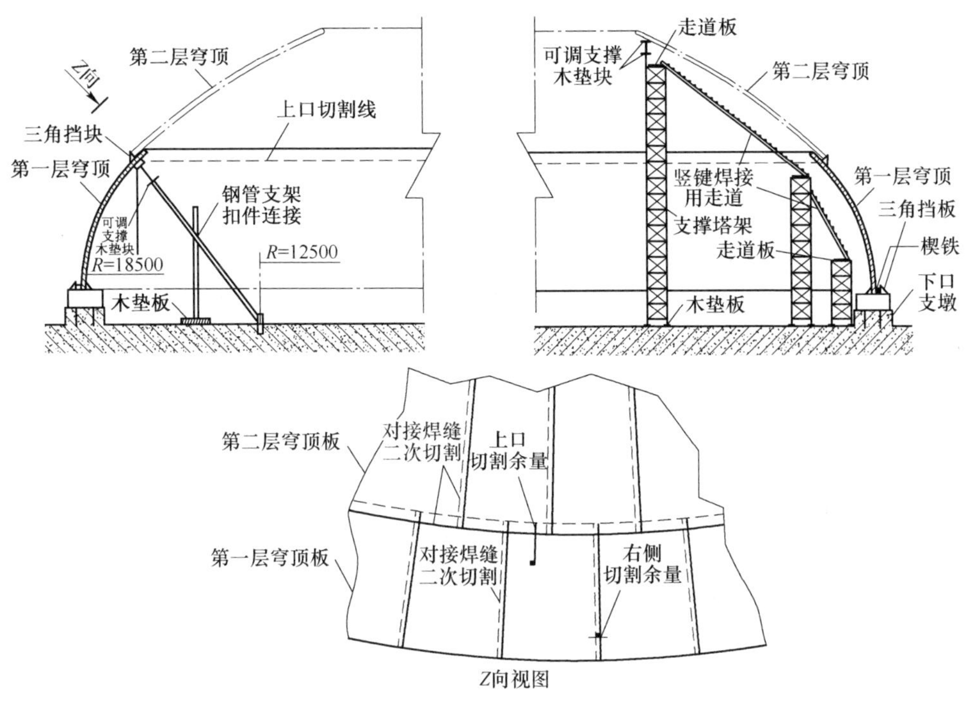


图 2-20 穹顶拼接施工示意图

板的下口与上口及定位角度符合要求。

用同样的方法依次吊装、调整其他穹顶板，调整好标高和半径后，从外侧沿每两块板的搭接线进行余量切割，为保证对接质量，采用边切割、边组对、边点焊的方法。考虑到焊缝焊接时的不均匀收缩，所以留出 4 道收缩缝，大致为每 5 块板组对后留 1 道缝暂不切割和组对。按焊接施工的要求施焊已组对好的第一圈穹顶板之间的对接焊缝。

第一圈穹顶板对接焊缝焊接完成以后，检查穹顶下口的周长值。与标准数据进行对比后，调整并组对点焊其中相对称的两条收缩缝。同时焊接两条对称收缩缝，焊完后再次测量核对穹顶下口的周长值。根据测得的数据，调整并组对最后两条对称缝。焊缝经无损检验合格后，组对、焊接焊缝两侧竖向和环向的连接角钢。

穹顶第一层的下口周长值应根据钢衬里筒体现场安装的实际进度来调整。若穹顶第一圈拼装时，筒体已完成 12 层的安装，则穹顶第一层下口的周长应以筒体 12 层上口的周长尺寸为基准进行控制；若穹顶第一圈拼装时，筒体 12 层的安装尚未开始，此时筒体 12 层上口周长尺寸应以穹顶第一层的下口周长尺寸为基准进行控制施工。

（5）第二圈板的拼装。利用天顶仪将地面上所放的截面圆周线投射到第一圈板上内侧，再将此投影移植到上口外侧，沿此线相隔一定间距点焊三角挡板。按设计图纸的排板，吊装第二层的任何一块穹顶板至对应位置，下口以第一圈上口的三角挡块定位，上口支撑在塔架的可调支撑上，将没有余量的一侧利用线坠等工具检查、调整，使其投影线与地面所放的分块板角度线投影线重合。顺时针依次吊装分块板至对应位置，使其每块板的右侧（未加余量一侧）搭接在前一块板的左侧（有余量一侧），调整至符合要求。

第二层穹顶预留两条收缩缝，对应其下的环缝左右各留1m距离不焊，等该层穹顶与下层之间的环缝外侧焊接完成后进行收缩缝的组对焊接。组对与第一层的环向缝时，以第二圈下口为基准，切割第一圈的上口，同样地边切割、边组对、边点焊。其余施工步骤与第一层方法相同。

（6）其余穹顶板的拼装。其余穹顶板的拼装方法同第二圈板的拼装。第五圈板为一直径1000mm的圆形钢板。

（7）锚固件安装。穹顶板上有许多贯穿及非贯穿锚固件，其安装方法同筒壁板上的贯穿及非贯穿锚固件安装，安装时与穹顶的拼装交叉进行，在拼装上面一层的穹顶时，可进行其下面一层穹顶锚固件的安装。

（8）吊点安装。穹顶板上共设置13个吊点，等均分布在第二圈壁板的下层环向角钢上，在第三圈穹顶板安装完成后开始安装吊点，在安装过程中，应严格按照作业程序要求控制吊点的位置，如图2-21所示。

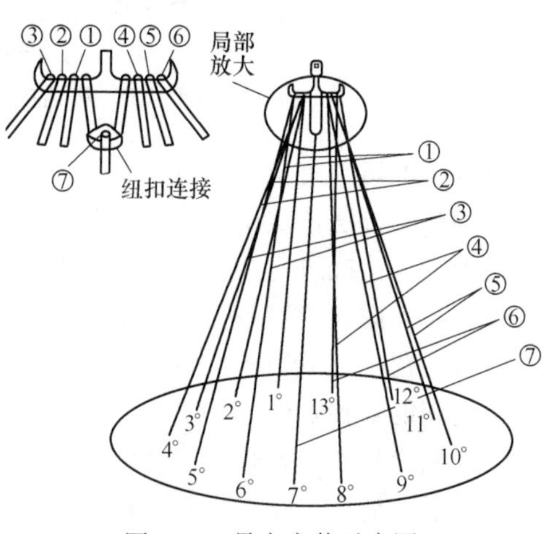

图2-21 吊点安装示意图

（9）连接角钢及剩余连接件安装。每圈穹顶板的焊缝经无损检测合格后，进行连接角钢及剩余连接件的安装，安装方法同筒壁板上连接角钢和连接件的安装。

（10）焊接方法。穹顶现场拼装焊缝采用的焊接方法主要为手工电弧焊及螺柱焊。施焊前应打磨坡口中及两侧的油、锈等杂质，清理完后经检查合格后方能施焊，同时采用火焰加热去除坡口中及两侧的水分，火焰的内焰锥体不得与焊件接触，加热的温度控制在不大于50℃。施焊过程中，采用手工电弧焊工艺，焊工应严格按规范规定的工艺执行。先焊穹顶的外侧，全部焊完后，再到里侧采用碳弧气刨清根，用磨光机打磨以清除氧化层，打磨至露出金属光泽。施焊过程中为防止焊接变形，采用靠板进行加固，同时立缝采用由上至下分段退焊，每段不得超过500mm，环缝焊接由数名焊工均布在圆周上同时进行对称的同方向的分段退焊，每段长度不超过 500mm。焊缝经无损检验合格后，焊上两块板间的角钢和连接件。连接件采用专用设备进行螺柱焊。吊耳焊接采用手工电弧焊，按照图纸要求开坡口，全焊透。角钢和连接件焊完，经检查合格后，补上焊缝及两侧的油漆，补漆过程中应按照涂装的工艺要求及操作规程来执行。

（11）穹顶下口变形监测。待穹顶拼装完成后，在塔架和脚手架拆除之前，测量两个基础中间位置穹顶下口标高，并做好记录。作为辅助现场拼装的塔架和脚手架拆除顺序为由外圈向内圈依次拆除，在拆除第一圈塔架和脚手架时开始检测穹顶下口变形，以后每拆两圈监测一次，拆除完成后三天再测一次。在检测下口变形过程中，若两个基础之间穹顶下口的最大变形不大于 3mm（基于穹顶安装时高空组对考虑），则不再对穹顶进行支撑加固，否则采取以下的支撑加固方法：在两个基础之间增加支撑，支撑采用垫木、型钢及千斤顶设置。

2.4.2.2 吊装前准备工作

（1）确保起重机的站位、场地（行走路线）符合吊装要求，清除起重机站位、行走路线、配重存放以及站位点超起配重回转半径 $R=30$m 范围内的一切障碍物并平整压实场地。吊机站位场地的坡度必须在 0.5°范围以内，应在场地中铺垫细沙，压实后铺路基箱。起重机路基箱尺寸为：10m×3m×0.5m（长×宽×高），共 10 块。

（2）穹顶正式吊装时，吊车站位区域的地基承载力必须能满足起重机最大实际接地比压。因此在吊装前，应对吊车站位区域进行承载力的检测。

（3）起升重量验算。根据吊车工况设置的情况，查询其额定起升重量 185.11t > 162.669t（包括吊车的吊钩及钢丝绳重量 12.7t），吊车负荷率为 87.88%。因此吊车能满足穹顶吊装的要求。起重机如图 2-22 所示。

（4）穹顶工作风速的计算。穹顶的有效迎风面为穹顶的侧投影面，由 A、B 两部分组成，根据不同部分风速的压力计算风速对整体吊装工作的影响。

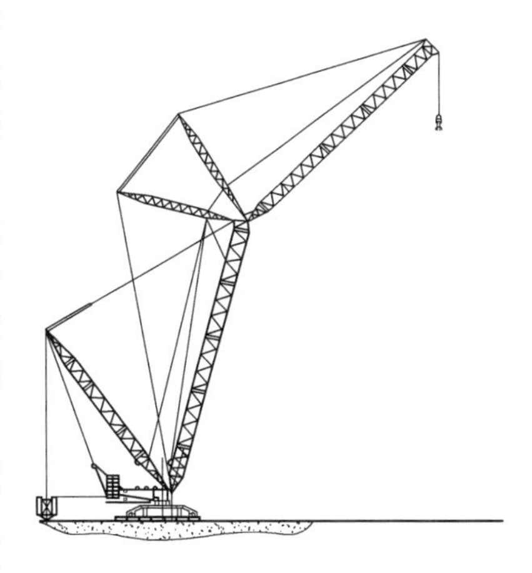

图 2-22 起重机工作示意图

2.4.2.3 穹顶吊装步骤

（1）吊机工作时的初始回转半径为 49m，在正式吊装前应进行试吊工作，如图 2-23、图 2-24 所示。接到起吊总指挥的起吊命令后，吊车缓慢而匀速的升起主吊钩至穹顶下口离地约 500mm 后停止起吊，拆除 8 根防摆拉锁。

（2）再次检查并确认穹顶的下口已经达到水平，钢丝绳无缠绕、干涉等情况后，将穹顶下口提升至 1m 标高，停止起升。然后吊车附臂进行变幅，使吊车吊装半径由 49m 变幅至 58m，如图 2-25 所示。

（3）待吊车附臂变幅完毕后，继续提升穹顶使其下口达到+60m 标高。此时 3 号塔吊未知的最大高度+55m（大臂下口），穹顶下口的提升高度为+60m，两者之间的垂直距离为 5m，吊装的安全距离可以满足，然后停止提升。

（4）吊机沿逆时针方向旋转 102°，使穹顶移位至核岛钢衬里的正上方，然后停止。检查并调整吊钩的位置，使其位于核岛中心正上方，吊机缓慢落钩。

（5）吊机缓慢落钩直至穹顶下口完全支承在 44m 平台上沿着圆周均匀布置的 13 个支承千斤顶上，再调整穹顶下口与钢衬里 12 层筒身的对接缝。对接缝组对完成后，将穹顶固定，确认固定稳固后，吊机完全松钩，拆除吊点连接吊具。

（6）确认相关操作完成后，由起重指挥指挥吊车回转、收车。

（7）钢衬里的高空安装。钢衬里的高空安装如图 2-26 所示。安装施工图→在筒体及穹顶上放出定位角度线→试吊穹顶并调整穹顶下口水平→正式起吊→吊装穹顶至筒体上口→调整吊车并落钩→穹顶就位于 13 个临时支撑千斤顶上→穹顶临时固定→摘钩→调整并组对穹顶与筒体的环缝→焊接→焊缝检验→补锚固钉→几何尺寸检查→补漆。

图 2-23　挂钩

图 2-24　试吊

图 2-25　吊运

图 2-26　高空安装

# 3 特种筒仓结构施工安全数值模拟方法

本章对施工时变结构分析和设计方法进行了系统的归纳，对结构时变模拟关键技术进行总结，对结构拼装模拟技术、卸载模拟技术、预应力找形技术、时变模拟技术进行详细介绍，并给出了不规则结构吊装模拟技术，为特种筒仓结构施工时变模拟分析的方法选取提供了参考。并在传统结构分析方法的基础上，将结构时变分析技术引入到特种筒仓结构施工安全数值模拟中，将结构按照基本荷载作用下、抗震和时变结构施工校核三个步骤进行分析，建立了考虑施工过程的时变结构的施工数值模拟流程框架，为完善特种筒仓结构施工安全数值模拟方法提供了技术支持。

## 3.1 施工过程结构分析方法及关键问题

### 3.1.1 施工过程时变分析问题分析

（1）特种筒仓结构施工时变分析的时间冻结假定。如何准确模拟不同施工阶段结构体系的累积效应和力学形态，如何准确预测各个施工阶段结构体系的变化，如何准确控制结构变形和应力状态，如何确保最终成型结构的内力和造型符合设计要求，现已成为当前迫切需要解决的问题。因此必须要有合适的力学理论来指导并解决这些问题。以往的理论力学专门对给定不变的结构进行分析，而且结构所承受的荷载也是固定不变的（静力荷载不随时间变化而变化，动荷载按已知规律进行变化）。现在需要的力学理论则是可以适用动态变化、随时间变化而变化的结构，即所谓的“时变结构力学”。随着科学技术的日新月异，时变结构力学也一直保持着良好的发展势头。国内一批先进的科技工作者根据时变结构本身与荷载变化速率的快慢，将时变结构力学分为以下三类：

1）快速时变结构力学。结构本身形状、所受荷载或者其他重要参数由于工作过程中受到外界环境的影响，而快速变化，并常伴有振动现象的结构称为快速时变结构。快速时变结构力学的主要研究要点是结构的惯性影响，由于快速时变力学方程求解困难，所以目前我国对其研究只处于初级阶段，并未在实际施工过程中应用，目前仅将其成功应用于航天事业。

2）慢速时变结构力学。结构形状和所受荷载随时间缓慢变化的结构称为慢速时变结构。对于慢速时变结构，既可以将其当做一系列离散不连续的不可变结构，只研究所有施工过程最不利状态，进行时变结构的静力学分析，又可以将其所有施工过程当做由无限个连续施工状态组成，并且后一个施工状态的进行会受到前一个施工状态的影响，而且研究结构的稳定性、刚度和承载力时考虑结构的变化和影响。显然后一种要比前一种更加精确。慢速时变结构广泛应用于大跨钢结构施工过程中的力学表现，例如，对结构构件的吊装和主体结构的卸载。

3）超慢速时变结构力学。在结构服役期间，由于材料损伤、环境腐蚀和荷载变化等因素使结构内部发生极为缓慢变化的结构称之为超慢速时变结构。通过研究超慢速时变结构力学在结构使用过程中的安全性，不仅可以为结构的维修决策提供理论依据，而且还可以做结构服役期间的可靠度分析。施工期间结构的受力状态和结构体系会随着施工进程的改变而改变。在结构施工过程中需要考虑的主要时变因素包括：①施工误差的积累变化；②结构刚度的变化；③结构边界条件的变化；④结构几何构型和结构体系的变化。

时变分析以时变结构力学为基础，而结构在施工过程中从无到有，从基础施工到结构建成，经历了巨大变化，但变化速度较慢，可以认为是慢速时变结构，因此施工力学属于慢速时变力学问题。施工力学是慢速时变结构力学研究的主要问题之一。具体到大型复杂结构的施工过程中，结构的施工过程分析和计算是必不可少的，在进行施工力学数值分析时，由于结构施工过程中可以处理为慢速时变过程，因此可以采用时间冻结法进行分析，但是如何提高效率，却是当前施工力学中需要解决的问题之一。

对于慢速时变力学问题，由于施工过程中结构体系和荷载随时间变化缓慢，施工过程具有明确的阶段性，因此，可以采用离散的时间冻结法进行处理。即可以将施工过程划分成一系列施工阶段，认为每一施工阶段的结构体系和荷载均不发生变化，即看成时不变结构，整个施工过程由一系列时不变结构组成，对各个施工阶段的时不变体系进行非线性有限元分析，每一阶段的计算都以上一阶段的平衡状态为计算初始状态，得到结构在各个施工阶段的力学性态。

（2）特种筒仓结构施工过程的分析内容。特种筒仓结构施工过程需要进行的分析和计算包括如下内容：

1）施工全过程的结构内力和位移计算；

2）临时支撑的布置方案及拆撑过程计算；

3）结构整体提升过程的内力和位移计算；

4）结构施工过程中，结构整体稳定性计算；

5）大型构件吊装过程中的内力和位移计算；

6）结构施工过程中，风荷载、温度荷载以及地震荷载等影响分析；

7）预应力张拉全过程跟踪模拟计算及方法。

另外，根据结构和施工工艺的不同，在实际的施工过程验算中，应该根据实际情况进行计算分析。

（3）特种筒仓结构施工时变分析关键问题。特种筒仓结构施工过程是一个结构体系及其力学性态随施工进程非线性变化的复杂过程，是多种时变因素综合的结果，如果要对结构施工全过程进行精细化模拟，就必须在施工计算的各个阶段对各种时变因素进行合理考虑，采取合适的理论和方法对其进行模拟和定义，因此，施工时变分析的关键是各种时变特性的模拟问题，包括边界条件时变模拟，荷载时变模拟，材料性质时变模拟，几何构形、体系及结构刚度时变模拟等。结构不同其对应的关键问题也有所不同。

1）筒仓混凝土结构其边界条件时变、荷载时变可以通过分步施加约束、分步加载的方法进行模拟，结构的刚度，几何构形和体系的时变可以通过非线性有限元和生死单元技术，不断修正结构计算刚度矩阵来实现，而混凝土材料往往是高耸混凝土结构主要的建筑材料，其自身的收缩徐变效应是典型的材料时变问题，是引起结构竖向变形的重要因素，要想准确的实现高耸混凝土结构的施工时变分析，研究变形累积及其相关问题，就必须解决混凝土收缩徐变模拟问题，建立可以考虑混凝土收缩徐变效应的精细化筒仓混凝土结构全过程分析方法，因此混凝土收缩徐变模拟问题是高耸混凝土结构时变分析的关键问题。

2）预应力筒仓结构其边界条件时变、荷载时变也可以通过分步约束、分步加载的方法模拟，其材料也往往采用钢材作为建筑材料，因此材料时变不是预应力结构的关键问题。但是预应力结构所采用的拉索构件本身具有很强的非线性，其自身刚度与预应力水平具有直接关系，需要对其预应力状态进行形态分析，确定各阶段的具体预应力状态；同时预应力结构的拉索连接往往采用连续式索节点，索与节点间可以产生滑移，索节点滑移将严重影响结构的预应力状态，引起结构的几何构形、体系及刚度时变，因此筒仓预应力结构几何构形、体系及刚度时变分析是这类结构时变分析的关键问题，要想建立完善的预应力筒仓结构时变分析方法，就必须建立高效的形态分析方法和有效的索节点滑移模拟方法对结构几何构形、体系及刚度时变进行模拟和分析，因此如何建立高效的形态分析方法和索节点滑移模拟方法是复杂预应力结构时变分析的关键问题。

### 3.1.2 施工过程数值模拟分析方法

一个工程最终的安全性与设计、制作、安装及监理等多方面的因素有关，这些环节中有任何一个出了问题，都会对结构的安全性产生负面的影响，在没有真正搞清楚力学问题的情况下，对一些成功的设计方案和施工方案的简单模仿、移植是十分冒险的。一个设计者如果没有真正地弄清楚一种新型的结构体系的受力原理，施工技术人员没有真正理解一种施工技术，贸然使用是十分危险的。为了解决这个问题，一种全新的施工模拟技术就应运而生，如图 3-1 所示。

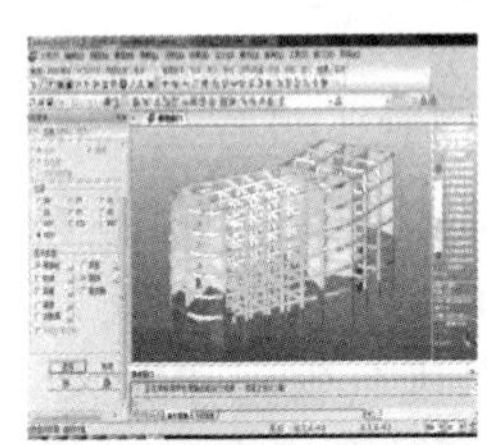
房屋整体结构受力数值模拟实例

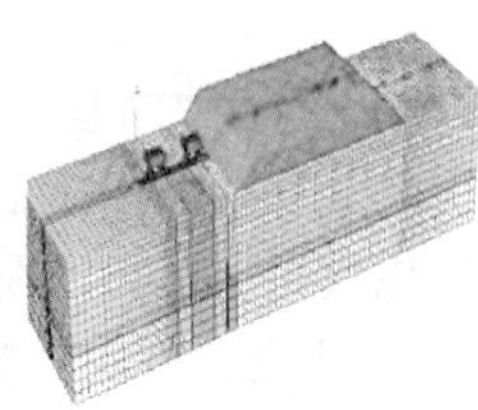
路基对已有桥梁桩基的影响模拟实例

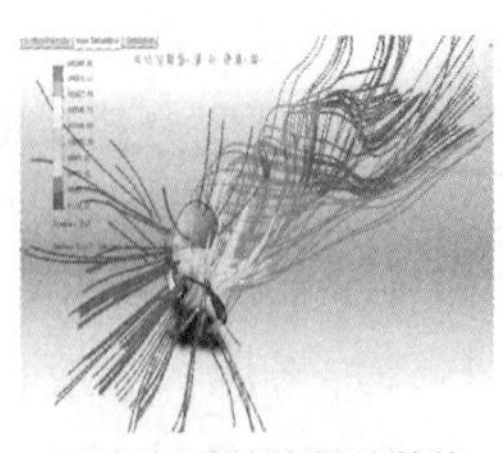
船用螺旋桨流场的数值模拟实例

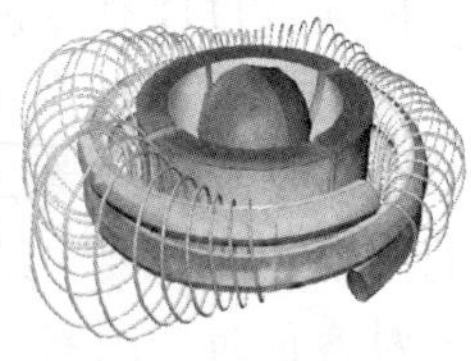
民用航空飞行器的数值模拟实例

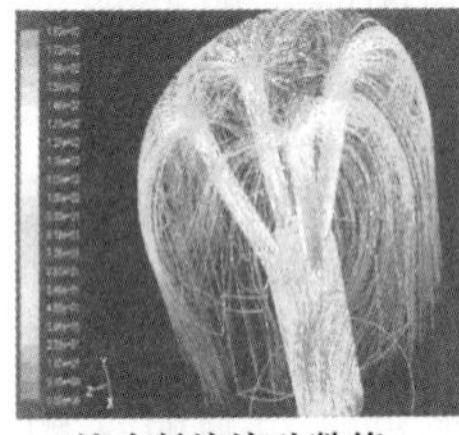
钻头射流流动数值模拟实例

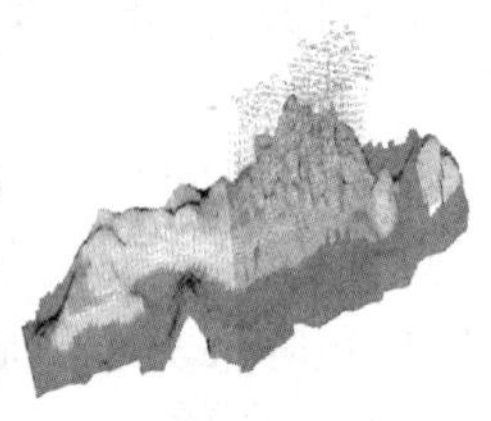
山地地质稳定性数值模拟实例

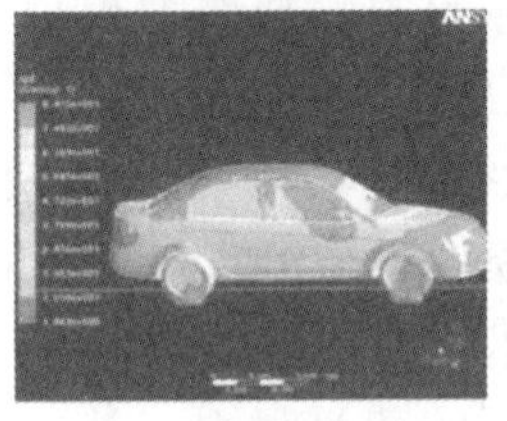
汽车气动噪声数值模拟实例

筒仓结构变形数值模拟实例

图 3-1　部分工程数值模拟实例

将施工模拟分析应用到土木工程中较早的国家是日本，特别是应用在隧道、防控设施等地下工程以及大跨度桥梁的施工上。随着基础建设力度的不断加大，人们对高层建筑和一些大跨空间结构高耸筒仓结构的需求越来越大。很多工程在建设施工过程中的诸多施工问题也就越来越突出。还有很多建筑新体型，新体系的出现，对结构施工也是一种很大的挑战，比如说体型奇特的超高层建筑建设、高空大跨多层建筑相连对接、大型桥梁预应力拉索张拉、高层建筑物的深基坑开挖、高耸筒仓结构环向预应力张拉等，施工过程分析就显得尤为重要了。

施工模拟就是通过计算机系统模拟施工过程，求解内力和位移，论证施工方案的可行性，甚至可以指导方案设计；对理论值与实测值进行比较分析，若两者误差较大，就要进行检查分析原因，及时对产生偏差的主要参数进行修正，或者采取有效的调整措施，使施工偏差保持在允许的范围之内，保证安装过程中的结构的安全性及安装完成后结构可靠性。施工和设计是不能也无法分开的，结构的设计必须考虑施工方法、施工中内力与变形，而施工方法的选择应符合设计要求，使设计与施工相互配合。

3.1.2.1　数值模拟分析方法

数值模拟是以电子计算机为手段，通过数值计算和图像显示的方法，达到对工程问题和物理问题乃至自然界各类问题研究的目的。很多工程分析问题，如固体力学的位移场和应力场分析、电磁学中的电磁场分析、振动特性分析、传热学的温度场分析、流体力学中的流场分析等，都可以归结为在给定边界条件下的求其控制方程的问题，但能用解析方法求出精确解的只是方程性质比较简单的，而且是相当规则的少数问题。对于大多数工程技术问题，由于物体的几何形状比较复杂或者问题的某些特征是非线性的，则很少有解析解。这类问题的解决办法通常有两种途径：一是引入简化假设，将方程和边界条件简化成能够处理的问题，从而得到它在简化状态上的解。这种方法只在有限的情况下是可行的，因为过多的简化将可能导致不正确的甚至是错误的解。因此，人们在广泛吸收现代数学、力学理论的基础上，借助于现代科技技术的产物计算机来获得满足工程要求的数值解，这就是数值模拟技术，它是现代工程学形成和发展的重要推动力之一。

目前在工程技术领域内常用的数值模拟方法有：有限单元法、边界元法、离散单元法和有限差分法，但就实际性和应用的广泛性而言，主要是有限单元法。

（1）边界元法。边界元法是在有限元法之后发展起来的一种较精确有效的工程数值分析方法。它以定义在边界上的边界积分方程为控制方程，通过对边界分元插值离散，化为代数方程组求解。它与基于偏微分方程的区域解法相比，由于降低了问题的维数，而显著降低了自由度数，边界的离散也比区域的离散方便得多，可用较简单的单元准确地模拟边界形状，最终得到阶数较低的线性代数方程组。又由于它利用微分算子的解析的基本解作为边界积分方程的核函数，而具有解析与数值相结合的特点，通常具有较高的精度。特别是对于边界变量变化梯度较大的问题，如应力集中问题，或边界变量出现奇异性的裂纹问题，边界元法被公认为比有限元法更加精确高效。

由于边界元法所利用的微分算子基本解能自动满足无限远处的条件，因而边界元法特别便于处理无限域以及半无限域问题。边界元法的主要缺点是它的应用范围以存在相应微分算子的基本解为前提，对于非均匀介质等问题难以应用，故其适用范围远不如有限元法广泛，而且通常由它建立的求解代数方程组的系数阵是非对称满阵，对解题规模产生较大限制。对一般的非线性问题，由于在方程中会出现域内积分项，从而部分抵消了边界元法只要离散边界的优点。

（2）有限差分法。有限差分法基本思想是把连续的定解区域用有限个离散点构成的网格来代替，这些离散点称作网格的节点；把连续定解区域上的连续变量的函数用在网格上定义的离散变量函数来近似；把原方程和定解条件中的微商用差商来近似，积分用积分和来近似，于是原微分方程和定解条件就近似地代之以代数方程组，即有限差分方程组，解此方程组就可以得到原问题在离散点上的近似解。然后再利用插值方法便可以从离散解得到定解问题在整个区域上的近似解。

有限差分法的主要内容包括：如何根据问题的特点将定解区域作网格剖分；如何把原微分方程离散化为差分方程组以及如何解此代数方程组。此外为了保证计算过程的可行和计算结果的正确，还需从理论上分析差分方程组的性态，包括解的唯一性、存在性和差分格式的相容性、收敛性和稳定性。对于一个微分方程建立的各种差分格式，为了有实用意义，一个基本要求是它们能够任意逼近微分方程，这就是相容性要求。

另外，一个差分格式是否有用，最终要看差分方程的精确解能否任意逼近微分方程的解，这就是收敛性的概念。此外，还有一个重要的概念必须考虑，即差分格式的稳定性。因为差分格式的计算过程是逐层推进的，在计算第 $n+y$ 层的近似值时要用到第 $n$ 层的近似值，直到与初始值有关。前面各层若有舍入误差，必然影响到后面各层的值，如果误差的影响越来越大，以致差分格式的精确解的面貌完全被掩盖，这种格式是不稳定的，相反如果误差的传播是可以控制的，就认为格式是稳定的。只有在这种情形，差分格式在实际计算中的近似解才可能任意逼近差分方程的精确解。

关于差分格式的构造最常用的方法是数值微分法，比如用差商代替微商等。另一方法叫积分插值法，因为在实际问题中得出的微分方程常常反映物理上的某种守恒原理，一般可以通过积分形式来表示。此外还可以用待定系数法构造一些精度较高的差分格式。

（3）离散单元法。离散单元法英文名称是 Discrete Element Method，简称 DEM，它与有限单元法 FEM 和边界元法 BEM 一样，将区域划分成单元。所不同的是，单元因受节理不连续面控制，在以后的运动的过程中，单元节点可以分离，即一个单元与其临近单元可以接触，也可以分离。单元之间可以看成是角-角接触、角-边接触或边-边接触，而且随着单元的平移和转动，允许调整各个单元之间的接触关系。单元可以假设是刚性的，也可以是可变形的。单元之间的相互作用力可以根据力和位移的关系求出，而个别单元的运动则完全根据该单元所受的不平衡力及其大小按照牛顿运动定律确定。离散单元法是一种显式求解的数值方法。该方法与在时域中进行的其他显式计算相似，不需要求解方程组。在用显式法时，假定在每一个迭代步内，每个块体单元仅对其相邻的块体单元产生力的影响。由于显式法不需要形成矩阵，因此可以考虑大位移和非线性的问题。

（4）有限单元法。有限元分析的基本概念是用较简单的问题代替复杂问题后再求解。它将求解域看成是由许多称为有限元的小的互连子域组成，对每一单元假定一个合适的较简单的近似解，然后推导求解这个域总的满足条件，从而得到问题的解。由于大多数实际问题难以得到准确解，而有限元不仅计算精度高，而且能适应各种复杂形状，因而成为行之有效的工程分析手段。

有限元是那些集合在一起能够表示实际连续域的离散单元。有限元法最初被称为矩阵近似方法，应用于航空器的结构强度计算，并由于其方便性、实用性和有效性而引起从事力学研究的科学家的浓厚兴趣。经过短短数十年的努力，随着计算机技术的快速发展和普及，有限元方法迅速从结构工程强度分析计算扩展到几乎所有的科学技术领域，成为一种丰富多彩、应用广泛并且实用高效的数值分析方法。简言之，有限元分析可分成三个阶段，前处理、处理和后处理。前处理是建立有限元模型，完成单元网格划分；后处理则是采集处理分析结果，使用户能简便提取信息，了解计算结果。

3.1.2.2 时变结构力学的计算方法——非线性有限元求解方法

施工力学问题求解的难点在于边界条件时变、材料性质时变、结构刚度时变、结构几何时变等时变特性的模拟，伴有几何、材料和边界的非线性。其中，几何、材料和边界的非线性是指结构的受力状态在荷载作用下随效应累积而产生的改变，分别由几何方程、材料本构关系和边界条件的非线性所引起。

目前，施工力学问题的数值求解方法主要包括有限单元法、时变单元法和拓扑变化法。拓扑变化法是运用拓扑原理用数值手段实现求解区域随时间变化的解值，但是时变次数不能过多。时变单元法是通过单元大小变化来实现求解区域的时变，离散网格不发生变化。有限单元法则是利用单元增减实现求解区域的变化。其中有限单元法理论推导严密，易于程序化实现，广泛应用于固体力学问题的求解当中，是目前施工力学数值求解的主要手段，而其他两种方法则应用较少。

对于非线性有限元求解问题，无论是材料非线性还是几何非线性，或者二者混合非线性，经过有限元离散列式之后，最终成为求解一个非线性代数方程组：

$$[K_{\mathrm{T}}][\delta]=[P] \tag{3-1}$$

式中 $[K_{\mathrm{T}}]$——总刚度矩阵；

$[\delta]$——结点位移矩阵；

$[P]$——结点荷载矩阵。

在线弹性结构中，$[K_{\mathrm{T}}]$ 是常量，在非线性问题中 $[K_{\mathrm{T}}]$ 是变量，是随结构的内力或应力、位移的变化而变化的。总体刚度 $[K_{\mathrm{T}}]$ 矩阵可由单元刚度矩阵按标准方法集合而成。

$$[K_{\mathrm{T}}]=\sum_{n}[K]=\sum_{n}\int[B]^{\mathrm{T}}[D][B]\mathrm{d}V \tag{3-2}$$

式中 $[K]$——单元刚度矩阵；

$[B]$——几何矩阵；

$[D]$——材料的本构矩阵。

通过几何矩阵和结点位移矩阵可以建立结点位移与单元应变之间的关系，即

$$[\varepsilon]=[B][\delta] \tag{3-3}$$

式中 $[\varepsilon]$——单元应变矩阵。

通过材料的本构矩阵和单元应变矩阵可以构建结构的本构方程组，即：

$$[\sigma]=[D][\varepsilon] \tag{3-4}$$

在线弹性材料问题中 $[D]$ 是常量；而在非线性材料问题中，$[D]$ 则是应

力状态的函数，即：

$$[D]=f([\sigma]) \tag{3-5}$$

归纳以上几个方程式：式（3-1）为平衡条件，式（3-3）为几何关系，式（3-4）和式（3-5）为材料本构关系。与求解线性问题相似，非线性问题的有限元求解也是基于这两大关系进行。

目前常用的非线性有限元求解方法主要有全量迭代法和增量迭代法两类，如直接迭代法、牛顿法（Newton-Raphson）、修正的牛顿法、拟牛顿法等均属于全量迭代法，而自修正算法、Eider 法、改进的 Eider 法、增量弧长法等均属于增量迭代法范畴。

因为结构施工阶段的受力与设计状态存在着很大的区别，所以对施工阶段进行准确验算时便不能用完整的计算模型，因此对于结构施工阶段结构性能的研究，要采取新的计算方法。目前为了分析时变结构施工前后的内力和变形，常用的有限元分析计算方法，主要包括状态变量叠加法和生死单元法两种。

（1）生死单元法。单元生死技术是一种建立在有限单元法上的非线性分析理论：它通过改变单元的生和死实现求解域的时变，即通过在结构整体刚度矩阵中增加或消除相应构件的单元来模拟施工中结构或者构件的安装或者卸载。在模拟中可以一次性建立起完整的结构有限元分析模型，然后再将全部单元杀死，之后再根据实际的施工情况对不同的单元进行激活或杀死辅助单元，来模拟和分析整个施工过程中的力学性能的变化。生死单元是基于状态非线性有限单元法对结构施工全过程模拟分析的主要技术，其基本原理如下：

1）“杀死单元”就是将单元的荷载、质量、阻尼和比热容等类似效果设置为0，且将其单元刚度矩阵乘以一个极小因子，单元的应变在“杀死”的同时也将被设置为0，使得被杀死的单元在计算中不起作用，实现单元“死”的状态。

2）“激活单元”与“杀死单元”相反，“激活单元”是将单元的刚度、质量和载荷等恢复其原始数值的过程，且重新激活的单元没有应变记录。

因此，可以通过杀死单元的方式实现构件的拆除模拟，通过激活死单元的方式实现构件的安装模拟。

生死单元法通过控制结构单元的“生”和“死”来模拟实际施工阶段构件的状态变化，通常用“活单元”和“死单元”来表示。其中，“死单元”是指在当前阶段尚未安装或对主体结构受力无影响的构件，“活单元”是指已经在当前阶段安装完毕的构件。生死单元法可以理解为通过修改单元的刚度矩阵来模拟施工过程中构件的安拆。生死单元法基本的流程如图 3-2 所示，首先依照结构的竣工形态构建有限元分析模型，接着“杀死”全部单元使结构回归到施工的最初状态。当施工到了阶段 1，率先“激活”施工阶段 1 的单元，并计算该施工阶段

1 对应的结构荷载。随着施工的不断进行，再“激活”施工阶段 2 的单元并计算对应的结构荷载。如此反复操作直至结构达到竣工状态，可实现分析施工全过程的目的。

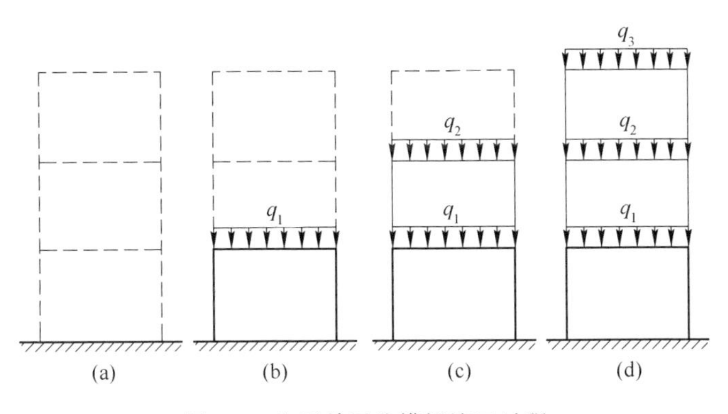


图 3-2　生死单元法模拟施工过程
（a）设计状态；（b）施工阶段 1；（c）施工阶段 2；（d）竣工状态

不是指简单地从模型中将该单元删除，而是将其刚度矩阵乘以一个数值 $K$（一般取值为 $1.0\times10^{-6}$），可称该数值 $K$ 为单元“生死”系数。此时“死单元”的质量、荷载及其他相关特性都将接近于零，虽然它仍出现在单元列表上，但它在力学性质上是处于一种“死”状态，这种“死单元”对结构整体刚度的影响非常小。一个单元被“激活”的含义，也并非是在模型中直接增添新的单元，而是重新激活单元列表上存在的但在前面阶段被“杀死”的单元，即解除其单元“生死”系数 $K$ 以达到恢复其刚度、质量特性的目的。整个施工过程中，虽然“死”单元的物理、力学特性为零，但它仍会跟随“活”单元发生应变。这种应变称之为“漂移”作用，它会对结构下一阶段的有限元模型产生影响。根据生死单元法的基本原理和基本流程可以知道，采用生死单元法对不同施工方法进行过程模拟分析是十分便利的。首先依据设计状态建立结构的整体模型，然后根据施工顺序控制单元的“生”或“死”来对施工过程进行模拟，同时该方法可以非常方便地体现细微变化对结构的影响。

（2）状态变量叠加法。状态变量叠加法考虑了施工过程中各个阶段的状态变量因素，改变了传统设计中不考虑施工过程状态变量叠加的状况，因此它可以真实的模拟施工过程，是一种优秀的理论计算方法。假设某大跨钢结构由 $n$ 个施工阶段组成，则在结构施工过程中每一个施工阶段的内力计算方程和有限元基本计算方程为：

施工第一阶段：　$\boldsymbol{K}_1\boldsymbol{U}_1 = \boldsymbol{P}_1$

第一阶段内力：　$\boldsymbol{N}_1 = \boldsymbol{k}_1\boldsymbol{A}_1\boldsymbol{U}_1$

施工第二阶段：　$(\boldsymbol{K}_1 + \boldsymbol{K}_2)\boldsymbol{U}_2 = \boldsymbol{P}_2$

第二阶段内力：　$\boldsymbol{N}_2 = \boldsymbol{k}_2\boldsymbol{A}_2\boldsymbol{U}_2$

⋮　　⋮

施工第 $n$ 阶段：　$(\boldsymbol{K}_1 + \boldsymbol{K}_2 + \cdots + \boldsymbol{K}_n)\boldsymbol{U}_n = \boldsymbol{P}_n$

第 $n$ 阶段内力：　$\boldsymbol{N}_n = \boldsymbol{k}_n\boldsymbol{A}_n\boldsymbol{U}_n$

式中　$\boldsymbol{K}_i$——第 $i$ 施工阶段时，结构的总刚度矩阵；

$\boldsymbol{k}_i$——第 $i$ 施工阶段时，结构的杆单元刚度矩阵；

$\boldsymbol{U}_i$——第 $i$ 施工阶段时，结构的位移量；

$\boldsymbol{P}_i$——第 $i$ 施工阶段时，结构的节点力向量；

$\boldsymbol{A}_i$——第 $i$ 施工阶段时，结构的几何矩阵；

$\boldsymbol{N}_i$——第 $i$ 施工阶段时，结构杆件的内力向量。

施工阶段结构最终位移：　$\boldsymbol{U} = \boldsymbol{U}_1 + \boldsymbol{U}_2 + \cdots + \boldsymbol{U}_n$

施工阶段结构最终内力：　$\boldsymbol{N} = \boldsymbol{N}_1 + \boldsymbol{N}_2 + \cdots + \boldsymbol{N}_n$

经以上分析可知，考虑施工阶段的计算和设计方法在计算时不仅可以得到总状态的变量，还可以提取任意施工阶段的内力和变形等变量，比传统的方法更加符合实际，计算结果更加精准。对结构全过程的施工模拟是现阶段最为有效的分析方法，可以准确地表现结构在施工阶段中的受力和变形。利用状态变量叠加法可以得出施工过程中各阶段的受力特性，但是在实际生活中要想在结构设计阶段就利用该方法进行结构设计是难以实现的。这是因为状态变量叠加法要求在结构设计阶段就要确定最终的施工安装方案，并且要求施工方案细致到具体每一个施工步骤和施工顺序，这种限制在现阶段存在很大阻碍。目前，我国大型结构工程往往由多家施工单位共同承建，各个单位根据其自身特点进行施工，而且在实际施工过程中一旦牵扯到资金、设备、场地等因素，施工顺序很可能发生很大变化，这些问题不是在设计阶段就能掌握的。状态变量叠加法目前还不适用，现阶段大部分有限元分析软件施工模拟方法大都采用生死单元法。

(3) 一次性建模法。生死单元技术是指定分析模型中某些单元存在或消失的一项高级分析技术。根据实际施工程序，采用单元生死技术来模拟空间结构工程施工问题，实际上就是采用“施工阶段状态变量叠加法”的计算步骤对结构按施工顺序进行计算。

对于“死”的单元，程序通过乘以一个绝对值很小的因子，将单元的刚度、单元荷载、单元应变等力学参数设置为零，同时这些单元的质量、阻尼、比热等物理参数也设置为零。单元“生”时，就是将这些参数重新激活，刚度、质量、单元荷载等返回到初始值，但是没有应变记录，其应力应变等力学状态变量在单元被激活后重新参加叠加过程。

同“生死单元法”类似，一次性建模法是将结构的整体模型一次性在软件中给出，再按照相应的施工步骤把结构的杆件、边界条件以及荷载工况划分为不同的施工步，运算时只考虑所算施工步之前的变形和内力并且冻结了之后结构的所有构件，下一阶段的变形和内力随上一阶段进行调整。一次性建模法就是按照预计的施工步将正在安装的杆件激活，而将还未安装的杆件钝化，达到真实模拟施工的目的。

（4）分部建模技术。分步建模施工时，经常需要将结构分为几个子结构，分步建模法不需要建立整个模型，按照施工步骤模拟，在模拟中分别建立各个子结构，并同步建模同步计算，不需要激活、杀死单元，分步建模法的缺陷就是计算过程基本无法处理，难度很大，因此应用较少。

分部建模技术与单元生死技术稍有不同，往往需要将结构分为几个子结构分别放样加工。它是按照施工步骤一步一步进行模拟，在建模模拟的过程中，边建模边求解。这样可以阻止死单元的漂移，从而避免了刚度矩阵病态的问题的发生，保证未安装单元的构件刚度不会出现，真实、准确地再现了整个施工过程，消除了已安装和未安装结构之间的相互制约与影响。

对钢结构筒仓的施工过程模拟分析方法，经分析总结施工力学主要的分析方法有三种：正装分析法、倒装分析法和无应力分析法。

（1）正装分析法。正装分析法的计算特点是按照结构施工的前后顺序对每一个施工阶段进行仿真计算，一直到最终的设计成型状态。由于它的这一特点，因此也被称为前进分析法。

（2）倒装分析法。倒装分析法的基本思想是：从结构的形成状态出发，按照与实际过程相反的顺序，进行逐步倒退的方法计算求出各施工阶段的位移、内力状态等相关参数，然后在正装顺序施工时，用这些控制参数控制各阶段的施工，达到理想的结构状态。

（3）无应力分析法。用构件和单元的无应力长度和曲率保持不变的原理进行结构状态分析的方法称为无应力分析法。在结构建成并承受荷载后，无论构件的内力、变形如何变化，各构件的无应力长度和曲率始终保持不变。可以通过这种方法来确定构件加工时的初始下料长度。但是该方法不适合控制和预测到结构当前和未来发生的实际状态，可以对正装法或倒装法起辅助作用。

### 3.1.3　施工过程数值模拟分析软件

随着现代科学技术的发展，人们正在不断建造更为快速的交通工具、更大规模的建筑物、更大跨度的桥梁、更大功率的发电机组和更为精密的机械设备。这一切都要求工程师在设计阶段就能精确地预测出产品和工程的技术性能，需要对结构的静、动力强度以及温度场、流场、电磁场和渗流等技术参数进行分析计算。

分析计算高层建筑和大跨度桥梁、特种筒仓结构在地震时所受到的影响，看是否会发生破坏性事故；分析计算核反应堆的温度场，确定传热和冷却系统是否合理；分析涡轮机叶片内的流体动力学参数，以提高其运转效率。这些都可归结为求解物理问题的控制偏微分方程式，这些问题的解析计算往往是不现实的，近年来在计算机技术和数值分析方法支持下发展起来的有限元分析方法则为解决这些复杂的工程分析计算问题提供了有效的途径。现在使用灵活、价格较低的专用或通用有限元分析软件有很多，但能进行施工过程数值模拟常用的是 ANSYS 和 ETABS，下面介绍常见的数值模拟分析软件。

（1）ANSYS。ANSYS 软件是美国 ANSYS 公司研制的大型通用有限元分析（FEA）软件，是世界范围内增长最快的计算机辅助工程（CAE）软件，能与多数计算机辅助设计（computer aided design，CAD）软件接口，实现数据的共享和交换，ANSYS 软件是融结构、热、流体、电磁、声学于一体的大型通用有限元软件，包含了前置处理、解题程序以及后置处理功能。ANSYS 软件进入中国比较早，国内知名度高，应用广泛。ANSYS 公司注重应用领域的拓展与合作，目前已经覆盖核工业、铁道、石油化工、航天航空、机械制造、能源、汽车交通、国防军工、电子、土木工程、生物医学、水利、日用家电等研究领域。该软件提供了不断改进的功能清单，具体包括：结构高度非线性分析、电磁分析、计算流体力学分析、设计优化、接触分析、自适应网格划分及利用 ANSYS 参数设计语言扩展宏命令功能，如图 3-3、图 3-4 所示。

图 3-3　ANSYS 软件主界面

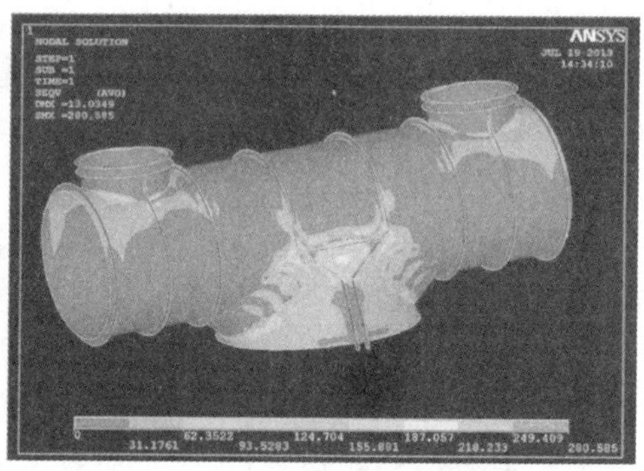


图 3-4　ANSYS 结构分析实例

（2）ABAQUS。ABAQUS 软件是一套功能强大的工程模拟的有限元软件，其解决问题的范围从相对简单的线性分析到许多复杂的非线性问题。ABAQUS 软件以其强大的非线性分析功能以及解决复杂和深入的科学问题的能力被科研界广泛应用。它包括一个丰富的、可模拟任意几何形状的单元库，并拥有各种类型的材料库，可以模拟典型工程材料的性能，作为通用的模拟工具。ABAQUS 除了能解决大量结构问题，还可以模拟其他工程领域的许多问题。ABAQUS 有两个主求解器模块，ABAQUS/Standard 和 ABAQUS/Explicit。ABAQUS 还包括一个全面支持求解器的图形界面，即人机交互前后处理模块 ABAQUS/CAE。ABAQUS 对某些特殊问题还提供了专用模块加以解决，ABAQUS/Standard 使各种线性和非线性工程模拟能够有效、精确、可靠的实现。ABAQUS/Explicit 为模拟广泛的动力学问题和准静态问题提供准确、强大和高效的有限元求解技术。ABAQUS/CAE 能够快速有效的创建、编辑、监控、诊断和后处理先进的 ABAQUS 分析，将建模、分析、工作管理以及结果显示于一个一致的、使用方便的环境中，如图 3-5、图 3-6 所示。

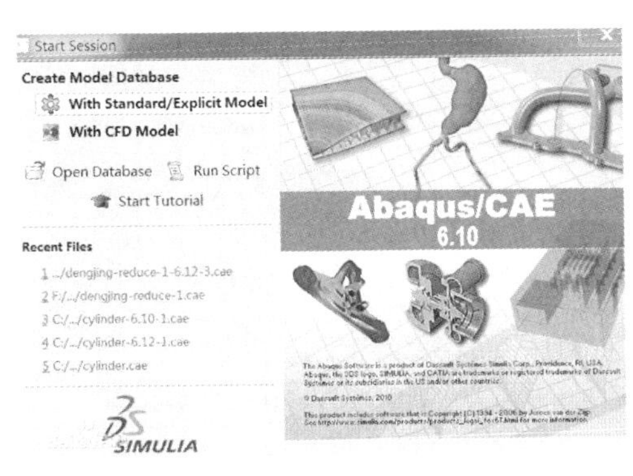


图 3-5 ABAQUS 软件主界面

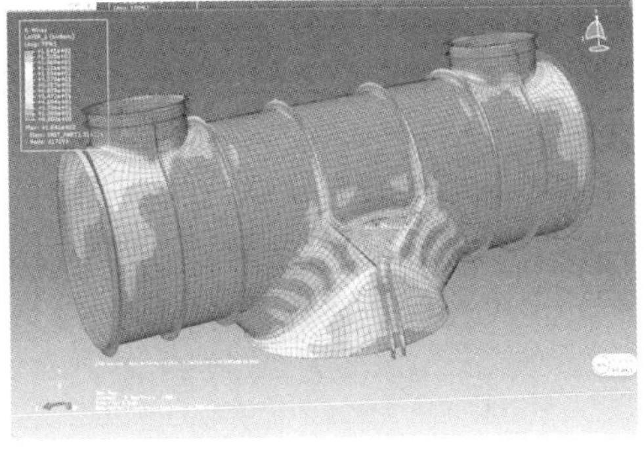

图 3-6 ABAQUS 结构分析实例

（3）MIDAS。MIDAS 软件是韩国浦项制铁（POSCO）集团 1989 年成立专门机构研制开发的，是 MIDAS Information Technology Co.，Ltd.（简称 MIDAS IT，是浦项制铁集团成立的第一个“风险企业”）的最主要产品，是一种通用结构有限元分析与设计软件。MIDAS 适用于桥梁、地下结构、水池、大坝、隧道、各种楼房、陆地以及海上工业建筑、体育场馆、飞机库、发电厂、轮船、飞机、输电塔、起重机、压力容器等普通及特殊结构的分析与设计。MIDAS 除了可以进行一般的静力和动力分析（线性静力分析、温度应力分析、线弹性时程分析）之外，还可以做施工阶段分析、支座沉降分析、屈曲分析、预应力结构分析、P-delta 分析、反应谱分析、水化热分析、热传导分析、静力弹塑性分析（梁、柱、支撑、剪力墙）、动力弹塑性分析、材料非线性分析、几何非线性分析、动力边界非线性分析（隔震和耗能减震分析）、大位移分析（索结构、优化设计）等，如图 3-7、图 3-8 所示。

（4）SAP2000。SAP2000 软件是由美国 Computer and Structures Inc.（CSI）公司开发研制的，是一种通用结构有限元分析与设计软件。SAP2000 适用于桥梁、工业建筑、输电塔、设备基础、电力设施、索缆结构、运动设施、演出场所和其他一些特殊结构的分析与设计。在 SAP2000 三维图形中提供了多种建模、分析和设计选项，且完全在一个集成的图形界面内实现。先进的分析技术可提供逐步变形分析、多重 P-Delta 效应、特征向量和 Ritz 向量分析、索分析、单拉和单压分析、屈曲分析、爆炸分析、针对阻尼器或基础隔震等非线性连接构件进行快速非线性分析、非线性动力直接积分时程分析、用能量方法进行侧移控制和分段施工分析等。SAP2000桥梁模板可以建立各种桥梁模型，自动进行桥梁活荷载布置，进行桥梁基础隔震和桥梁施工顺序分析，进行大变形悬索桥分析和静力非线性Pushover分析，如图3-9、图3-10所示。

图3-7　MIDAS-Gen软件主界面

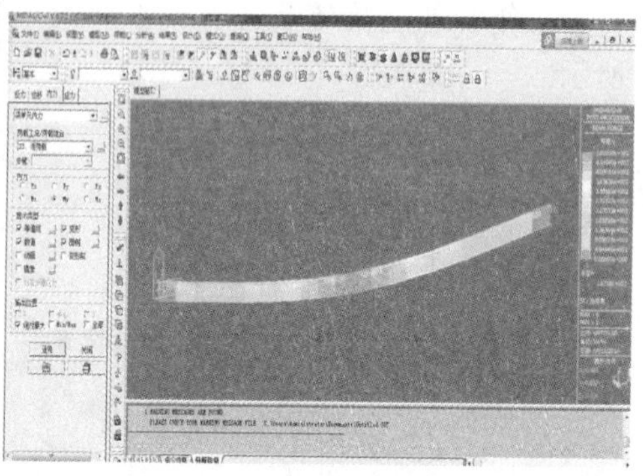

图3-8　MIDAS-Gen结构分析实例

图3-9　SAP2000软件主界面

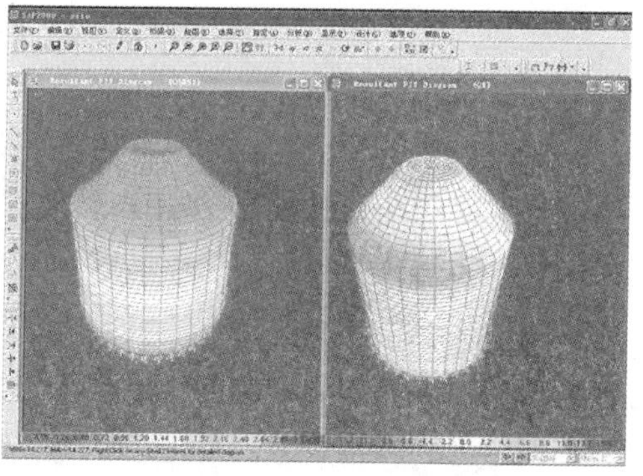

图3-10　SAP2000结构分析实例

（5）ADINA。ADINA软件是美国ADINA R&D公司的产品，拥有国际上先进的大型通用有限元计算分析仿真平台，能够广泛应用于各行各业和研究、教育机构。ADINA一直致力于优秀的计算仿真能力，可用于固体分析、流体分析、热分析，以及流固耦合、热力耦合和多物理场耦合等分析中，并能够为用户提供复杂问题的解决方案。ADINA软件的技术优势不仅在于其优秀的单物理场计算能力，更在于其强大的多物理场耦合计算能力。ADINA软件考虑了耦合因素的影响，能够更深入地分析设计产品的性能，帮助用户更深刻地理解物理现象的产生和发展的规律，从而有助于生产出更经济、安全、实用有效的产品，如图3-11、图3-12所示。

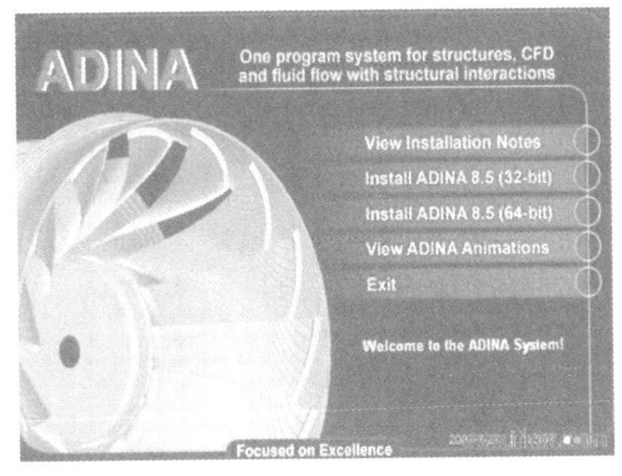


图 3-11　ADINA 软件主界面

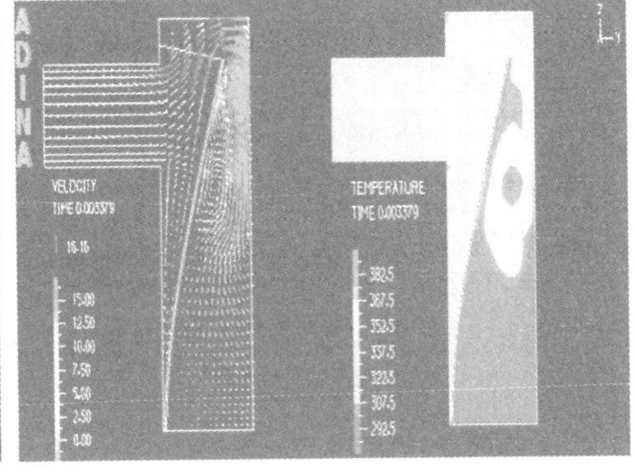


图 3-12　ADINA 结构分析实例

（6）PERFORM-3D。PERFORM-3D（Nonlinear Analysis and Performance Assessment for 3D Structure）是 CSI 公司近几年推出的三维结构非线性分析与性能评估软件，其前身为 Drain-2DX 和 Drain-3DX，由美国加州大学伯克利分校的 Powell 教授开发，是一个用于抗震设计的非线性计算软件。模型数据可以从 ETABS 或者 SAP2000 导入，支持多种类型单元，包括带有节点区的梁、柱、支撑、开洞剪力墙、楼板、粘滞阻尼器和隔振器。通过基于变形或强度的限制状态对复杂结构（其中包括剪力墙结构）进行非线性分析。PERFORM-3D 为用户提供了一个强大的地震工程分析工具来进行静力 Pushover 分析和非线性动力时程分析。可以同时在一个模型中实现静力或动力非线性分析，荷载可以任意顺序施加，如完成动力时程分析后进行静力 Pushover 分析。PERFORM-3D 为基于性能设计提供了强大的分析功能，能够计算所有限制状态和所有组件的需求/能力比，如图 3-13、图 3-14 所示。

图 3-13　PERFORM-3D 软件主界面

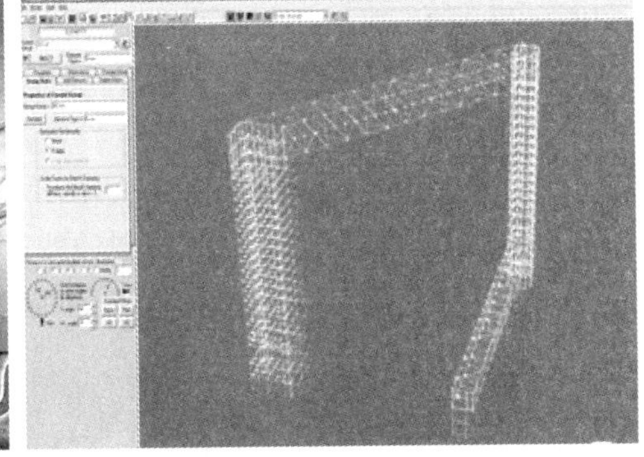

图 3-14　PERFORM-3D 结构分析实例

（7）常用软件比较。现阶段用户应用最为广泛的三种有限元软件，分别是 ANSYS 软件、ABAQUS 软件以及 ADINA 软件。这三种软件均有各自的支持者，也有各自的特点，对比如下：

1）应用范围方面。三种有限元软件均有各自的应用领域。ANSYS 软件主要是进行兼并与研发，在精研的同时，不断拓展研究领域，现已覆盖流体、电磁场以及多物理场耦合等众多研究领域，是各软件中应用范围最广的有限元软件；然而，ABAQUS 软件集中于结构力学和相关研究领域，主要致力于解决该领域深层次实际问题，其在结构分析方面经验丰富，但被结构力学所阻拦，受到很大限制，应用范围相对有限；ADINA 软件与 ANSYS 功能类似，分析范围包括结构、温度、流体以及流固耦合等方面，应用范围广泛。

2）性价比方面。三种软件均为美国所开发的软件，价格方面相差无几，但从性能方面考虑，ABAQUS 的优势在于结构分析，如果进行结构分析，ABAQUS 软件是最为经济实惠的；如果需要进行流体分析或者多物理场耦合求解，建议选用 ANSYS 软件和 ADINA 软件。

3）求解器功能方面。对于较为简单的线性问题，三个软件均可以完成，且各软件在计算过程、计算时间、计算结果等方面较为接近。但对于复杂的非线性问题，ABAQUS 与 ADINA 软件较为强大，优势明显；而对于解决流体以及物理场耦合等方面问题，更适合应用 ANSYS 与 ADINA 软件。

4）操作方面。三种软件均具有良好的人机交互特性，ANSYS/Workbench、ABAQUS/CAE、ADINA/AUI 模块均支持 CAD 图纸的导入和可视化视窗操作，操作简便。对比之下，ABAQUS 软件的 CAE 模块建模更为简单，更为直观。除此之外，三种软件还提供命令流的输入，但 ABAQUS/CAE 模块并不对所有命令流支持 CAE 界面操作。

5）建模的方法。ANSYS 与 ADINA 均采用 Parasolid 为主的实体建模技术，因此其可以和其他 Parasolid 为核心的 CAD 软件进行数据交换，具有强大的建模功能。ABAQUS 软件，主要采用命令流与 CAE 建模两种方式，CAE 建模较为直观，简便易懂，容易操作，但尚不完善。

6）综合性能对比。ANSYS 软件应用范围广，功能强大，命令流应用方便，具有较大优势，但目前只局限于线性方面，存在非线性分析较差的缺陷；ADINA 软件在非线性分析方面，以及物理场耦合方面较为强势，在全球范围内占据较大市场；ABAQUS 软件，虽然非线性方面较为强大，但是遗憾的是不具备流体分析能力。

（8）小结。建筑结构的整体分析和施工过程的分析不同，其结果也不同。一般情况设计阶段的整体分析结果会比施工过程分析结果小，造成这种现象主要有两个因素：

1）变形方式不同。在混凝土结构施工过程中，其强度、变形模量、泊松比等材料性能会受混凝土的收缩、强度增长和徐变等因素的影响存在差异，使得施工状况更加复杂。随着施工的进行，不同施工阶段施加的荷载会导致竖向构件不同收缩变形，且变形不断累加，大小和分布方式和施工路径密切相关，这种情况传统的结构整体分析无法准确反映。

2）不同的荷载施加顺序。实际建筑物的荷载施加是循序渐进的，根据加载条件和施工顺序而定，而建筑结构的整体分析是将结构模型整体建好之后，施加所有荷载进行分析。这种差异会导致理论分析和实际结果存在很大差异。

有限元分析软件根据时变结构的基本原理，按照施工步骤和工期进度对施工阶段进行定义。在利用生死单元法对结构的某一施工阶段进行分析时，程序将自动钝化该施工阶段后期所有构件单元所加载的边界条件和荷载工况，只允许该步骤之前完成的构件参与工作。在有限元分析计算过程中，每一阶段完成状态下的结构变形和内力，在下一阶段程序就会自动根据结构新的变形调整，即考虑时间依从效果，进而结构施工的动态过程进行真实的模拟。

## 3.2 钢结构筒仓结构施工时变分析方法

钢板筒仓结构和部分混凝土钢结构模板施工一般采用现场拼装、起重机吊装的装配式施工方式，施工过程涉及结构吊装、结构拼装、结构卸载三个主要流程，如图 3-15、图 3-16 所示。

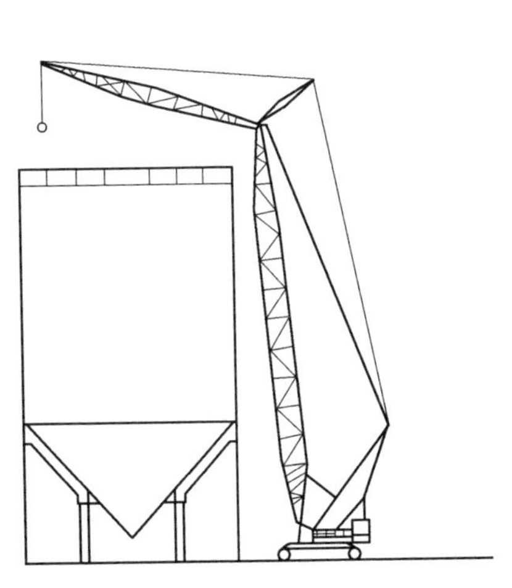

图 3-15 钢结构筒仓装配式施工示意图

图 3-16 钢结构筒仓装配式施工现场

### 3.2.1 结构吊装过程模拟

对于钢结构筒仓的安装施工来说，需要根据主体结构的受力和构造特点，在满足质量、安全、进度和经济效应的前提下，结合当地施工条件和设备配置等因素综合分析来确定安装方法，目前常用的安装方法如表3-1所示。确定主体结构安装方法后，需要根据拟采用的起重机械设备的起重能力，将主体结构划分成合理的吊装单元。并对吊装单元进行吊装模拟分析，考察吊装单元在吊装过程中的安全性能，评估吊装方案的合理性。

**表3-1　装配式钢结构常用施工方法统计**

| 安装方法 | 内　容 | 优　点 | 缺　点 |
|---|---|---|---|
| 高空散装法 | 装配式钢结构构件的杆件和节点或事先拼成的小拼单元直接在设计位置总拼 | 无需大型起重设备 | 一般要搭设全支架，需要大量的脚手材料 |
| 分条分块安装法 | 将整个装配式钢结构的平面分割成若干条状或块状单元，吊装就位后再在高空拼成整体 | 高空作业量，支架用量比高空散装法少，可充分利用现有设备，比较经济 | 分割后刚度改变较大的钢屋盖受其影响大 |
| 滑移法 | 通过事先设置的滑轨，滑移装配式钢结构单元分条，至设计位置后组装成总体 | 钢结构构件的安装与下部其他施工可平行作业，缩短工期，无需大型起重设备 | 对同步滑移控制的要求高 |
| 整体吊装 | 钢结构构件在地面上总拼后，用起重设备将其吊装就位 | 容易保证焊接和拼装的施工质量 | 对起重设备要求高 |
| 整体提升<br>整体顶升 | 在设计位置的地面将网架拼成整体，然后提升或顶升到设计高度 | 可将屋面板、防水层等全部在最有利的高度进行施工，从而节约施工费用 | 对同步提升或顶升的控制要求高 |

特种筒仓结构建立的结构吊装模拟分析方法一般需基于以下两个假定：一是吊装单元在吊装过程中吊装速度缓慢，可以认为其处于静力平衡状态，采用动力系数考虑起吊时的动力作用；二是吊装单元在吊装过程中只受到索力和自身重力作用，因此结构的重心和吊索汇交点在水平面内的投影重合；根据上述假定可知，吊装单元重心位置的确定是吊装分析的关键问题。结构重心的位置可以采用定义法和反力法确定。

（1）定义法。根据重心的定义确定坐标，即结构中的每个质点对坐标原点的重力矩等于整个结构对原点的重力矩。对网架结构来说，结构杆件是同材质、沿杆长等截面、匀质的构件，其重心与质心、几何中心重合，因此结构重心的坐标可按式（3-6）~式（3-8）确定。

$$x_c = \frac{\sum_{i=1}^{n} A_i L_i x_i}{\sum_{i=1}^{n} A_i L_i} \tag{3-6}$$

$$y_c = \frac{\sum_{i=1}^{n} A_i L_i y_i}{\sum_{i=1}^{n} A_i L_i} \tag{3-7}$$

$$z_c = \frac{\sum_{i=1}^{n} A_i L_i z_i}{\sum_{i=1}^{n} A_i L_i} \tag{3-8}$$

式中 $x_i$，$y_i$，$z_i$——第 $i$ 个杆件几何中心的坐标；
$n$——杆件数量；
$A_i$——第 $i$ 个杆件的截面面积；
$L_i$——第 $i$ 个杆件的长度。

（2）反力法。根据总体弯矩平衡原理确定重心。对结构的各个节点进行三向约束，分别施加任意两个方向的重力加速度进行计算，求出相应反力，根据总反力对重心的弯矩平衡可以得出相应平面上的重心位置，从而确定结构重心的空间位置。针对网架结构可施加 $z$ 向重力加速度，约束 3 个节点 $z$ 向的位移，对第 4 个节点约束 $x$、$y$、$z$ 方向的位移，求出约束反力后对第 4 个节点取矩，进而由式（3-9）、式（3-10）确定重心坐标的两个分量。通过施加 $y$（或 $x$）向重力加速度可求出重心坐标的第 3 个分量 $z_c$，即可得到重心的空间坐标：

$$x_c = \frac{\sum_{i=1}^{4} F_i x_i}{\sum_{i=1}^{4} F_i} \tag{3-9}$$

$$y_c = \frac{\sum_{i=1}^{4} F_i y_i}{\sum_{i=1}^{4} F_i} \tag{3-10}$$

式中 $F_i$——第 $i$ 个节点的约束反力；
$x_i$——第 $i$ 个节点 $x$ 方向的坐标分量；
$y_i$——第 $i$ 个节点 $y$ 方向的坐标分量。

两种方法均可以得到吊装单元的重心坐标，其中反力法应用更为广泛，适用于大多数结构计算，但需要计算机辅助计算；定义法虽仅适用于网架、网壳等结构，但无需分析软件计算反力，在施工现场，如果要临时更改起吊方案，可应用定义法进行估算。如果条件允许，工程实践中可同时应用这两种方法进行重心坐标的计算，结果相互校核，确保重心空间位置的准确性。确定吊装单元重心位置后，根据吊装分析假定，建立吊索与吊装单元共同作用的分析模型，分析吊装单元在索力和重力作用下的结构响应。结构吊装过程模拟分析过程如下：

（1）根据设计信息，选择吊装单元合理的吊装姿态，建立吊装单元的有限元模型；

（2）计算吊装单元重心的空间位置，确定吊装单元吊索汇合点在水平面内的坐标；

（3）根据吊装单元的几何形状和吊装姿态，选择合理的吊点数量和吊点位置；

（4）根据吊点位置选择合理的索长，建立吊索的有限元模型；

（5）引入动力系数以考虑起吊时的动力作用，对吊装单元和吊索进行静力平衡下的有限元求解，实现吊装过程模拟。

### 3.2.2　结构拼装过程模拟

结构的拼装模拟主要是通过生死单元技术实现。基于状态非线性有限单元法，生死单元技术是对结构施工全过程模拟分析主要技术，采用生死单元技术对大跨空间刚性结构施工拼装模拟基本流程如下：

（1）根据设计信息，进行整体结构有限元模型的建立；

（2）采用生死单元技术将模型所有单元杀死，模拟结构施工前的“零”状态；

（3）依据实际施工流程和进度，应用生死单元技术逐步进行激活施工阶段相应单元的操作，施加相应的施工荷载，在此基础上对各阶段结构进行连续性有限元求解，实现结构拼装过程模拟。

### 3.2.3　结构卸载过程模拟

结构在拼装成形后，需进行结构的卸载，即拆除临时支撑系统，使得结构自身来承受荷载，结构也由施工工况转换成使用工况。在这个过程中结构边界条件变化很大，需要对其卸载全过程进行模拟，进而有效预测结构内力、变形及支撑内力的变化过程，为制定卸载方案和控制卸载的顺利进行提供理论支持。

目前结构卸载模拟方法主要有支座位移法、等效杆端位移法、千斤顶单元法及约束方程法等。

（1）支座位移法。建立模型时，将临时支撑直接替换成相应的支座，如图 3-17、图 3-18 所示。支撑结构拆撑卸载过程，可以通过在支座节点施加竖直向下的强迫位移来模拟实现。计算过程中可以通过支座反力方向判断是否卸载。支座反力为拉力表示拆撑卸载完成，支座退出工作，此时改变支座条件建立新的模型进行迭代计算，直至所有支座均退出工作，即表明卸载完成。

该方法具有计算模型较为简单的特点，在模型中不需要建立临时支撑，但该方法也存在一定缺点，如主体结构与卸载千斤顶暂时脱离现象和由于其内力变化引起的临时支撑回弹和压缩等现象无法模拟。

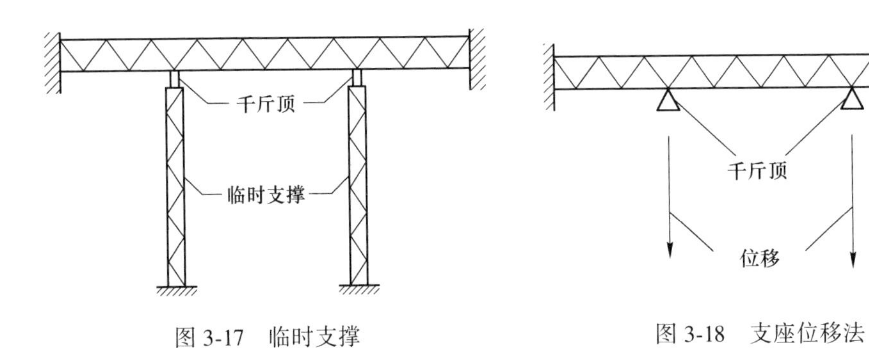


图 3-17 临时支撑　　图 3-18 支座位移法

（2）杆端等效位移法。将所有临时支撑变换为弹性杆，变换方法是按照轴向线刚度相等进行等效，如图 3-19 所示，弹性杆采用特定单元进行模拟，要求该模拟单元具有只受压不受拉的特点。支撑顶端下降的模拟是通过弹性杆端支座位移的下降进行的，如图 3-20 所示。当卸载模拟过程中，所有支撑模拟单元的轴向压力变为零，表示全部卸载过程完成。

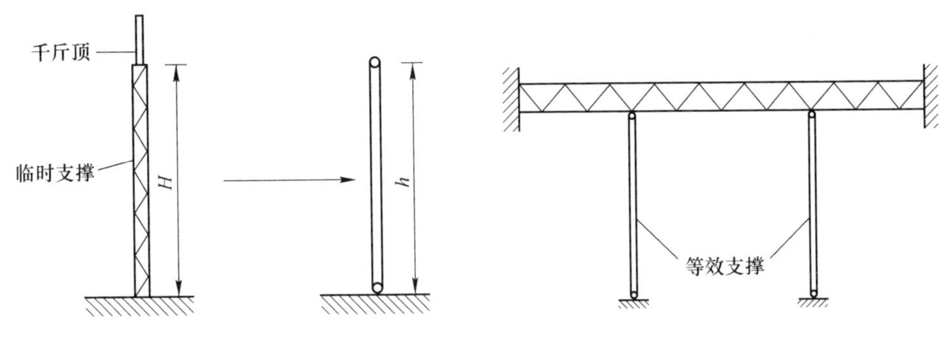


图 3-19 临时支撑简化模型　　图 3-20 等效杆端位移法

（3）千斤顶单元法。建立主体结构与临时支撑模拟分析的整体模型，采用具有“只受压不受拉”特征的单元进行卸载千斤顶的模拟，模型中设置其轴向刚度无穷大，即得到模拟千斤顶的刚性单元，或称千斤顶单元。模拟分析计算时，刚性单元的轴向变形控制通过温度荷载加载的方法进行。

具体实现方法是，刚性单元的初始长度设定为 $l_0$，材料线膨胀系数设定为 $\alpha = l/l_0$，当温度产生 $\Delta T$ 的变化时，刚性单元产生的伸长量为 $\Delta l = \alpha \times l_n \times \Delta T = \Delta T$，即进行刚性单元与温度两者的变化量相同的构造。当在卸载过程的某一步模拟中，所有刚性单元的轴向压力均变为零时，说明完成全部卸载过程。

该方法实用简便，应用广泛，可模拟结构拆撑卸载过程中塔架支撑变化的轴力引起的回弹或压缩。因为只受压不受拉模拟单元的采用，还可以完成卸载过程中千斤顶与主体结构可能短暂脱离这一现象的模拟。不过，由于刚性单元两端承担主体结构和临时支撑两者的约束，温度加载方式控制其轴向长度增量时，可能会因此产生计算误差，并不能完全按照预定的增量来变形。同时，该方法不能针对联合支撑体系进行模拟，也不能考虑主体结构与临时支撑体系间的微小错动。

（4）约束方程法。约束方程法是通过约束方程来实现千斤顶上下端点之间的相对竖向位移。在施工卸载过程中，有主体结构与千斤顶发生较短暂脱离的可能性。考虑这一实际情况，在临时支撑仿真模型的顶部建立具有“只受压不受拉”特点的短单元，并采用约束方程进行短单元顶点同主体结构对应节点竖向位移的耦联。

具体约束方程可表示为：

$$\text{constant} = c_k(i) \times u_k(i) + c_k(j) \times u_k(j) \tag{3-11}$$

式中　$k$——约束方程所定义的自由度；

$j$——临时支撑顶点；

$i$——对应主体结构节点；

$u_k(i)$，$u_k(j)$——$i$、$j$ 节点在自由度的位移；

$c_k(i)$，$c_k(j)$——节点在自由度相应的系数。

在卸载模拟时为竖向自由度，取 $c_k(i)=1$、$c_k(j)=-1$，constant 为千斤顶下降量，通过不断改变 constant 的值来进行模拟结构卸载。当顶端只压不拉单元轴力为零时即可判断支撑卸载完成。约束方程法避免了在模拟过程中模拟千斤顶单元，并可同时分析支撑在卸载过程中的安全性问题，模拟卸载回弹问题，可以更精确地模拟临时支撑的卸载过程。

## 3.3　预应力筒仓结构施工时变分析方法

预应力筒仓结构施工主要包括构件吊装、拼装、预应力张拉和结构卸载等关键流程，其中拼装、吊装、卸载等环节与大跨空间网格结构基本相同，其模拟方法也基本一致。因此预应力施工模拟的关键在于预应力张拉施工模拟。预应力张拉施工通常采用分批分级的方式进行，即将整个张拉过程按照拉索位置进行分批，按照预应力等级进行分级张拉，直至达到设计初始状态。由于预应力结构是非线性结构，其形与态是一一对应的，其自身刚度与预应力水平具有直接关系，需要对其每一级张拉状态进行预应力找形分析，目前预应力结构找形分析按照施工的先后顺序主要有正装分析法和倒拆分析法两大类，如图3-21、图3-22所示。

图 3-21 筒仓预应力施工全景

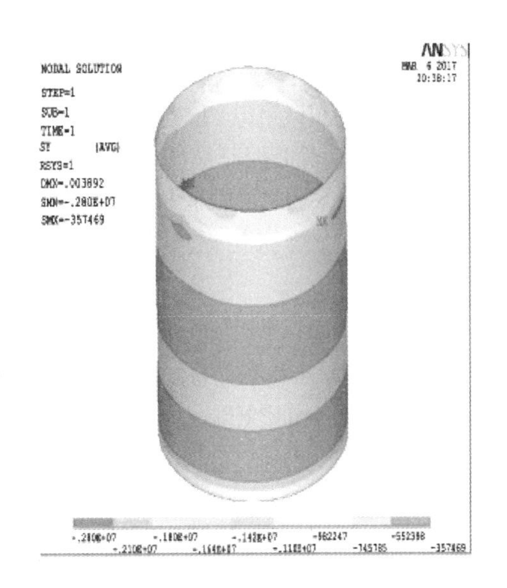


图 3-22 筒仓环向预应力数值模拟

### 3.3.1 正装分析法

（1）张力补偿法。张力补偿法是一种通过按正常施工顺序不断循环并在每次循环不断修正施工张力控制值的迭代方法。施工张力控制值是指计算中每次循环施加索力值。

为了不失一般性，可将预应力施工中的索分为 $m$ 组，每次张拉一组，以 $i$ 为索各组的编号，$j$ 为张拉循环次数。设在第 $n$ 次循环完成时张拉到位，具体流程如下：

1）第一次循环张拉时，索的施工控制值 $K_1(i)$ 均为各组的施工设计值 $S(i)$，记录本次循环第 $m$ 组张拉完成时，其余各组的实际应力值 $F_1(i)$。

2）计算各组索与设计值的差值 $\Delta F_1(i) = S(i) - F_1(i)$，并用差值修正下一次循环的施工控制值 $K_2(i) = K_1(i) + \Delta F_1(i)$。

3）同第一步对各组索进行修正后施工控制值张拉计算，迭代循环，直到第 $n$ 次循环的第 $m$ 组张拉完成时，各组索的应力 $F_n(i)$ 与设计值的差值满足精度要求，即完成循环。

4）取最后一次循环的施工控制值 $K_n(i)$ 为最终结果，作为施工时各组的张拉控制力。

张力补偿法按正施工顺序不断迭代循环最终获得各索的张拉控制力。该计算方法可适用于任何形式的预应力空间结构。并不要求已知其最终态，其初始状态也并无严格要求，既可以是设计值也可以根据经验确定。张力补偿法因其上述的优势在实际工程中应用广泛。

（2）位移补偿法。位移补偿法基于张力补偿法的理论，不以张力作为控制指标，而是以索上控制点的几何坐标作为控制指标。

同样不失一般性可将预应力施工中的索分为 $m$ 组，每次张拉一组，以 $i$ 为索各组的编号，$j$ 为张拉循环次数。设在第 $n$ 次循环完成时张拉到位，具体流程如下：

1）在第一次循环张拉时，每组索上控制点的坐标 $D_{k1}(i)$ 均为设计坐标 $D(i)$，并记录本次循环第 $m$ 组张拉完成时，其余索各组的实际坐标 $D_{s1}(i)$。

2）计算各组索控制点实际坐标与设计值的差值 $\Delta D_1(i)=D(i)-D_{s1}(i)$，并用差值修正下一次循环的施工控制点的控制坐标 $D_{k2}(i)=D_{k1}(i)+\Delta D_1(i)$。

3）同第一步对各组索进行修正后控制点张拉计算，迭代循环，直到第 $n$ 次循环的第 $m$ 组张拉完成时，各组索上控制点的实际坐标 $D_{sn}(i)$ 与设计值达到精度要求，即完成循环。

4）取最后一次循环的索张拉力，作为施工时各组的张拉控制力。张力补偿法和位移补偿法的迭代思路基本一致，最大区别在于其选用的控制指标不同，一个以内力为控制指标，一个以形状为控制指标。其计算流程基本相同，图 3-23 为两种方法的计算流程图。

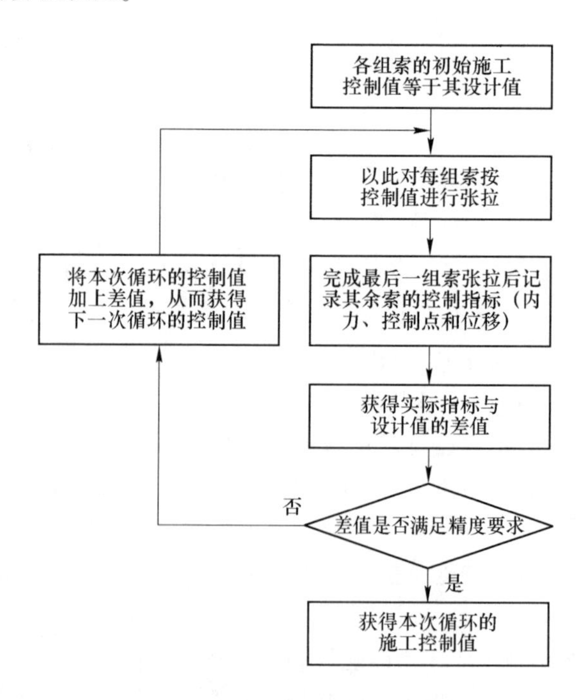


图 3-23　正装分析法流程图

张力补偿法和位移补偿法均是按正施工顺序不断迭代循环最终获得各索的张拉控制力。可适用于任何形式的预应力空间结构，可获得结构在张拉施工过程中任一状态下的内力与变形情况，且对其初始状态并无严格要求，既可以是设计值也可以根据经验确定。

### 3.3.2 倒拆分析法

倒拆分析法是按照正常分析的逆顺序来得到每批索在不同施工步中的张拉内力。该方法是以索的工作状态为初始状态，逐批卸载索的应力，并同时记录其余批次索的张拉应力值及位移。以此类推，从而获得各索在正常张拉施工顺序中每步所需的施工控制值。

为了不失一般性，可将索按 1～$n$ 编号，若按正装顺序施工，每批次张拉一组索，即第 $i$ 批次张拉第 $i$ 组索。倒拆计算流程如下：

（1）以结构设计态为初始状态。

（2）卸载第 $n$ 组索的预应力，计算此时第 $n$-1 组索的张力及控制点位移。

（3）卸载第 $n$-1 组索的预应力，计算此时第 $n$-2 组索的张力及控制点位移。

（4）以此类推卸载第 $i$ 组索的预应力，计算此时第 $i$-1 组索的张力及控制点位移。

（5）直至卸载第 2 组索，并计算此时第 1 组索的张力及控制点位移。

（6）结束张拉。所得的每组索的张力值即为张拉施工时的控制值。

倒拆分析法的使用需对正常施工顺序有明确认识，确定每步施工中的边界条件。相对于正装分析的张力补偿法和位移补偿法，倒拆分析法具有良好的收敛效果，计算效率更高，但是由于其需要将索卸载实现中间状态结果，因此其所获得中间状态有限，不如正装分析适用性强。

## 3.4 混凝土筒仓结构施工时变分析方法

### 3.4.1 时变因素模拟方法

混凝土筒仓结构施工过程分析主要是解决其边界条件时变、荷载时变、结构的刚度，几何构形和体系时变、材料时变等关键时变因素的模拟问题，如图 3-24、图 3-25 所示。

（1）边界条件的时变模拟。主要可以通过分步施加弹性约束或者临时支撑单元来模拟，施加弹性约束即通过弹簧单元来模拟其边界条件时变，弹簧将根据每阶段的受力改变变形量进而实现边界条件时变的模拟，对于脚手架、胎架等临时支撑构件，其受力特点是支撑承受压力而不能承受拉力，因此可通过临时支撑单元模拟，通过设置其双线性刚度，打开只压不拉性能实现其支撑边界条件的模拟。

（2）荷载的时变模拟。可通过分步加载的方法实现，即根据施工阶段，按照统计出来的施工时变模型，对已施工部分进行施工荷载施加，模拟其施工荷载时变特性。

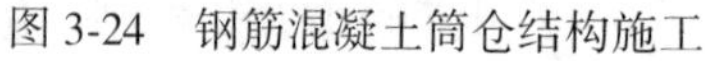

图 3-24　钢筋混凝土筒仓结构施工

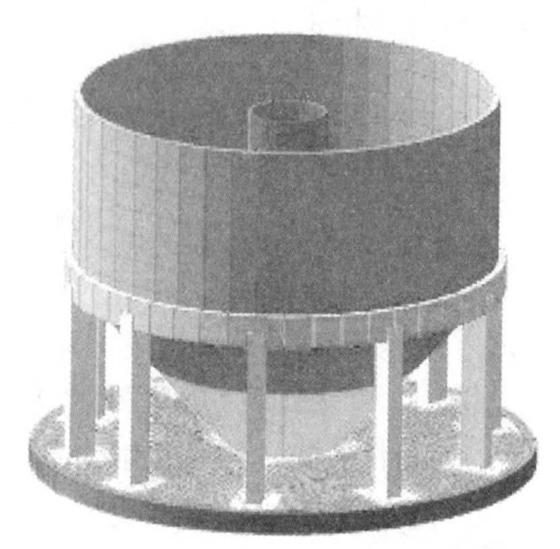

图 3-25　钢筋混凝土筒仓结构施工数值模拟

（3）结构的刚度、几何构形和体系的时变模拟。可以通过非线性有限元和生死单元技术，不断修正结构计算刚度矩阵来实现，即通过将单元刚度矩阵乘以一个极小因子，同时将单元荷载、质量、阻尼、应变等设置为 0，使其在计算中不起作用，实现单元“杀死”状态，模拟构件的拆除或者未施工状态。对于构件的安装模拟，可将单元刚度、质量和载荷等恢复其原始数值，且重新激活的单元应变记录实现。

（4）材料时变。主要针对混凝土结构而言，由于其材料特性会随着时间的发展而变化，包括混凝土自身强度随龄期的发展变化，混凝土收缩、徐变效应随时间的发展等，是典型的时变材料。对混凝土材料时变的模型需开发材料时变子程序，模拟其施工过程中的强度变化和收缩徐变。

目前混凝土材料时变预测模型有很多，如：ACI209R-82、CEB-FIP（MC90）、ACI209-92、BP、BP-KX 和 B3 模型等，其中 CEB-FIP（MC90）模型运用较为成熟，预测精度较高，适用于混凝土结构暴露在平均温度 5～30℃ 和平均相对湿度 RH = 40%～100% 的环境中。CEB-FIPMD90 混凝土抗压强度时变模型为：

$$
\begin{aligned}
f_{cm}(t) &= \eta(t) f_{cm} \\
\eta(t) &= \exp\{s[(1-\sqrt{28/t})]\}
\end{aligned}
\tag{3-12}
$$

式中　$f_{cm}(t)$ ——龄期 $t$ 时混凝土立方体抗压强度；

$f_{cm}$ ——龄期 28 天时混凝土立方体抗压强度；

$\eta(t)$ ——取决于混凝土龄期 $t$ 的系数；

$s$ ——取决于水泥种类的常数，快硬高强水泥取 0.2、普通或快硬水泥为 0.25、慢硬水泥取 0.38。

与抗压强度时变模型保持一致，混凝土弹性模量 CEB-FIPMD90 时变模型为：

$$E_c(t) = E_{c28}\sqrt{\eta(t)} \tag{3-13}$$

$$E_{28} = \frac{9.8 \times 10^4}{2.2 + \dfrac{32.362}{f_{cuk}}} \tag{3-14}$$

式中 $E_{c28}$ ——混凝土在龄期 28 天时的弹性模量；

$f_{cuk}$ ——混凝土立方体抗压强度标准值；

$\eta(t)$ ——取决于混凝土龄期 $t$ 的系数。

同时可以采用龄期调整有效模量法（AEMM）实现 CEB-FIPMD90 收缩徐变预测模型的程序化。低应力状态下，徐变与应力存在着线性关系。AEMM 法根据这一现象，考虑徐变因素，建立应变与应力两者增量的关系，得到有效弹性模量 $E(t,\ \tau_n)$，按龄期调整后可以考虑徐变变形。在有限元计算中，按照混凝土的发展龄期，实时更新混凝土的有效弹性模量，通过混凝土弹性模量的合理折减，计算得到含有徐变变形的总变形值。在实际模拟过程中，按照构件随时间变化的参数，将混凝土弹性模量 $E_c$ 替换成相应阶段的等效弹性模量 $E(t,\ \tau_n)$，在有限元中不断地更新，得到包括混凝土徐变变形在内的总体变形，实现混凝土施工过程中徐变模拟。

### 3.4.2 时变结构模拟方法

混凝土筒仓结构施工全过程分析可以基于慢速时变力学理论，即可将混凝土筒仓施工过程根据施工安装进度划分为一系列施工阶段，可以认为每个阶段结构是一个时不变结构；施工过程是由一系列时不变结构连续状态组成，每一阶段的计算都以上一阶段的平衡状态为计算初始状态，通过对时不变结构的连续求解即可实现结构的施工全过程模拟。

计算中通过上述分步加荷载、施加弹性约束、编写混凝土材料时变子程序及单元生死等关键技术对荷载时变、边界时变、材料时变以及结构体几何刚度时变进行模拟，进而实现可以考虑混凝土材性时变的混凝土筒仓结构施工全过程分析。具体过程如下：

(1) 根据设计信息，建立整体结构有限元模型；

(2) 采用生死单元技术将模型所有单元杀死，模拟结构施工前的“零”状态；

(3) 依据实际施工流程和进度，采用生死单元技术逐步对相应施工阶段的单元进行激活，并对相应材料参数进行定义，施加相应的施工荷载，在此基础上对各阶段结构进行连续性有限元求解，实现施工全过程模拟。图 3-26 为考虑混凝土收缩徐变效用的精细化混凝土筒仓结构施工全过程模拟流程图。

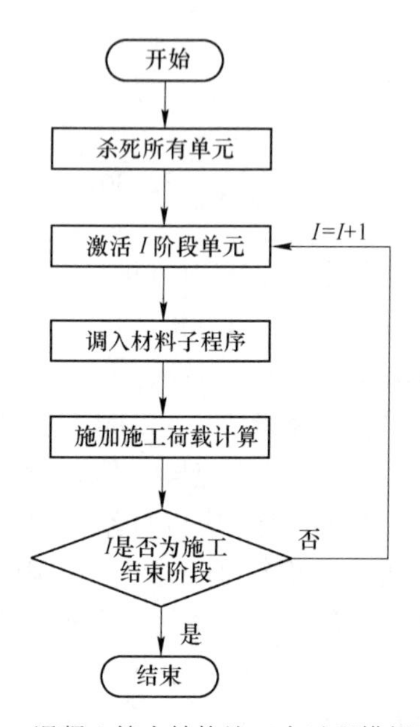


图 3-26 混凝土筒仓结构施工全过程模拟流程图

## 3.5 考虑时变结构的施工过程数值模拟分析方法

目前，结构设计方法主要采用概率极限状态设计法，即将作用效应、结构抗力影响等影响结构可靠性的因素作为随机变量，根据概率统计分析确定可靠概率来衡量结构可靠性的设计方法。其结构设计的目的在于，在规定的使用期内保证整体结构在各种荷载作用下能安全正常的工作，完成预定的各种功能，即结构的可靠性。其失效概率 $Z$ 可由作用效应 $S$ 和结构抗力 $R$ 的函数关系表示：

$$Z = R - S \tag{3-15}$$

作用效应 $S$ 即为作用引起的构件内力；结构抗力 $R$ 是指结构抵抗作用效应的能力，如受弯承载力、受剪承载力、容许挠度、容许裂缝宽度。当 $Z>0$ 即为可靠，$Z=0$ 即为极限状态，$Z<0$ 即为失效。其中极限状态包括承载能力极限状态和正常使用极限状态，承载能力极限状态对应于结构或结构构件达到最大承载能力或不适于继续承载的变形，对应于结构安全性功能。正常使用极限状态对应于结构或结构构件达到正常使用或耐久性能的某项规定限值，对应于适用性或耐久性功能。

因此传统结构设计方法主要是针对使用过程中的结构进行各种荷载工况的组合作用下的承载能力极限状态和正常使用极限状态分析，分析对象为使用阶段的完整结构，并没有考虑施工阶段的影响。实际上，由于结构的不完整性、材料性质的时变性、所受荷载的复杂性以及结构抗力的不成熟性，施工阶段结构平均风险概率最高，失效概率最大，因此有必要在传统设计方法的基础上建立一套考虑施工过程的时变结构数值模拟方法。考虑施工过程的时变结构数值模拟方法仍以概率极限状态设计方法为基础，在传统结构设计方法的基础上，考虑施工过程的影响，选取合适的施工过程中的施工荷载概率模型和时变结构的抗力模型，对其进行施工过程校核分析，建立考虑施工过程的时变结构数值模拟方法。

### 3.5.1 荷载的统计分析

结构一定时，其作用效应 $S$ 由所受荷载直接决定，因此为了应用方便，目前结构可靠度分析中通常假定荷载效应 $S$ 与荷载 $Q$ 之间存在或近似存在线性关系，可以用荷载统计规律代替荷载效应统计规律。

结构荷载作用主要包括恒荷载、活荷载、风荷载、雪荷载、地震作用等。现有荷载规范主要是采用平稳二项随机过程模型将一个设计基准期内随机荷载过程转化成设计基准期内的最大荷载，用于结构设计。其中设计基准期是为确定可变荷载及确定时效性材料性能而选取的时间参数。结构设计时应结合设计使用年限，选取合适基准期的荷载代表值进行结构设计。

（1）恒荷载。恒荷载在传统结构设计中主要为结构构件、面层及装饰、维护结构、固定设备等的自重，可按《建筑结构荷载规范》确定。

施工过程中的恒荷载与使用阶段相差很大，施工过程中结构的使用阶段的设备、长期存储物等都没有，主要有结构受力构件和部分装饰结构等，因此施工过程中的恒荷载主要表现为结构自重，且根据施工的进展而不断增加。

（2）活荷载。活荷载在传统结构设计中主要为住宅中的家具、办公区的桌椅、工业厂房中的设备以及人员自重等等，可按《建筑结构荷载规范》确定。施工过程中的活荷载与使用阶段相差很大，主要是考虑施工人员、施工模板、施工材料堆放、塔吊及其他工程设备等。目前规范中这部分荷载的取值还有合适的描述。实际分析取值可根据实际的施工活荷载取值模型进行确定。

（3）风荷载。风荷载的概率统计取值主要由基本风压确定，《建筑结构荷载规范》规定基本风压是以当地比较空旷平坦的地面上离地 10m 高统计所得的 50 年一遇 10min 平均最大风速为标准换算来的。因此传统结构设计中基本风压取值多为规范规定的 50 年重现期，即由 50 年一遇的最大风速确定。施工过程中的风荷载取值与传统结构设计风荷载取值的最大差别就是基准期的选取，由于施工期一般为 2~3 年，相对于设计基准期 50 年来说很短，不需考虑结构在使用期内的最大风压，仅需考虑施工过程中可能出现的最大风荷载。因此施工风荷载保守计算可按 10 年重现期进行计算，根据不同重现期的换算公式，10 年重现期的基本风压可以按照 50 年重现期的风压乘以折减系数 0.77 的换算系数。

（4）雪荷载。与风荷载相似，雪荷载的取值也主要由基本雪压乘以积雪分布系数确定。其基本雪压亦按照 50 年重现期取值。与风荷载对应，其施工过程中基本雪压可按 10 年重现期进行计算，相关地区 10 年重现期基本雪压可参考《建筑结构荷载规范》附表 E 中选取。

（5）地震作用。地震作用在传统结构设计中作为主要动荷载进行分析。一般采用振型分解反应谱法、时程分析法等方法计算地震作用。以保证结构小震不坏，中震可修，大震不倒。由于地震作用发生的概率本身很小，再加上施工周期较短，在施工过程中发生地震的概率就更小，因此考虑施工过程的时变结构设计方法中暂时不考虑地震作用的影响。

### 3.5.2 构件抗力统计分析

目前对结构抗力进行统计分析是比较困难的，除了变形验算设计整体结构，承载力极限状态设计主要是针对构件，因此结构设计中的抗力也主要是指构件的抗力统计。传统结构设计中构件材料的抗力通常是采用大量标准试件和标准试验方法统计确定的，即将统计获得的材料强度标准值 $f_k$ 作为结构设计所用的材料强度 $f$ 的基本代表值。传统结构设计中选用的材料抗力值都是针对使用阶段结构材料的抗力值，所以构件的材料抗力均是经历了一定发展周期的成熟材料强度值。

（1）混凝土。我国规范规定混凝土强度等级是按标准方法制作、养护的边长为 150mm 的立方体试件，在 28 天或设计规定龄期以标准试验方法测得的具有 95%保证率的抗压强度值，材料强度曲线如图 3-27 所示。由曲线可以看出混凝土材料强度是随着时间变化而不断变化的，因此施工过程中混凝土强度的取值不同于结构使用状态下强度值，应根据其发展龄期确定不同施工阶段的混凝土材料强度。

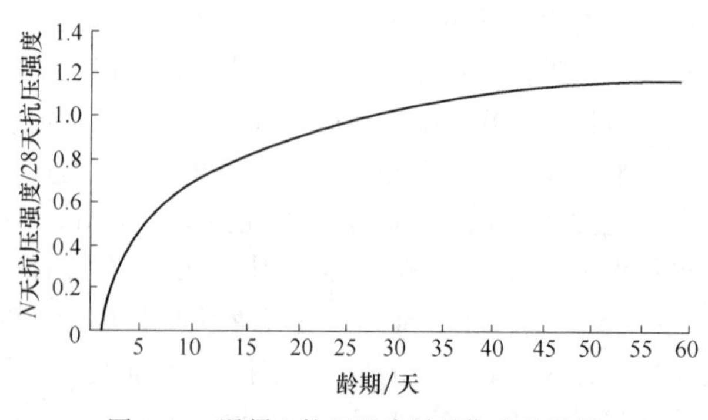


图 3-27  混凝土抗压强度随龄期变化曲线

（2）钢结构。钢材的屈服强度确定通常有两种情况，对于有明显屈服点的钢材，其屈服强度取其在屈服下限对应的应力值，最高点为其极限抗拉强度值。对于没有明显屈服点的钢材，如冷轧钢筋、热处理钢筋等，应取其残余应变0.2%时对应的应力作为屈服点，约为规范中规定的极限抗拉强度的0.85倍。由于钢材的材料性能并不具有时变性，因此钢材在施工中对抗力的选取依据与其在传统结构设计中相同。

由以上分析可以看出，施工过程中的材料抗力不能完全直接选用传统结构设计中的材料抗力结果，尤其是对于混凝土结构，其材料抗力是逐步形成，其弹性模量、强度等都是随着时间发展逐渐增加，表现出强烈的材料时变特性，因此施工过程中的混凝土材料的抗力应考虑时变特性的影响，建立施工过程中的混凝土材料抗力时变模型，而钢材的抗力性能则直接可以选用规范中设计值进行分析。

### 3.5.3 时变结构分析流程

（1）结构在基本荷载作用下的分析。基本荷载作用下的设计主要对结构进行静力荷载、风荷载下的传统优化设计，此过程分析可采用效应组合分析。

1）首先根据结构的设计使用年限，确定基本荷载的取值重现期，进行静力各工况下的荷载汇集。

2）对于线性结构，首先进行各个荷载单一工况下的静力分析，获得结构各个单一工况下的效应结果。

3）按照荷载工况对各个效应进行组合，将组合后的结构效应与抗力进行比较（强度、稳定承载力、变形等），如果不能满足要求，则继续对结构进行体系或者构件优化调整，直至满足规范要求。

（2）结构抗震设计。抗震设计主要对结构进行传统设计方法的抗震分析，主要可以采用反应谱法和时程分析法进行分析。

1）首先建立结构的动力分析模型。

2）对结构进行反映谱法的多遇地震分析，并将多遇地震分析结果与静力分析结果进行工况组合分析，将组合后的结构效应与抗力进行比较（强度、稳定承载力、变形等），如果不能满足要求，则继续对结构进行体系或者构件优化调整，直至满足规范要求。

3）根据结构的重要性确定是否需要进行罕遇地震的补充计算，对计算结果进行分析，并根据大震不倒设计原则对结果进行校核和结构优化调整，直至结构满足规范要求。

（3）结构施工校核设计。在上述分析的基础上进行第三个步骤的施工校核分析，该步骤主要是采用合适的施工模拟方法对前两个步骤传统设计方法设计出的建筑结构进行施工模拟分析，考察施工过程中未成形结构的安全性能和状态。

1）首先建立施工仿真模型，按照施工顺序对结构进行安装构件分组，即将结构施工过程划分为一个个施工阶段，将每个施工阶段所施工的构件作为一个单元组，以便后续施工模拟时可以按组对施工构件进行激活，模拟结构的几何时变特性。

2）按照施工阶段对结构施加施工荷载，并读入材料时变子程序，模拟各阶段施工荷载的时变特性和结构材料时变特性。

3）结构施工拼装过程及卸载过程模拟。

4）提取结构各个施工阶段的效应结果（杆件内力、总体位移等），并与对应阶段结构抗力进行比较，校核是否满足安全和精度要求，如果满足要求则设计结束，否则则根据计算结果继续对结构进行优化调整，直至满足安全和施工精度要求。图 3-28 为最终考虑施工过程的时变结构分析流程图。

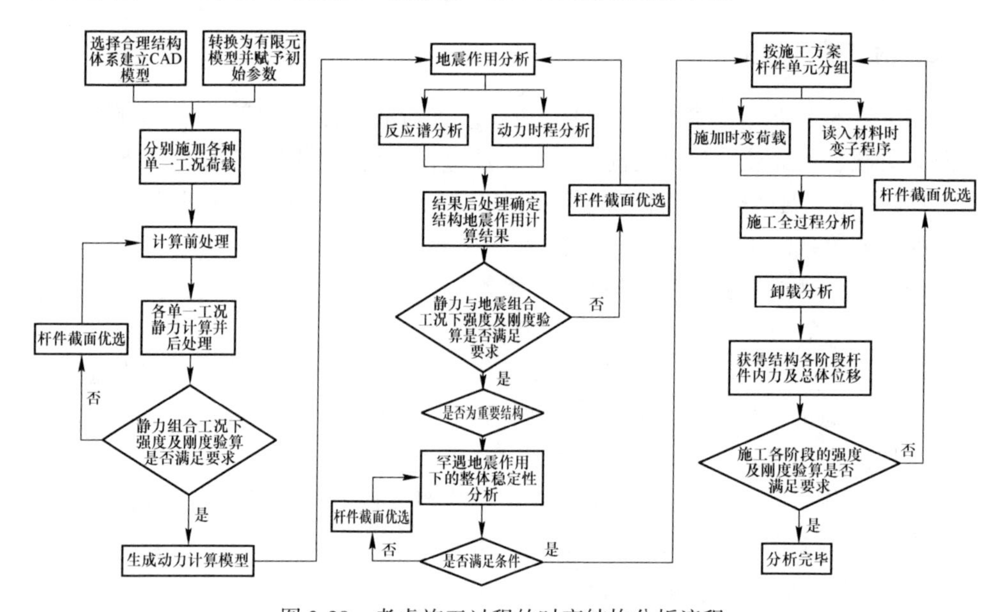


图 3-28　考虑施工过程的时变结构分析流程

# 4 特种筒仓结构施工安全动态监测方法

施工安全监测是特种筒仓结构施工安全控制的基础，这是因为特种筒仓结构施工过程复杂，影响其施工顺利完成的因素很多：如所用材料性能与设计取值之间的差异；先期形成结构（构件）的截面特性等与分析取值之间的误差；施工荷载与计算取值之间的差异；结构模拟分析模型与实际情况之间的差别；施工测量存在的误差；施工条件与工艺非理想化的影响以及结构设计参数和状态参数实测中存在的误差等。因此，在施工中必须对重要的结构设计参数、状态参数进行监测，以获得反应结构当前实际状态的数据信息，不断根据实际情况修正原先确定的每个施工阶段的理想状态，使施工状态处于控制范围之中，保证施工过程的安全顺利完成。

## 4.1 特种筒仓结构施工安全监测概述

### 4.1.1 施工安全监测概述

特种筒仓结构的施工长期而又复杂，是一个结构体系不断转换的过程。不同施工阶段，其受力分析模型以及受力状态有很大的不同，合理的施工过程跟踪分析是施工方案制定以及施工监测（如测点布置和监测分析等）等的基础，更是保证施工能否正常完成的一个重要环节。而特种筒仓结构施工安全监测技术是一门跨学科的综合性技术，它包括工程结构、动力学、信号处理、传感技术、通信技术、材料学、模式识别等多方面的知识。特种筒仓结构施工安全监测就是监测结构在施工成形过程中不同施工阶段的受力、变形等的状况，根据监测结果对下一阶段的施工做出相应的调整，从而保证施工过程的安全性和施工成形的准确性。为了达到上述目的，从而需要考虑监测内涵、监测内容、监测方法以及监测评价指标等一系列问题。施工过程结构安全监测的流程如图 4-1 所示。

（1）施工安全监测的内涵。施工安全监测，顾名思义就是监测特种筒仓结构的施工过程，即在前期施工模拟获得不同施工阶段的控制参数的基础上，对结构进行施工全过程实时跟踪，并通过数据的对比和分析，对下一步施工方案进行预判和调整，从而达到对施工安全的动态控制。总之，影响施工安全目标顺利实现的因素很多，施工安全监测是工程施工控制的基础，是确保结构在施工过程中

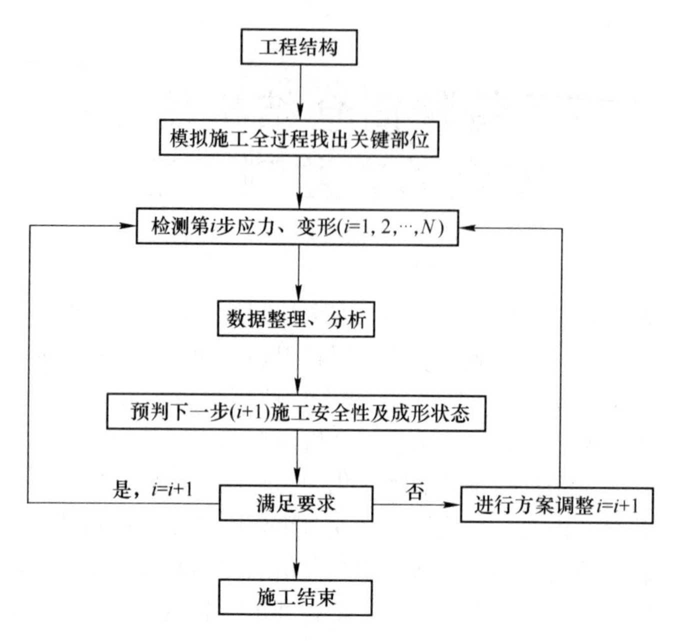


图4-1 施工安全监测方法流程图

安全并符合设计要求的重要手段。

（2）结构施工监测的作用。结构健康监测是通过对结构的边界、材料性能、力学性能进行无损监测，实时监测结构的整体行为，对结构损伤位置和程度进行诊断，对结构的服役情况、可靠性、耐久性和承载能力进行智能评估，为结构在突发事件下或结构使用状况严重异常时触发预警信号，为结构的维修、养护与管理决策提供依据和指导。对结构进行施工安全监测，可以从科学的角度对结构施工状况进行监测和评估，可以监督结构施工过程是否安全，结构是否严格按照设计图纸来实施。施工安全监测与分析在保证工程施工安全上的作用主要体现在如下三个方面：

1）实时掌握被监测体的工作状态，评判其安全性，将施工监测信息与结论反馈给设计、施工部门，验证设计、施工方案，在出现异常情况时及时指导、调整施工，确保施工安全。

2）根据已测资料预测被监测体下一步或近期工作状态，并给出安全评价，对可能的不安全情况给以预警，从而借以调整施工步骤和方式，并在出现不良后果之前采取补救措施。

3）以实测状态检验、提高现有设计、施工水平。监测资料包含被监测体的变形、应力、索力等监测项目的真实信息，而现有水平下的设计计算结果由于包含有假定、不确定因素及简化计算等影响，导致与真实情况有所出入，甚至会因为大的疏漏或不合理的假设而出现大的偏差。借助实测信息发现这些问题，分析重要力学参数来改善计算理论、设计方法、施工措施等，从而提高工程建设质量及安全性。

（3）施工安全监测的分类。由监测的内涵可知监测的内容必然是制约施工过程的安全性和施工成形准确性的关键因素。监测内容应反映结构在任意施工阶段的受力状态及位移特征，施工过程中通过实时监测这些关键参数，从而判断结构的可靠度，达到安全控制的目的。一般可以将监测内容分为环境参数监测（如温度、湿度等）、结构响应参数（如应力、变形等）和结构振动特性参数（如频率、振型等）。

监测内容由结构体系、设计要求和监测类型等因素综合确定。施工监测的监测内容可以从结构的强度、刚度和稳定性三个方面来确定。从强度和刚度分析，可以获得结构在施工过程的最大应力和最大变形的构件及节点，也可以确定应力、变形变化率最大的构件及节点和变化最大的支座反力。结构在施工过程中可能出现整体失稳和局部失稳，通过稳定性分析，可以得到表征结构失稳模式的最小临界荷载和最大特征变形。因此，施工安全监测的主要内容为结构在施工过程中的最大变形、最大应力、变化率最大的变形和应力、变化最大的支座反力以及失稳模式的最小临界荷载和最大特征变形。由于环境因素对施工过程中建筑结构的受力影响较大，因此温度也可作为施工监测的内容之一。施工过程安全监测技术的分类如图 4-2 所示。

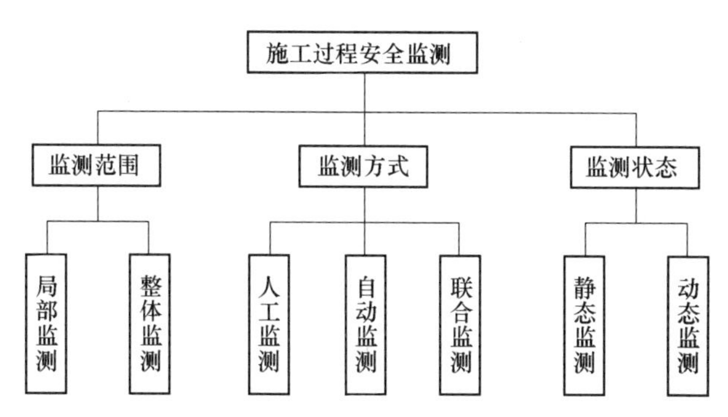


图 4-2 施工过程健康监测技术分类

1）施工安全监测按照监测范围可以分为：局部监测和整体监测。前者是指对结构重要部位（关键杆件和节点等）进行监测；后者是指对于大型的重要结构，既需要监测对结构安全敏感的部位或子结构（如局部的应力应变、位移和加速度等），也需要即时监测结构的整体安全状况（内力、挠度及振型和频率的变化）。

2）按监测方式可以分为：①人工监测：主要是利用简单的仪器，用人工定期进行监测和检测。该方法成本较低且不需要高新的技术，但费时、费力，准确性不高。②自动监测：采用各种传感器和监测设备，利用系统平台对结构进行实时在线的监测。该方法一般适用于特大或重要的结构监测，自动化程度高，适合长期监测。③联合监测：将上述两个方法结合起来，用各种小型的自动化程度较高的仪器，配合人工监测。该方法比较适合一般结构，具有广泛的应用前景。

3）按照监测的状态可分为：①静态监测：对结构的静态几何和力学参数进行监测，可以比较直观地反映结构的工作状态。②动态监测：在结构施工过程中，基于人为激励或环境激励，监测结构的动态几何和力学参数。

例如，钢结构筒仓施工过程监测的结构参数主要包括以下几种：①位移：包括绝对位移和相对位移，静位移和动位移。②变形：如静动挠度、静动应变等。③内力：如杆件、索的拉力等。④动力参数：如速度、加速度等；⑤施工环境：如风速、风压、温度、噪声、雨量等。一个完整的施工过程健康监测系统主要包括传感器系统、数据采集和分析系统、结构安全判断预警系统和数据管理系统。只有不断完善和提高施工监测系统的科技含量，才能为结构的健康监测工作提供一个有效的武器，保障工程结构建设的安全。

（4）施工安全监测的方案。制定详细、可靠的监测方案是施工监测方法的关键内容。为保证监测的顺利实施，根据建筑工程的结构特点以及施工方案，合理设计施工监测方案是关键。合理的监测方案包括：

1）合理的测点布置；

2）选择合适的测试手段，合适的测试手段必须要求测试技术有合适的灵敏度、准确度和稳定性；

3）安排合适的监测时间，为保证良好的监测精度，尽量在减少施工外部环境的不利影响的情况下进行监测；

4）控制合理的监测频次，为达到施工安全的目的，监测的频次应根据施工的进度实时调整，关键位置施工时，测试频率应增大，从而满足工程安全的要求。

（5）合理的测点布置要求。具体要求包括：

1）应变测点布置在施工过程中结构应力最大和应力变化较大的构件处，构件靠近节点区域受力较为复杂，应变测点宜布置在构件中部，且应变传感器的布置位置和数量取决于构件截面形式和其受力特点；

2）位移测点布置在施工过程中结构变形最大和变形变化较大的构件处或节点，一般来说结构变形测点宜布置在节点和构件的中间部位；

3）支座反力测点布置在结构重要或关键的支座处，因为支座反力的变化反映出施工过程中结构受力体系或状态的改变及内力重分布，可通过设于支座处的压力或拉力传感器监测；

4）温度测点布置在施工过程中结构受温度变化影响较大的构件位置处，将测量仪器安装在结构的关键构件上，即应变测点分布的位置。

（6）施工安全监测的评价指标。虽然近年来越来越多的高层复杂结构和大跨空间结构、地下复杂结构将施工监测应用工程实践，但是关于施工安全监测的结果具体如何评判并没有相应的评价机制，也没有相关规范规定监测结果的误差容许值，只有有关建筑物变形测量的规程《建筑物变形测量规程》（JGJ 8—2007）对常规建筑物（或构筑物）允许变形值的规定。很显然，这些评价指标在实际工程应用中是不够的，为了更好地对监测结果进行合理科学的评价，现拟将结构监测的评价指标归纳为以下方面：

1）强度要求。保证特种筒仓结构材料在施工过程不发生强度破坏，是对结构施工最基本的要求，也是施工安全和施工质量的重要基础。材料在规定的荷载作用下，材料发生破坏时的应力称为强度，根据外力作用方式不同，材料会受到抗拉强度、抗压强度、抗剪强度、屈服强度、抗弯强度、冲击强度、疲劳强度、蠕变强度等。对有屈服点的钢材还有屈服强度和极限强度的区别。

2）刚度要求。保证特种筒仓结构在施工中以及成形后有足够的刚度，是对结构施工过程中的变形要求。刚度是在外力作用下，结构或构件抵抗变形的能力，它的大小不仅与材料本身的性质有关（如弹性模量），而且与结构或构件的截面和形状有关。

3）稳定性要求。对于钢结构而言，稳定问题关系着其受力和变形，是制约其安全的主要因素之一。因此在施工过程中，必须对钢结构筒仓的失稳进行监测。失稳就是结构的稳定性丧失，也就是受力结构或构件失去继续保持稳定平衡的能力，比如结构或构件长细比过大而在不大的作用力下突然发生作用力平面外的极大变形而不能保持平衡的现象。钢结构失稳分为极值点失稳、平衡分岔失稳和跃越失稳。

4）规范的要求。对结构施工进行监测，目的是安全和准确地达到结构的目标设计状态，因此监测结果必须满足结构设计规范和各个分部分项工程的施工验收规范。如高层混凝土结构既要满足《高层建筑混凝土结构技术规程》（JGJ 3—2010）等结构设计规范的要求，也要符合《混凝土结构工程施工质量验收规范》（GB 50204—2015）等施工验收规范的要求。

### 4.1.2 施工安全监测系统

施工安全监测系统是特种筒仓结构施工安全控制系统的一个重要部分，各种结构形式的特种筒仓结构施工安全控制中都必须根据实际的施工安全监测情况与设计控制指标建立完善的施工安全监测系统。无论是何种结构形式，其施工控制系统中一般都包括结构设计参数监测、几何状态监测、应力监测、动力监测、施工温度以及施工环境监测等几个部分。通过施工安全监测系统的建立，不断跟踪施工过程中各参数的变化情况，不仅可以修正设计参数，保证施工控制预测的准确性，同时又是一个安全警报和预警系统，通过预警系统可以及时发现施工过程中出现超出设计范围的参数，并且避免施工过程中出现的安全事故。施工安全监测系统示意图如图4-3所示。

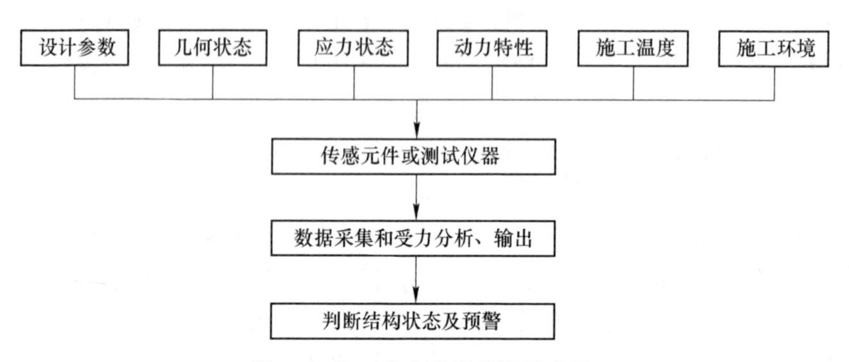


图4-3　施工安全监测系统示意图

结构施工安全监测综合多学科理论和技术，涉及结构力学、信息技术（如信号的传输、处理、存贮与管理）、传感器技术、优化设计、仿真分析等。一个系统可以由一个或若干个单元功能组成。施工安全的监测系统由传感器子系统、数据采集和传输子系统、数据管理和分析子系统组成，可实现监测数据连续采集、自动存储，实时连续监测。各子系统如图4-4所示，其功能如下：

（1）传感器子系统。传感器子系统是根据不同的监测变量，选用不同的传感器组成的测量子系统。根据监测内容，在建筑结构的控制构件及控制部位布设传感器，用于获得结构所处的环境温度和荷载作用下结构的响应信息。传感器是整个监测系统中采集信息的关键环节，它的作用是将被测结构的非电量参数转换成放大的便于记录的电信号。

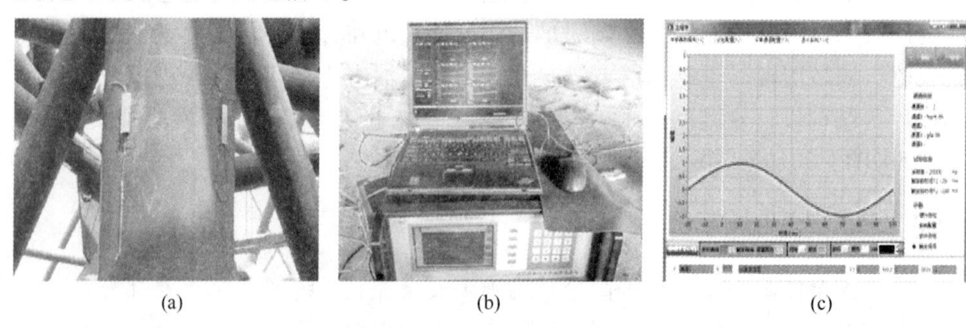

(a)　(b)　(c)

图4-4　施工安全监测系统

（a）传感器子系统；（b）数据采集和传输子系统；（c）数据管理与分析子系统

（2）数据采集和传输子系统。数据采集和传输子系统主要由集线器、读数仪和计算机组成，主要功能是采集传感器传来的信息，通过有线或者无线传输到数据采集仪，然后对模拟信号进行调制、处理，转换为数字信号，通过有线或者无线将信号传输到数据管理与分析子系统。

（3）数据管理与分析子系统。该子系统的主要功能是处理、分析传输来的数字信号，得到所需要的图、表，用数据库进行存储和管理数据，并预测在既定施工方案下施工可能出现危险因素和不满足施工成形的因素，做出调整，以保证施工的安全，使施工最终成形满足设计要求。

整个监测系统是按如下方法实现的：当布置在结构重要位置的传感器采集到数据后，通过有线或者无线传送到数据采集系统上，采集系统将数据发送给数据分析系统的计算机并进行动态分析，当监测数据超越仿真分析数据的合理控制范围后，进行安全预警，相关人员及时赶赴现场排除隐患，对下一步施工进行相应的调整。

### 4.1.3 施工安全监测步骤

施工安全监测是个动态的变化的复杂过程，主要通过以下步骤实施，如图 4-5 所示。

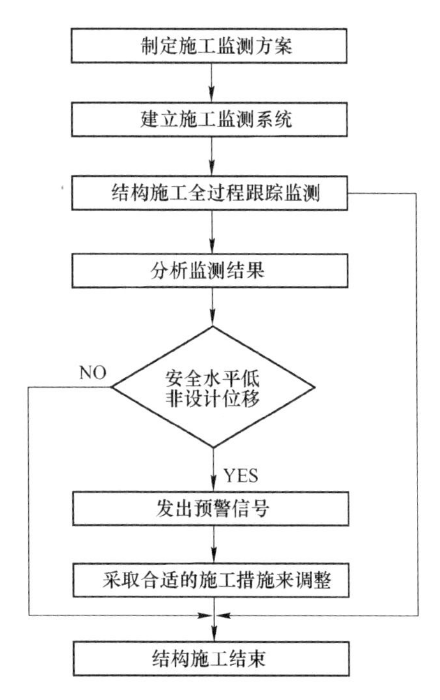

图 4-5 施工安全监测实施步骤

（1）制定施工安全监测方案。施工安全监测方案其主要包括施工监测的目标、内容、方法、频次，以及监测管理体系的建立与运作等。施工安全监测方案是项目施工安全监测的指导方针，是监测顺利实施的基础。

（2）建立施工安全监测系统。施工安全监测系统由传感器子系统、数据采集和传输子系统、数据管理和分析子系统组成。其中，传感器子系统的功能是获得结构的环境温度和荷载作用下结构的响应信息。数据采集和传输子系统的功能是收集施工过程中监测所得的数据，并将其传输到数据管理和分析子系统。数据管理和分析子系统的功能是分析处理得到的监测数据，并做出相应的调整措施。

（3）施工安全全过程跟踪监测。施工全过程跟踪监测的主要任务是监测结构施工各阶段中控制参数的发展变化趋势，并将其记录以备数据管理和分析子系统使用。

（4）施工安全监测结构的数据处理。将监测得到的数据进行整理、分析，得到施工阶段的结构受力和变形状态。

（5）预测可能危险及提出应对措施。根据监测结果与施工模拟分析理论值的对比，指导结构施工的后续工作，从而保证结构安全和准确实现设计位形。

## 4.2 特种筒仓结构施工安全监测内容的确定

### 4.2.1 监测项目的确定

（1）特种筒仓结构施工安全监测项目的确定。从以上几个方面出发，结合特种筒仓结构施工的自身特点、所处的环境、监测系统的投资规模等，常规监测项目可分为荷载监测、几何监测、结构静动力响应三类。为更好地反映监测项目功能目标的要求，通常把监测项目分为结构工作环境监测、结构性能监测和局部结构性能监测，见表4-1。

**表4-1 监测项目**

| 序号 | 项目 | 内容 |
|---|---|---|
| 1 | 结构工作环境监测 | （1）结构所处位置的风速、风向监测：风速与风向对结构的受力状况有很大的影响，根据实测获得的结构不同部位的风场特性，结合气象部门提供的资料，对结构风致振动响应及抗风稳定性做出准确的预测，为监测系统的在线或离线分析提供准确的风载信息。<br>（2）温度、湿度监测：温度监测包括结构温度场和结构各部分的温度监测。温度对钢结构的影响异常显著，设计中考虑的温度对结构的影响与实际情况不一定相符，因此通过对温度的监测，一方面可为设计中温度影响的计算提供原始依据，另一方面还可对结构在实际温度作用下的安全性进行评价。<br>（3）荷载监测：主要对结构荷载分布进行监测，与设计荷载规范对比分析。此外，通过对荷载谱的分析可为疲劳分析提供更接近实际的依据。<br>（4）其他监测：如对需要抗震设防的结构进行地震荷载监测，为震后响应分析积累资料；通过对有害气体的监测，分析对混凝土碳化、钢筋锈蚀等影响规律，为耐久性评价提供依据 |
| 2 | 整体结构性能监测 | （1）结构几何线型监测：结构杆件轴线（支座轴线、撑杆轴线、索轴线等）的位置是结构受力的综合反映，实际轴线位置的变化与设计位置的偏离程度是衡量结构安全性状况的重要标志。若实际轴线相对设计位置的偏离超过容许值，则结构性能会受到严重的影响。通常以监测整体结构及各重要部位的挠度和转角、支座变位、基础沉降、倾斜度等来控制。<br>（2）静力响应监测：监测主要传力构件在各荷载及温度、不均匀沉降等作用下的响应情况，包括结构应力、环索等杆件的索力等监测。<br>（3）动力特性监测：包括结构动应变、振幅、加速度等响应的监测，分析结构的频率、振型和阻尼等整体振动特性指标，从整体上把握结构状态。<br>（4）其他监测，如支座反力、墩柱位移等 |

续表 4-1

| 序号 | 项目 | 内　　容 |
| --- | --- | --- |
| 3 | 局部结构性能监测 | （1）控制部位构件受力监测：由于结构受力的复杂性，如在温度变化、结构局部缺陷或损伤、混凝土收缩徐变等的影响下，应力变化规律仍难以用解析法求得精确解，故可通过监测方法来获得控制部位构件的受力情况。<br>（2）重要特殊构件振动监测：如环索的振动、撑杆的振动等。<br>（3）耐久性监测：利用现代无损检测技术对结构所用的材料，如混凝土、钢材等的强度及损伤、病害等情况进行检测。<br>（4）附属设施监测：如支座、照明设备等监测 |

（2）特种筒仓结构施工安全监测的项目。特种筒仓结构施工安全监测要求高于普通建筑结构，施工工艺的复杂对其施工安全的各项性能提出了更高的要求，因此特种筒仓结构施工安全监测应以静力结合动力监测为主。由于特种筒仓结构施工包含大量的临时施工措施，所以其施工安全不仅仅包括结构本体的结构安全性，亦包括临时施工措施的结构安全性。结合上述特点，特种筒仓结构施工过程结构安全监测内容概括起来有三大类：结构施工状态及荷载监测、结构响应监测、施工环境监测，监测内容和变量见表 4-2。

**表 4-2　特种筒仓结构施工过程监测系统的监测内容与变量**

| 序号 | 监测变量类型 | 监测变量 | | 使用元件及测量仪器 |
| --- | --- | --- | --- | --- |
| 1 | 结构施工状态及荷载 | 设置临时支撑工况、施工中的各种工况、拆除临时支撑工况、施工荷载等 | | 现场记录 |
| 2 | 结构响应 | 局部性态变量响应 | 应变、倾斜、挠度、裂缝 | 埋入式混凝土应变计、表面应变计、轴力计、钢筋计等 |
| | | 整体性态变量响应 | 沉降、倾斜、稳定性 | 沉降标、位移标，经纬仪、水准仪 |
| 3 | 施工环境 | 风荷载、温度荷载等 | | 测速计等 |

1）结构施工状态及荷载监测。结构施工状态和荷载直接关系到结构的安全，因此对特种筒仓结构施工组织计划、施工方案、施工工艺的调整应有详细的调查和记录。结构施工状态主要是根据施工进度将结构分为各种工况，如设置临时支撑状态、特种筒仓结构施工状态和拆除临时支撑状态等；荷载主要指特种筒仓结构施工过程中的荷载变化。

2）结构局部及整体响应监测。结构响应分为局部性态变量响应，主要为构件应变、挠度和裂缝开展等，整体形态变量，主要为结构整体稳定性、沉降、倾斜等。详细划分时主要分为以下几点：

①变形监测。无论采用何种施工工艺方法，结构在施工过程中总要产生变形

(倾斜、挠曲或沉降)，并且结构的变形将受到诸多因素的影响，极易使结构在施工过程中的实际位置状态偏离预期状态，从而造成原结构变形超过安全状态，或施工后变形不满足设计与施工验收要求，影响结构施工的质量。特种筒仓结构施工监控的变形监控的总目标就是在施工过程中保证原结构施工后结构变形处于安全的范围，同时达到施工的实际位置状态与预期状态之间的误差在容许范围，满足设计要求。

②应力监测。特种筒仓结构施工过程中以及在竣工后的受力状况是否与设计相符合是特种筒仓结构施工监控需明确的重要问题。通常通过结构应力的监测来了解实际应力状态，若发现实际应力状态与理论（计算）应力状态的差别超过应力允许限值，必须进行原因查找和调控，使之在允许范围内变化。结构应力控制的好坏不如变形控制易于发现，若应力控制不力将会给原结构构件造成危害，轻者影响加固改造后构件受力性能，严重者将发生结构或构件破坏。所以，相比变形监测，应力监测显得更加重要。

③稳定控制。特种筒仓结构的稳定性关系到结构的安全，因此在施工过程中不仅要严格控制变形和应力，而且要严格地控制特种筒仓结构施工各阶段结构构件的局部和整体稳定。目前，对施工过程中可能出现的失稳现象，主要通过临时支撑起到安全和防护，但还没有可靠的监控手段，尤其是结构构件的长细比增大，受施工振动荷载或突发情况的影响，需要运用快速反应系统来保证特种筒仓结构施工的安全。施工中，除结构本身的稳定性必须得到控制外，施工过程中支设的临时支撑等施工设施也必须满足稳定性要求。

④安全监测。特种筒仓结构施工中结构安全监测是施工控制的重要内容，只有保证了施工过程中的结构安全，才能保证其他控制与保证结构质量。实质上，特种筒仓结构施工安全控制是上述变形、应力和稳定监控的综合体现，上述各项得到控制，安全控制也就得到实现。由于原结构的形式不同，以及设计和施工方法不同，直接影响施工安全和质量，因此在施工控制中需根据实际情况，确定控制重点。

3）风荷载、温度荷载监测。风荷载对施工过程中结构的受力影响比正常、使用状态更为不利，且包含风荷载的组合工况在承载力设计中起控制作用时，可提出对风荷载进行监测的要求。风荷载监测内容应包括风速、风向、结构表面风压监测。风荷载监测宜采用自动采集系统进行连续监测。风速测量精度不宜小于0.5m/s，表面风压测量精度不宜低于10Pa。

温度监测应包括环境温度和结构温度监测。温度监测可采用水银温度计、接触式温度传感器、热敏电阻温度传感器或红外线测温仪进行，测量精度不应低于0.5℃。环境温度监测将温度传感器置于离地1.5m高、空气流通的百叶箱内进行监测。传感器可布设于构件内部或表面，当日照引起的结构温差较大时，可在结构迎光面和背光面分别设置传感器。

### 4.2.2 监测位置的确定

特种筒仓结构投影面积较大，构件数量多。考虑到实际场地条件和经济条件等因素，施工期间的监测只能获得较少结构部位的监测信息，这就对监测数据的有效性提出了很高的要求。而监测活动亦尽量侧重结构重要性的构件。目前，关于结构重要构件的判断方法有很多，主要有基于刚度、能量、强度、敏感性、经验及理论分析等重要构件评估方法。而特种筒仓结构施工安全监测位置的要点为：

(1) 最大位移的位置或构件；

(2) 结构空间变形主控制点；

(3) 主要控制或能推算结构几何状况变化的地方或构件；

(4) 最大应力变化的地方或构件；

(5) 应力传递明确的地方或构件；

(6) 环境和荷载参数测量的位置对结构的应力或位移有较大影响时；

(7) 应力集中而且能够明确测量的地方或构件；

(8) 最大应力分布的地方或构件；

(9) 对受力模式可能产生影响的部位；

(10) 可对总体温度进行监控的监测点；

(11) 外部风力荷载主要监控点。

前三点主要从工作环境方面考虑监测部位，后面几点主要从整体结构或局部结构性能来考虑监测部位。

## 4.3 特种筒仓结构施工安全传感器布置理论与方法

### 4.3.1 监测结构传感器的选用

施工安全监测传感器的布置应该满足以下两个目标：

(1) 结合施工方案，最大程度上反映施工过程中结构对施工荷载的响应信息；

(2) 传感器对结构体系转换等状态变化有足够的敏感性。

对结构施工过程结构安全性监测传感器优化布置的研究较多，这些研究的布置准则大多是基于模态的布置准则，即建立传感器布置的结构动力学模型，构造相应的优化目标函数，通过对目标函数的优化得出最终的优化布置结果。优化方法的选择直接影响优化计算的可行性和最终传感器布置方案，目前已提出了多种优化处理方法，主要有序列法、MAC 法、有效独立法、Guyan 减缩法和随机类算法等。这些方法是建立在结构最终状态的基础上的，不能反映施工过程，且实际操作起来比较复杂，对于复杂结构体系，很难直接快捷地应用于实际工程。

针对特种筒仓结构包含钢结构施工、混凝土结构施工、预应力结构施工，其中钢结构施工主要采用现场地面拼装、高空整体吊装及整体提升的施工方法，混凝土结构采用滑模施工的方法等，考虑到结构体系和结构约束状态在施工期间不断改变，本书参考目前结构施工过程健康监测中的传感器布置方法，建立基于构件损伤可识别和整体损伤可识别相结合的传感器布置方法，展开对特种筒仓结构的施工安全监测。

现代结构安全性监测系统检测结构的实际损伤性态，首先需要选择传感器的类型及其数量的多少。传感器是获得结构状态信号的一种量测装置，其种类很多，每一种传感器均可把所测得的非电量物理量（如位移、压力、应力、应变等）转化为能够用电测方法进行测定和记录的电量信号。基于布置在结构上的一种或多种传感器采集到的数据和信号，然后进行结构的损伤识别及其安全性评估。

4.3.1.1 监测传感器种类

特种筒仓结构具有体积庞大、自振频率低的特点，且振动响应水平偏低。因此，布置于特种筒仓结构上的传感器需有良好的低频响应及较宽的动力性能量测范围。其中，应力测试在结构监测中至关重要，其目的是了解结构构件温度荷载等作用下的应力情况，为评价结构工作状态提供依据。对于位移的实时监测，可协助分析结构的实际边界条件并检验结构实际受力模式与理论模型的差异，为评估结构工作状况提供依据。对于吊装工程中的索力监测，利用索力监测传感器测试环索、撑杆等构件的受力情况。传感器的选用及精度要求见表4-3。

**表4-3 传感器的选用及精度要求**

| 序号 | 项目 | 内容 | 实物图 |
|---|---|---|---|
| 1 | 工作环境监测传感器 | （1）空气温湿度监测传感器：温湿度变化是筒仓结构的重要荷载源之一，常引起结构线型的变化，是监测的重要内容。温度测量范围：-50～100℃，精度±0.3℃，采样频率1次/min。湿度测量范围：0～100%RH，精度±0.3%RH，采样频率1次/min | |
| | | （2）结构温度监测传感器：温度荷载包括整体升降温荷载和不均匀温度梯度荷载。钢结构通常选用光纤光栅温度传感器。量程：-50～100℃，测量精度±0.5℃，分辨率0.1℃，采样频率1次/min | |
| | | （3）风速、风向监测传感器：风对结构的作用有静力和动力效应两方面。通常采用机械式风速仪进行监测，以验证结构风振理论。风速：测量范围0～60m/s，测量精度±0.3m/s，分辨率0.1m/s。风向：测量范围0°～360°，测量精度±3°，分辨率3°。采样频率1次/s | |

续表4-3

| 序号 | 项目 | 内　　容 | 实　物　图 |
| --- | --- | --- | --- |
| 1 | 工作环境监测传感器 | （4）地震荷载监测传感器：地震荷载作用下结构基础处地面运动情况通常采用地震仪或加速度传感器来观测。地震仪可显示地震加速度峰值、所持续的时间等参数 |  |
| 2 | 振动测量传感器 | （1）压电式加速度传感器：是利用压电材料制成的传感元件，受压后会在其表面产生与压力成正比的电荷。最常用的是电荷放大器，但其电路比较复杂，性价比不理想 |  |
| | | （2）电容式加速度传感器：是利用两块极板来感应加速度引起的电容的变化。这种加速度传感器因其具有测量精度高、温度系数小、稳定性好等优点受到广泛关注 |  |
| | | （3）力平衡式加速度传感器：原理与电容式加速度传感器相似。该传感器体积小巧，造型美观，在灵敏度、分辨率、精度、线性度、动态范围和稳定性等方面表现良好 |  |
| | | （4）光纤光栅加速度传感器：耐腐蚀性好、体积小、重量轻、结构简单，可埋入材料中且对材料几乎没有影响；可避免电磁场干扰、绝缘性好；灵敏度高、精度高、频带宽、信噪比高；便于与计算机连接，实现分布式测量等优点。其最大的缺点是辅助设备多，费用高 |  |
| | | 加速度传感器主要技术指标要求：量程 0.01～50Hz，采样频率>200Hz，灵敏度±2.5V/g，信噪比>120dB | |
| 3 | 应变测量传感器 | （1）电阻式应变传感器：在构件变形时，应变片的电阻变化与被测构件应变成正比的原理来测量应变。测试时在结构某个部位外粘电阻应变片来实现。其敏感性好，但稳定性和耐久性差，抗电磁干扰能力差，长时间测量会产生漂移，适用于短时间的静动力试验，不满足长期监测要求 | 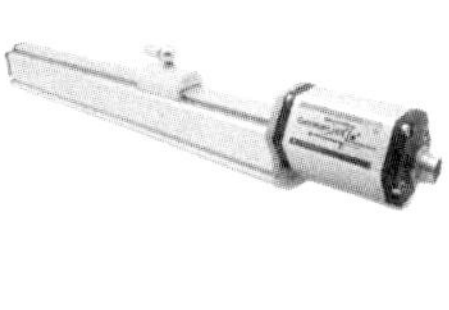 |
| | | （2）振弦式应变传感器：在传感器内布置一张紧的钢弦，测试时利用电脉冲力对钢弦进行激振，测量钢弦的振动频率，通过钢弦的频率变化和伸长测试构件应变。该方法传输距离远、抗干扰性好和长期稳定性较好，但外观尺寸较大，不能测量变化很快的应变 |  |

续表 4-3

| 序号 | 项目 | 内容 | 实物图 |
|---|---|---|---|
| 3 | 应变测量传感器 | (3) 光纤光栅应变传感器：主导产品是光纤布拉格光栅（FGB）应变传感器。它的传感信号为波长调制。在测量温度、应变、压力等物理量方面得到了广泛的应用 |  |
| | | 主要技术指标要求：量程±1500$\mu\varepsilon$，测量精度<0.5%F.S.，分辨率<0.1%F.S.，零漂<0.01%F.S.，温漂<0.1%F.S./℃，使用环境温度-40～80℃ | |
| 4 | 几何线型测量传感器 | (1) 高智能型静力水准仪：由一系列智能液位传感器及储液罐组成，储液罐之间由连通管连通。通过测量液位的变化，了解被测点相对水平基点的升降变形 |  |
| | | (2) 全站仪光电测距：可测三维位移，通过布置菱镜，利用全站仪的红外激光探测功能，对菱镜连续监测，形成光载波通信系统，测量每个菱镜与全站仪的相对距离和角度，经系统计算，确定各测点的几何坐标与位置结果 |  |
| | | (3) 倾角仪测量：理论成熟，计算原理易理解，计算过程较为简单，费用较低，不受气候环境影响，无需设置基准点，测量范围较大，可测三个方向的变形，但精度较低 |  |
| | | 目前常用的主要有精密水准仪、百分表、全站仪光电测距、GPS法、倾角仪、拉绳位移传感器、连通管等 | |
| 5 | 位移监测传感器 | (1) 拉绳式位移传感器：该传感器结构紧凑，测量范围可高至60m，安装非常简单，安装费用及维护成本低，精度及分辨率高，输出信号种类齐全，抗振动及抗冲击性能好，且可与各类控制系统和数据采集系统兼容 |  |
| | | (2) 磁致伸缩仪：工作原理是利用两个不同的磁场相交产生一个应变脉冲信号，计算这个脉冲信号被探测到所需的时间周期，便能换算出准确的位置 |  |
| | | 位移传感器主要技术指标要求：参考量程±1000mm，测量精度1mm，误差±2mm，采样频率100Hz | |
| 6 | 拉索索力吊杆拉力监测传感器 | (1) 油压表读数法：简单直观，缺点为读数有偏差，用于施工阶段（较常用） |  |
| | | (2) 压力传感器法：精度较高，可进行长期监测，缺点为成本高，必须前期预装，用于施工阶段（较常用） |  |
| | | (3) 振动频率法：原理简单，方法可靠，操作方便，精度高，适用范围广，缺点为精度受被测构件（拉索或吊杆）边界条件的限制，基频识别受限，数据抗干扰差（较常用） |  |

续表 4-3

| 序号 | 项目 | 内 容 | 实 物 图 |
|---|---|---|---|
| 6 | 拉索索力吊杆拉力监测传感器 | (4) 振动波法：操作方便，缺点为信号不易测出，用于施工阶段及竣工后（较少用）；<br>(5) 三点弯曲法：原理简单直观，缺点为大尺寸索无法测量，适用范围广（较少用）；<br>(6) 应变式测量法：原理简单，缺点为只能测索力变化，无法确定初始索力，用于施工阶段及竣工后（较少用） | |
| | | 索力传感器主要技术指标要求：参考量程为 1.2 倍极限杆索承载力，测量精度 0.1kN，误差±0.5kN，采样频率>100Hz | |
| 7 | 裂缝监测传感器 | (1) 电测仪器监测：技术相对成熟，但监测仪器的安装对结构整体有一定的损害，且易受到周围电磁场的干扰，测量结果精确度不高。容易漏检，所收集的结构信息在时间和空间上不连续，很难做出准确的判断 | |
| | | (2) 新型的光纤传感器：在裂缝监测方面得到了广泛的应用，只要裂缝的方向与光纤斜交，就能感知裂缝的存在，并对裂缝的位置和宽度做出判断 | |
| 8 | 疲劳寿命传感器 | 疲劳寿命传感元件工作的基本原理是由疲劳寿命丝（铀）制成的电阻丝，在循环应力作用下，其电阻发生损伤累积，累积效应是循环次数与应力幅的函数。根据累积效应，结合疲劳累积损伤理论，从而判断出结构的疲劳损伤状态并预测结构剩余寿命。可离线测量，操作简便 | |

进行传感器选择时需考虑以下基本要求：

(1) 传感器的量程、灵敏度、精度、分辨率、采样频率等技术特征满足测量要求，实现对监测信号的采集。

(2) 传感器的稳定性、可靠性及对工作环境的鲁棒性对长期监测特别重要。

(3) 耐久性的要求，考虑到各种工作环境下传感器的耐久性，通常对外置式传感器采取适当的措施加以保护，对埋置式传感器宜设置备用测点。

(4) 相容性与扩展性的要求。考虑对应这种传感器的数据输出方式与后续数据采集通信设备的相容性。扩展性主要从可持续的角度出发，力求传感器更换或升级方便。

(5) 便于组网使用。传感器应尽量满足组网使用的要求。

(6) 尽量选用同类型：为避免数据采集设备的复杂化，节省数采设备的开支，大部分主要传感器应尽量采用相同类型。

4.3.1.2 优秀传感器布设方案特点

一套完善的传感器布置系统应能够满足：

（1）使传感器系统的采集设备及相应的配套设施等费用最少；

（2）使传感器数量及布设位置达最优，能够布置在结构合理的位置，用有限的传感器获取全面准确的结构动力响应信息，有利于直接观测和推断；

（3）保证可观测的模态线性无关；

（4）使测试结果与结构模型分析结果建立起相应的关系；

（5）能够提高对结构早期损伤的识别能力；

（6）保证可观测的模态参数对结构状态变化足够敏感；

（7）使模态试验结果具有良好的可视性和鲁棒性。

### 4.3.2 传感器布置理论与方法

为了得到施工安全监测所需的最大信息，对 $n$ 个传感器如何进行布设，需要通过传感器最优布置技术的研究去解决。

4.3.2.1 传感器优化种类

（1）传感器监测项目优化。首先，确定特种筒仓结构施工安全监测系统的目的，是设计的验证，亦是研究的目的。一旦监测的目的和功能确定，监测项目也就能确定。其次，监测中各监测项目的规模以及所采用的传感器种类，需要与采集传输系统等综合考虑，再根据目的、功能要求和效益-成本分析将监测项目和测点数设计到所需范围之内。传感器监测项目及内容见表4-4。

**表4-4 传感器监测项目及内容**

| 序号 | 项目 | 内 容 |
|---|---|---|
| 1 | 输入 | 作用源：气象、风、温度、地震等 |
| 2 | 输出 | 加速度、动应变、几何/位移/变形、应变/应力、索力、裂缝、腐蚀等 |
| 3 | 静力 | 静态的几何/位移/变形、应变/应力、裂缝等 |
| 4 | 动力 | 动力效应包括频率、振型、动力应变等 |
| 5 | 局部 | 局部效应包括应变/应力、裂缝等 |
| 6 | 整体 | 位移、索力、频率、振型等 |
| 7 | 研究方向 | 安全性、耐久性、抗震、抗风 |

（2）传感器数量优化。确定监测项目之后，即需确定传感器数量。目前实际应用中传感器的数量大多以经验和经济等方面因素来考虑和确定，具有较大的随意性和不确定性，单独针对传感器数量优化的研究并不多。传感器的初始优化数量多由经验确定，或是按照振动理论，根据所测试的模态数确定，亦有确定传感器布置极限间距并初步确定监测所需传感器数量。传感器初始优化数量确定之

后，按照优化布置准则，在确定布置测点的同时，结合经济要求确定最终数量。

（3）传感器位置优化。对特种筒仓结构进行施工安全监测的主要目的是进行易产生问题的点位的数据监测及安全评估，这要求传感器系统能够同时进行特种筒仓结构构件安全监测和结构整体监测两个方面的任务。特种筒仓结构局部监测主要依靠布设在局部位置的传感器采集的信息得到，测点往往选择在有限元分析和结构实际施工过程中容易发生变形或应力集中的关键部位。局部监测技术具有实时性和可靠性的优点，缺点是只能监测传感器安装部位的数据。整体监测技术主要依靠由模态理论衍生出的损伤识别理论进行分析和确定，因而实时、准确地采集结构模态信息是传感器的另一项主要任务。

对于特种筒仓结构，结构构件重要的部位也是有规律可循的。如结构受力较大的杆件一般易受损伤，据此将传感器布置在这些部位是比较合理的。因此，为了能够尽可能地将有限数量传感器布置与受损杆件一一对应，传感器布置应依循“重点布防、随机兼顾”原则进行，具体要求见表4-5。

**表4-5 结构传感器布置原则**

| 序号 | 规律 | 原 则 介 绍 |
|---|---|---|
| 1 | 原则一 | 结构受力较大或易变形的构件，作为重点布设位置 |
| 2 | 原则二 | 考虑到特种筒仓结构对称性结构，传感器也应对称布设 |
| 3 | 原则三 | 传感器布置数量可按照不同类型构件数量的一定比例加以确定 |

#### 4.3.2.2 传感器优化布置准则

特种筒仓结构传感器布置问题就是在 $N$ 个初始待选测点中，选择 $m$ 个最优布置点，使目标函数（优化布置准则）达到最优，而各种传感器布置理论的不同之处在于目标函数和优化算法的选取上（主要考虑该算法的计算效率）。因此，在进行传感器优化配置，首要的问题是确定优化布置准则，常用的几种准则有模态保证准则（MAC准则）、振型矩阵的条件数准则、Fisher信息阵准则、模态运动能准则、识别误差最小准则、插值拟合准则、模型缩减准则、均方差最小准则、抗噪声性能准则等，简述见表4-6。

**表4-6 传感器优化布置准则**

| 序号 | 准则 | 优化布置准则详情 |
|---|---|---|
| 1 | 模态保证准则（MAC准则） | 由结构动力学可知，结构完备的模态向量是一组正交向量。实际工程中，由于测量的自由度远远小于结构总自由度数，且测量过程易受测试精度和噪声的影响，使测得的模态向量不可能保证其正交性，极端情况下会由于向量的空间交角过小而丢失重要的模态。因此，在选择测点时有必要使量测的模态向量保持较大的空间交角，从而尽可能地把原模型的特性保留下来。Carne等认为模态保证矩阵MAC是评价模态向量空间交角的一个很好的工具，其公式表达式如下： |

续表 4-6

| 序号 | 准则 | 优化布置准则详情 |
| --- | --- | --- |
| 1 | 模态保证准则（MAC准则） | $$\mathrm{MAC}_{ij}=\frac{(\boldsymbol{\Phi}_i^{\mathrm{T}}\boldsymbol{\Phi}_j)^2}{(\boldsymbol{\Phi}_i^{\mathrm{T}}\boldsymbol{\Phi}_i)(\boldsymbol{\Phi}_j^{\mathrm{T}}\boldsymbol{\Phi}_j)}$$ 式中，$\boldsymbol{\Phi}_i$ 和 $\boldsymbol{\Phi}_j$ 分别为第 $i$ 阶和第 $j$ 阶模态向量。<br>通过检查各模态所形成的向量 MAC 阵的非对角元，就可判断出相应两模态向量的交角状况。当 MAC 阵的某一元素 $M_{ij}=1\ (i\neq j)$ 时，表明第 $i$ 向量和第 $j$ 向量交角为零，两向量不可分辨；而当 $M_{ij}=0\ (i\neq j)$ 时，则表明第 $i$ 向量和第 $j$ 向量相互正交，两向量可以轻易识别。故测点的布置应力求使 MAC 阵非对角元向最小化发展，一般建议非对角元最大取值为 0.25 |
| 2 | 振型矩阵的条件数准则 | 矩阵 $\boldsymbol{A}$ 的条件数可定义为：<br>$$\mathrm{cond}(\boldsymbol{A})=\\|\boldsymbol{A}\\|\ \\|\boldsymbol{A}^{-1}\\|$$ 其中，$\\|\boldsymbol{A}\\|$ 表示矩阵 $\boldsymbol{A}$ 的任意一种范数。<br>由于矩阵的范数有多种，因此条件数的定义也有多种，但2-范数较为常用。一个可逆矩阵的条件数还可以表示为矩阵的最大奇异值与最小奇异值之商；若矩阵 $\boldsymbol{A}$ 不是方阵，则它的条件数可定义为最大奇异值与最小非奇异值之商。矩阵的条件数是判断矩阵是否病态的一种度量，反映了求解过程中的稳定性，条件数越大，矩阵越病态；因此可用振型模态矩阵的条件数来评价传感器布置的好坏，通常条件数越接近 1，布点越好，反之越差 |
| 3 | Fisher 信息阵准则 | 根据优化目标的不同，Fisher 信息阵有不同的表达方式，较为常用的是 Kammer 提出的有效独立法中根据模态振型推导出的 Fisher 信息阵和 Shi 根据损伤灵敏度推导出的 Fisher 信息阵。从统计学上看，可将 Fisher 信息阵等价于待估参数估计误差的最小协方差矩阵。实际应用中，Fisher 信息阵有不同的指标，如迹、范数、行列式值等。Fisher 信息阵行列式值、迹、某种范数越大，获取的有效信息就越多 |
| 4 | 模态运动能准则 | 该准则是将传感器布置在模态运动能较大的自由度上，因为模态运动能大的自由度其响应也应该比较大。通常需要借助有限元分析，较依赖于有限元模型的划分。在此准则基础上衍生出其他方法，如模态应变能、平均模态动能法（MKE）、特征向量乘积法（ECP）等 |
| 5 | 识别误差最小准则 | 在传感器优化布置准则中，该准则应用最多，其要点是连续对传感器进行调整，直至识别目标的误差达到最小值，对于静动力传感器优化配置均可适用。以此准则建立了很多优化算法，最为著名的是有效独立法（EI），其基本原理是从所有测点出发，逐步消除对目标模态振型向量线性无关贡献最小的自由度，使目标振型的空间分辨率得到最大程度的保证 |
| 6 | 插值拟合准则 | 对于以获得未测量点的响应为目的的传感器布置，可采用插值拟合准则。通常为了得到最佳效果，采用插值拟合的误差最小原则来配置传感器。基于该准则的方法大多与有限元模型无关，故只能适用于形状简单的一维或二维结构的传感器配置 |

续表 4-6

| 序号 | 准则 | 优化布置准则详情 |
| --- | --- | --- |
| 7 | 模型缩减准则 | 在模型缩减中常常将系统自由度细分为主要自由度和次要自由度，经缩减后的模型只保留主要自由度而去掉次要自由度，这样就可将传感器布置在主要自由度上以测得结构响应。基于该准则可将传感器配置在目标模态与结构静力变形之间的误差最小的自由度上，常用的方法主要有 Guyan 缩聚法、改进缩聚法等 |
| 8 | 均方差最小准则 | 传感器布置的其中一个目的是利用有限测点的响应信息来推断未知测点的响应，可通过 3 次样条插值拟合来计算，即通过传感器输出效应值进行 3 次样条插值拟合得到任一点的效应值。传感器优化布置方法的不同导致插值拟合得到的效应值也不同，从而评价了各种传感器优化布置方法。均方差最小准则就是利用有限元模型获得的模态位移值 $\Phi_{ij}^{FE}$ 与 3 次样条插值拟合所得的模态位移值 $\Phi_{ij}^{CS}$ 两者的均方差来评价优化布置方法。各优化布置方法的总均方差 $\sigma_{TMSE}$ 通过每阶模态的标准差 $\sigma_i$ 来计算，公式如下：<br>$$\sigma_{TMSE}=\sum_{i=1}^{m}\frac{\frac{1}{\sigma_i}\sum_{j=1}^{k}(\Phi_{ij}^{CS}-\Phi_{ij}^{FE})^2}{k}$$<br>式中，$m$ 为模态阶数；$k$ 为模态误差测试点数；$\sigma_i$ 为第 $i$ 阶模态的标准差；$\Phi_{ij}^{CS}$ 为第 $i$ 阶第 $j$ 个误差测试点插值拟合模态值；$\Phi_{ij}^{FE}$ 为第 $i$ 阶第 $j$ 个误差测试点有限元计算模态值 |
| 9 | 抗噪声性能准则 | 该准则是用来评价测量的模态与有限元分析的模态两者的一致程度，即噪声对模态参数的影响。通常采用删除候选位置后的 Fisher 信息阵的行列式值与原始测点的 Fisher 信息阵的行列式值两者的百分比来评价各方法的抗噪声能力。准则（1）、准则（2）在保证模态向量的正交性方面起到了基本作用，但不能保证测点对待识别参数的敏感性达最优；准则（3）能保证传感器布设在响应的高幅值点，有利于数据的采集及提高抗噪声性能，但较依赖于有限元模型的划分。实际使用中，前 3 个准则（MAC 准则、振型矩阵的条件数准则、Fisher 信息阵准则）使用较多 |

#### 4.3.2.3　常用的传感器优化布置算法

目前，在传感器优化布置算法研究方面，提出了很多方法，可归结为非线性规划优化法、序列法（逐步累积法、逐步消去法）、推断算法和随机类方法（遗传算法、模拟退火算法）等。这些方法总体上可以归纳为两类，即基于模态可观测性的优化布置法和基于损伤可识别性的优化布置法。然而，不同传感器布点方法产生不同的布点方式：基于模态可观测性优化布置法的目标函数不包含模态参数对局部损伤的敏感性信息，无法反映传感器位置对结构损伤识别的影响；运用基于损伤可识别性优化布置法，其计算结果不一定满足损伤可识别性最优的要求。下面具体介绍常用方法的基本原理，传感器布置方法比较见表 4-7。

**表 4-7  传感器布置方法比较**

| 布置方法 | 主 要 内 容 | 优 点 | 缺 点 |
| --- | --- | --- | --- |
| 有效独立法（EI） | 从所有测点出发，逐步消除对目标模态向量线性无关贡献最小的自由度，达到用有限的传感器采集到尽可能多的模态参数信息的目的 | 通过删除使有关的 Fisher 信息矩阵行列式值变化最小的自由度，实现位置优化 | 有效独立法常要求传感器的数量必须等于目标模态数 |
| 模态保证标准（MAC 法） | 以模态保证准则矩阵的非对角线元素值最小为目标来配置传感器，因此，在选择测点时要使量测的模态向量尽可能保持较大的空间交角，有利于把原来模型的特性尽可能地保留下来 | 很难保证测得模态向量的正交性，在极端的情况下甚至会由于向量间的空间交角过小而丢失重要模态 | 但前提是结构各振型需要形成一组正交向量 |
| 模态动能法（MKE） | 针对每一个目标振型绘出各自的模态动能分布图，然后将传感器布置在振幅较大或者模态动能较大的位置 | 采用将有限元质量矩阵对 Fisher 信息矩阵进行加权 | 高度依赖于有限元网格划分的大小 |
| 敏感性分析（DSAM） | 亦称小扰动法，是一种基于结构损伤识别的传感器优化布置方法。假设工程在各种因素综合作用下，结构出现损伤仅考虑结构刚度参数变化，忽略质量和阻尼变化 | 若采用最大化结构运动能来量测结构各自由度的贡献，将有限元质量矩阵对 Fisher 信息矩阵进行加权 | 将有限元质量矩阵对 Fisher 信息矩阵进行加权 |
| 动力响应分析法（DRS） | 将基于模态可观性或损伤可识别性的优化目标结合起来，并给出一种协调 Fisher 信息矩阵最大与条件数最小的优化算法 | 将基于模态可观性或损伤可识别性的优化目标结合起来 | 信息矩阵最大与条件数最小的优化 |
| 基于应变模态的布置方法 | 该方法是通过结构位移模态参数与应变模态参数的关系，导出结构应变模态 Fisher 矩阵，进而实施传感器优化布置的一种方法 | 导出结构应变模态 Fisher 矩阵，进而实施传感器优化布置的一种方法 | 实施传感器优化布置的一种方法 |

传感器布置的方法很多，各方法都存在一定的优缺点，任何单一的方法或单一的目标函数都难以很好地优化传感器布置，因此，将两、三种方法或多目标函数结合起来使用是一大发展趋势，这样既可以克服各自的缺点并相互补充，同时又可使传感器的布置达最优。针对目前各传感器布置方法，根据用途的不同可归结为基于损伤可识别性和模态振型观测性两方面。优化用途的不同将导致测点优化结果的不同，也就是说，基于损伤可识别性的传感器布置结果与基于模态振型观测性的传感器布置结果不可能完全相同，满足损伤可识别性的结果在某种程度上未必满足模态振型观测性的最优条件，反之亦然。

### 4.3.3　传感器布置的数学描述

结构监测环节中各传感器可通过特种筒仓结构自身的特点来布置，对于静动力传感器可根据各目标函数和优化准则来布置，其数学描述如下：

（1）静力传感器优化布置数学描述。特种筒仓结构静力传感器优化布置通常采用传递误差最小准则。目标参数 $y$ 由直接监测值 $x_1$，$x_2$，…，$x_n$ 决定，即 $y=f(x_1, x_2, \cdots, x_n)$，设 $\delta_1$，$\delta_2$，…，$\delta_n$ 分别表示 $x_1$，$x_2$，…，$x_n$ 的误差，$\Delta y$ 表示由 $\delta_1$，$\delta_2$，…，$\delta_n$ 引起的 $y$ 的误差，则：

$$y + \Delta y = f(x_1 + \delta_1,\ x_2 + \delta_2,\ \cdots,\ x_n + \delta_n) \tag{4-1}$$

将式（4-1）按泰勒级数展开，并略去高阶无穷小，得

$$\Delta y = \frac{\partial f}{\partial x_1}\delta_1 + \frac{\partial f}{\partial x_2}\delta_2 + \cdots + \frac{\partial f}{\partial x_n}\delta_n \tag{4-2}$$

则最大误差 $\Delta y_{\max}$ 为

$$\Delta y_{\max} = \pm \left[ \left| \frac{\partial f}{\partial x_1}\delta_1 \right| + \left| \frac{\partial f}{\partial x_2}\delta_2 \right| + \cdots + \left| \frac{\partial f}{\partial x_n}\delta_n \right| \right] \tag{4-3}$$

根据这一准则，特种筒仓结构传感器优化布置其目标函数定义为：

$$\mathrm{Min}(\Delta Y_{\max}) \tag{4-4}$$

在实际应用中，一般情况下根据计算布置在受力关键部位是特种筒仓结构传感器静力传感器优化布置的原则。

（2）动力传感器优化布置数学描述。对于分布参数体系的结构，往往采用有限元方法将其离散化，进而用建立的常微分方程来对其运动分析模型进行描述，这是因为很难采用偏微分方程的方式描述其运动形式。对于线性时不变系统其运动方程可表述为：

$$\begin{aligned} \boldsymbol{M}\dot{\boldsymbol{p}} + \boldsymbol{D}_p\dot{\boldsymbol{p}} + \boldsymbol{K}\boldsymbol{p} &= \boldsymbol{B}\boldsymbol{f} \\ \boldsymbol{y} &= \boldsymbol{C}_d\boldsymbol{p} + \boldsymbol{C}_v\dot{\boldsymbol{p}} + \boldsymbol{D}\boldsymbol{f} \end{aligned} \tag{4-5}$$

式中　$\boldsymbol{p}$ —— $n\times l$ 的位移向量；

$\boldsymbol{M}$ —— $n\times n$ 正定质量矩阵，$n$ 为结构总自由度数；

$\boldsymbol{D}_p$ —— 阻尼矩阵，通常为分析方便，假定为比例阻尼；

$\boldsymbol{K}$ —— $n\times n$ 非负定对称刚度矩阵；

$\boldsymbol{B}$ —— $n\times r$ 作动器位置矩阵，$r$ 为作动器个数；

$\boldsymbol{f}$ —— $r\times l$ 控制力向量；

$\boldsymbol{y}$ —— $s\times l$ 测量向量，$l$ 为传感器个数；

$\boldsymbol{C}_d$，$\boldsymbol{C}_v$ —— 输出系数矩阵，当采用速度传感器时，$\boldsymbol{C}_d=0$，当采用位移传感器时，$\boldsymbol{C}_v=0$；

$\boldsymbol{D}$ ——作动力的直接输出项。

根据模态叠加原理，系统响应可表示为

$$\boldsymbol{p} = \sum_{i=1}^{n} \boldsymbol{\phi}_i \boldsymbol{\eta}_i = \boldsymbol{\Phi}\boldsymbol{\eta} \tag{4-6}$$

式中，$\boldsymbol{\Phi}=[\phi_1, \phi_2, \cdots, \phi_n]$ $\boldsymbol{\phi}_i$ 为第 $i$ 阶振型向量；$\boldsymbol{\eta}_i$ 为第 $i$ 阶模态坐标，$\boldsymbol{\eta}=[\eta_1, \eta_2, \cdots, \eta_n]^{\mathrm{T}}$，上标 T 表示转置。

将式（4-6）代入式（4-5），得

$$\begin{aligned} &\ddot{\boldsymbol{\eta}} + D_r\dot{\boldsymbol{\eta}} + \Lambda\boldsymbol{\eta} = \boldsymbol{\phi}^{\mathrm{T}}\boldsymbol{B}\boldsymbol{f} = \boldsymbol{\Gamma}\boldsymbol{f} \\ &\boldsymbol{y}_d = \boldsymbol{C}_d\boldsymbol{\phi}\boldsymbol{\eta} + \boldsymbol{C}_v\boldsymbol{\phi}\dot{\boldsymbol{\eta}} + D\boldsymbol{f} = \overline{\boldsymbol{C}}_d\boldsymbol{\eta} + \overline{\boldsymbol{C}}_v\dot{\boldsymbol{\eta}} + D\boldsymbol{f} \end{aligned} \tag{4-7}$$

其中，$D_r=\mathrm{diag}(2\xi_1\omega_1, 2\xi_2\omega_2, \cdots, 2\xi_n\omega_n)$，$\xi_i$、$\omega_i$（$i=1, 2, \cdots, n$）分别为模态阻尼比及频率；$\boldsymbol{\Gamma}$ 为 $\boldsymbol{n}\times\boldsymbol{r}$ 作动器影响系数矩阵；$\overline{\boldsymbol{C}}_d$，$\overline{\boldsymbol{C}}_v$ 分别为 $m\times n$ 传感器位移、速度影响系数矩阵。

由于在进行模态试验时，往往关注的均是频率范围（一般为低阶模态）内的 $m$ 个模态，因此上式还可以表示为：

$$\begin{aligned} &\ddot{\boldsymbol{\eta}} + 2\xi_i\omega_{ni}\dot{\eta}_i + \omega_{ni}^2\boldsymbol{\eta}_i = \boldsymbol{\phi}_i^{\mathrm{T}}\boldsymbol{B}\boldsymbol{f} = \Gamma_i\boldsymbol{f}, \ (i = 1, 2, \cdots, n) \\ &\boldsymbol{y}_d = \sum_{i=1}^{m}\boldsymbol{C}_d\boldsymbol{\phi}_i\boldsymbol{\eta}_i + \sum_{i=1}^{m}\boldsymbol{C}_v\boldsymbol{\phi}_i\dot{\boldsymbol{\eta}}_i + D\boldsymbol{f} = \sum_{i=1}^{m}\overline{\boldsymbol{C}}_{di}\boldsymbol{\eta}_{\mathrm{i}} + \sum_{i=1}^{m}\overline{\boldsymbol{C}}_{vi}\dot{\boldsymbol{\eta}}_i + D\boldsymbol{f} \end{aligned} \tag{4-8}$$

通过合理选取传感器的位置以确定 $\overline{\boldsymbol{C}}_d$ 和 $\overline{\boldsymbol{C}}_v$ 向量是模态试验的根本目的，传感器优化布设的目的在于不仅要使传感器所测量的响应中各阶模态正交并尽可能大地包含其分量，而且要保证模态的识别精度等。

## 4.4 基于动静力分析的特种筒仓结构施工安全传感器布置方法

### 4.4.1 特种筒仓结构施工安全传感器布置

特种筒仓结构是一种涵盖混凝土结构、钢结构、预应力结构的复杂结构形式，那些以平面结构为研究对象而提出的既有传感器优化布置方法不能直接加以套用，一方面，特种筒仓结构构件繁多，受力及传力体系与其他结构不尽相同；另一方面，一旦受到不可抗力的因素如外在作用影响，即会导致结构构件损伤的发生，且结构构件的损伤位置和程度都存在着很大的随机性和不确定性，如果不能将特种筒仓结构监测的传感器布置方案与可能发生的损伤构件位置一一对应起来，这就需要通过部分被监测到的构件的基本信息来推断、计算遭受损伤的特种筒仓结构构件的位置及损伤情况。而研究适宜于特种筒仓结构施工安全的传感器优化布置方法是解决此类问题的主要解决手段，但此领域的研究，尚有很多问题需要解决。

鉴于此，并结合特种筒仓结构施工过程中的受力特性及破坏特点，本研究在将特种筒仓结构监测内容划分为整体检测项目和构件（包括节点）监测项目的基础上，通过对既有传感器布置与优化方法的比较分析，结合对特种筒仓结构施工过程中杆件内力分布规律、结构损伤特征的分析并对施工监测工作方式进行梳理，以特种筒仓结构初始设计模型为基础，提出了融合传统监测手段，基于杆件损伤和整体损伤可识别的特种筒仓结构施工过程的传感器布置方法。

### 4.4.2 基于静力分析的传感器布置方法

（1）基于损伤可识别的传感器优化布置方法。在施工荷载作用下，特种筒仓结构构件会产生最易破坏的点及其失效路径等，而这些破坏点和失效路径存在极大的随机性，但往往优先表现在某些关键杆件和节点之上。基于损伤识别的特种筒仓结构杆件传感器优化布置要求传感器必须放置在那些对特种筒仓结构损伤最为敏感的有限个测点位置，并通过这些有限的测点所测的数据识别出特种筒仓结构杆件的损伤情况。而以特种筒仓结构损伤识别为目的的结构杆件传感器优化布置的本质是由于特种筒仓结构杆件损伤会对其结构的位移模态、频率、柔度矩阵、模态曲率、模态应变能、应变模态等损伤参数产生了不同程度的影响，并依此寻求各损伤参量与单元刚度即结构损伤的灵敏度关系，进而按一定规律进行关键杆件和节点上进行传感器优化布置。其工作原理（易损性分析法）与灵敏度分析思路相似，均是通过找到特种筒仓结构最易破坏的点及其失效路径，在结构的关键路径上布设传感器。

（2）特种筒仓结构静力传感器优化布置方法。施工安全监测的工作形式主要分为：1）于施工期间即一开始的全寿命周期的长期监测；2）于结构服役一段时间后再实施的检测。无论是哪种工作方式，其核心思想都是在获得结构在正常荷载作用下的破坏点或者实效路径等未知的情况下进行传感器的合理优化布置。特种筒仓结构构件繁多，构件在传力路径中作用不一，且构件类型及其规格尺寸不一。在施工期间，任何一个构件均可能出现一定程度上的损伤，进而导致结构各构件的内力重分布。因此，特种筒仓结构静力传感器优化布置方法基于静态应变分析法而制定，该方法的工作原理是：特种筒仓结构杆件的截面面积作为损伤变量，通过监测部分结构杆件的应变等核心变量来实现对传感器的优化布置。

依据初始设计模型，首先假定特种筒仓结构在正常状况外部荷载 $P$ 的作用下，可得到特种筒仓结构的初始状态下（杆件无损状态）各个杆件的截面积 $A_i$、轴力 $F_i$、应力 $\sigma_i$ 和应变 $\varepsilon_i(i=1, 2, 3, \cdots, N)$（$N$ 为结构单一数）。依据特种筒仓结构安全监测的传感器布置原则，在相应特种筒仓结构上分别布置 $k$ 个应变等信息收集的传感器。至此，$k$ 个特种筒仓结构杆件单元现场实测的应变值为

$\varepsilon_j(j=1, 2, 3, \cdots, k)$，相应的，未通过传感器直接测得的特种筒仓结构杆单元应变量有 $N-k$ 个。

若受损的特种筒仓结构杆件均在 $k$ 内，对于某一特种筒仓结构单元杆件 $m$（$m \leqslant L$），则该特种筒仓结构单元的实测应变值信息为 $\varepsilon_m^d$，$\varepsilon_m$ 为初始状态下的结构单元应变，若 $\varepsilon_m^d > \varepsilon_m$，则

$$\sigma_m^d = E\varepsilon_m^d > E\varepsilon_m = \sigma_m \tag{4-9}$$

特种筒仓结构杆件的损伤有弯曲变形、裂纹和腐蚀这常见的三种情况。上述杆件的损伤现象均会导致杆件截面积的减少，所以，可用特种筒仓结构杆件的截面积作为损伤变量 $D$，即

$$D_m = \frac{A_m^d}{A_m} \tag{4-10}$$

式中，$A_m^d$ 为特种筒仓结构构件 $m$ 在损伤状态的截面面积，$A_m$ 为特种筒仓结构构件 $m$ 在初始及无损状态的截面面积。此外，杆件 $m$ 在初始及无损状态下的轴力为 $F_m=E\varepsilon_m A_m$，杆件 $m$ 在损伤状态下的轴力为 $F_m^d=E\varepsilon_m^d A_m^d$，通过式（4-9）、式（4-10）和结构各杆件内力特点，同时取特种筒仓结构杆件的最大损伤变量 $D_m^{\max}=\varepsilon_m/\varepsilon_m^d$，可得：

$$F_m^d = E\varepsilon_m^d A_m^d = E\varepsilon_m^d A_m D_m \leqslant E\varepsilon_m^d A_m \frac{\varepsilon_m}{\varepsilon_m^d} = F_m \tag{4-11}$$

若特种筒仓结构受损杆件不在 $k$ 内，这里可以依据现场实际已经测得的杆件的应变量，运用空间梁系有限单元法或空间杆系有限单元法，核算计出未得的特种筒仓结构杆件单元的 $\varepsilon_s(s=1, 2, 3, \cdots, N-k)$。由于该阶段的运算过程受特种筒仓结构节点与杆件数量众多的影响的导致运算量极大，因此，在实际的工程实践中，可以通过 MATLAB 等编程软件进行编程以达到自动运算的目的，提供工作效率。最后，根据式（4-9）~式（4-11）进行核算，通过特种筒仓结构杆件单元损伤识别的精确度，判断合理的、科学的特种筒仓结构静力传感器布置方案。

### 4.4.3　基于动力分析的传感器布置方法

（1）基于模态可观测性的传感器优化布置方法。在外在荷载不同程度的作用下，特种筒仓结构会产生整体或局部失稳现象，整体结构会出现较大的变形。而加速度传感器的监测范围很大，非常方便安装在特种筒仓结构的节点上，一方面加速传感器不受测点位置、结构形状等因素的制约，另一方面，通过加速度传感器所监测到的数据信息可以很方便地转换为具体的速度或者位移等数值。因此，按照第二章特种筒仓结构安全性评估理论研究这提出的结构稳定性控制指标

及方法，针对特种筒仓结构可采用加速度传感器来获取结构的相关模态信息，进而对特种筒仓结构整体损伤进行监测。考虑到特种筒仓结构的受力特性及结构特点，本研究基于有效独立法（EI）和模态动能法（MKE），提出适用于特种筒仓结构加速度传感器布置的有效节点法，对特种筒仓结构的加速度传感器进行优化布置。

（2）特种筒仓结构动力传感器优化布置方法。

1）首先，利用如 ANSYS、MIDAS/Gen 等结构分析软件，建立初始（无损）状态下的特种筒仓结构数值模型。

2）其次，分别计算初始（无损）状态和损伤状态下的特种筒仓结构特征值和特征向量。

3）再次，确定并安放特种筒仓结构传感器的候选集合。

特种筒仓结构的节点很多，一般情况下，具有模态动能或模态应变能较大的节点最容易发生损伤亦具有较大的响应。通过对特种筒仓结构各节点模态动能或模态应变能的详细计算，首先可以获得特种筒仓结构节点的模态参数的分布情况，最后，按照每个自由度对于其相对应的每个目标模态动力贡献值的大小最终确定特种筒仓结构所需的传感器布置的自由度数。而该方法采用模态动能法（MKE）为理论基础，核心计算公式为：

$$KE_{in} = \phi_{in} \sum_{j} M_{ij} \phi_{jn} \tag{4-12}$$

式（4-12）中，第 $n$ 个目标模态中与第 $i$ 个自由度相关的动能用字母 $KE_{in}$ 表示；第 $n$ 个模态的第 $i$ 个分量用字母 $\phi_{in}$ 表示；有限元质量矩阵的第 $i$ 行第 $j$ 列用字母 $M_{ij}$ 表示，第 $n$ 个模态中的第 $j$ 个分量用字母 $\phi_{jn}$ 表示。

如果目标模态相对于总质量矩阵规格化，其目标模态中所有自由度的 $KE_{in}$ 总和等于 1。特种筒仓结构传感器位置的候选集合应保证让每一个目标模态有足够的总动能，此外，在规格化的情况下，不得少于 50%。

4）最后，利用有效独立法（EI）方法进行各个独立分量的 $E_{ij}$ 值进行详细的计算。按照 $E_{ij}$ 值大小，最终确定特种筒仓结构加速度传感器布置位置及数量。

## 4.5　特种筒仓结构施工安全监测数据后处理方法及程序实现

### 4.5.1　数据后处理方法

特种筒仓结构施工安全的监测范围较大，监测的参数种类、测点数量都较一般结构多，经过长期积累，必将形成海量数据。这些海量原始数据因受各类不确定因素影响而夹杂有异常无效、随机噪声的数据，这不仅对结构性能状态的评估没有意义，同时还影响数据分析和结构评价结果。如何从众多数据中提炼出有效、高质量的数据，是数据后处理的主要任务。

针对异常数据的剔除问题，基于统计学上的方法主要有拉依达准则（3ct 准则）、格拉布斯准则、肖维勒准则和狄克逊准则。根据施工安全监测数据的特点，本书选择拉依达准则和狄克逊准则作为异常数据剔除的理论基础。

（1）拉依达准则。采用拉依达准则剔除异常数据的基本思想是以给定的置信概率 99.7%为标准，以三倍测量数据的标准偏差为界限，当某个测量数据偏离误差大于此界限时，则认为该数据为粗大误差，应予以剔除。

假设 $X_i(i=1, 2, \cdots, n)$ 的平均值为 $\bar{x}$，残余误差为 $\nu_i = x_i - x$，并按照贝塞尔公式计算出该组测量数据的标准偏差 $S$，当满足下式时，将其剔除。

$$|\nu_i| > 3S \tag{4-13}$$

（2）狄克逊准则。将一组监测样本 $X_i(i=1, 2, \cdots, n)$ 按大小顺序排列成 $X_1 \leqslant X_2 \cdots \leqslant X_n$，然后根据不同采样次数构建极差比 $\gamma$，如表 4-8 所示。选定显著性水平 $\alpha$，求得其临界值，如表 4-9 所示。

**表 4-8  不同范围的极差比**

| $n$ | 检验 $X_1$ 时 $\gamma_1$ | 检验 $X_n$ 时 $\gamma_n$ |
|---|---|---|
| $3 \leqslant n \leqslant 7$ | $(X_2-X_1)/(X_n-X_{n-1})$ | $(X_n-X_{n-1})/(X_n-X_1)$ |
| $8 \leqslant n \leqslant 10$ | $(X_2-X_1)/(X_{n-1}-X_1)$ | $(X_n-X_{n-1})/(X_n-X_2)$ |
| $11 \leqslant n \leqslant 13$ | $(X_3-X_1)/(X_n-X_{n-1})$ | $(X_n-X_{n-2})/(X_n-X_2)$ |
| $14 \leqslant n \leqslant 30$ | $(X_3-X_1)/(X_{n-2}-X_1)$ | $(X_n-X_{n-2})/(X_n-X_3)$ |

**表 4-9  狄克逊准则数**

| $\alpha$ | $n$ | | | | | | |
|---|---|---|---|---|---|---|---|
| | 3 | 4 | 5 | 6 | 7 | 8 | 9 |
| 0.01 | 0.998 | 0.889 | 0.780 | 0.698 | 0.637 | 0.683 | 0.640 |
| 0.05 | 0.941 | 0.765 | 0.642 | 0.560 | 0.507 | 0.554 | 0.510 |
| $\alpha$ | $n$ | | | | | | |
| | 10 | 11 | 12 | 13 | 14 | 15 | — |
| 0.01 | 0.597 | 0.679 | 0.642 | 0.615 | 0.641 | 0.616 | — |
| 0.05 | 0.447 | 0.576 | 0.546 | 0.521 | 0.546 | 0.525 | — |

若 $\gamma_1 > \gamma_n$，$\gamma_1 > D(\alpha, n)$，则判断 $X_1$ 为异常值，予以剔除；若 $\gamma_n > \gamma_1$，$\gamma_n > D(\alpha, n)$，则判断 $X_n$ 为异常值，予以剔除。

根据以往经验，样本数量大于 50 时采用拉依达准则最为简单，样本数量小于等于 10 时，拉依达准则失效，而狄克逊准则效果明显。在监测工作中，对于加速度数据，其采样频率较大，每次获取数据量均大于 50，故采用拉依达法则可以有效剔除异常数据；对于应力变化和位移数据，通常单次重复采集次数小于20，可以选择狄克逊准则剔除异常数据。

### 4.5.2　数据处理程序化实现

针对海量数据，对其分析处理并提取其中的有效信息是比较繁重的工作。本书采用基于数据库技术的方法进行数据的储存与查询，利用 VC++编制数据处理模块，实现对数据处理一体化。其中，数据库技术的应用主要包括数据访问、数据表设计、数据储存和数据查询等内容，可以通过标准 SQL 语句实现对数据的操作。常用的数据库有 Microsoft ACCESS，MSSQL，MYSQL，ORACLE，DB2 等，这些数据库均可以通过 ODBC 数据库接口来实现对其操作，基于数据库技术的数据实时传输流程图如图 4-6 所示，实现两个数据库的同步。

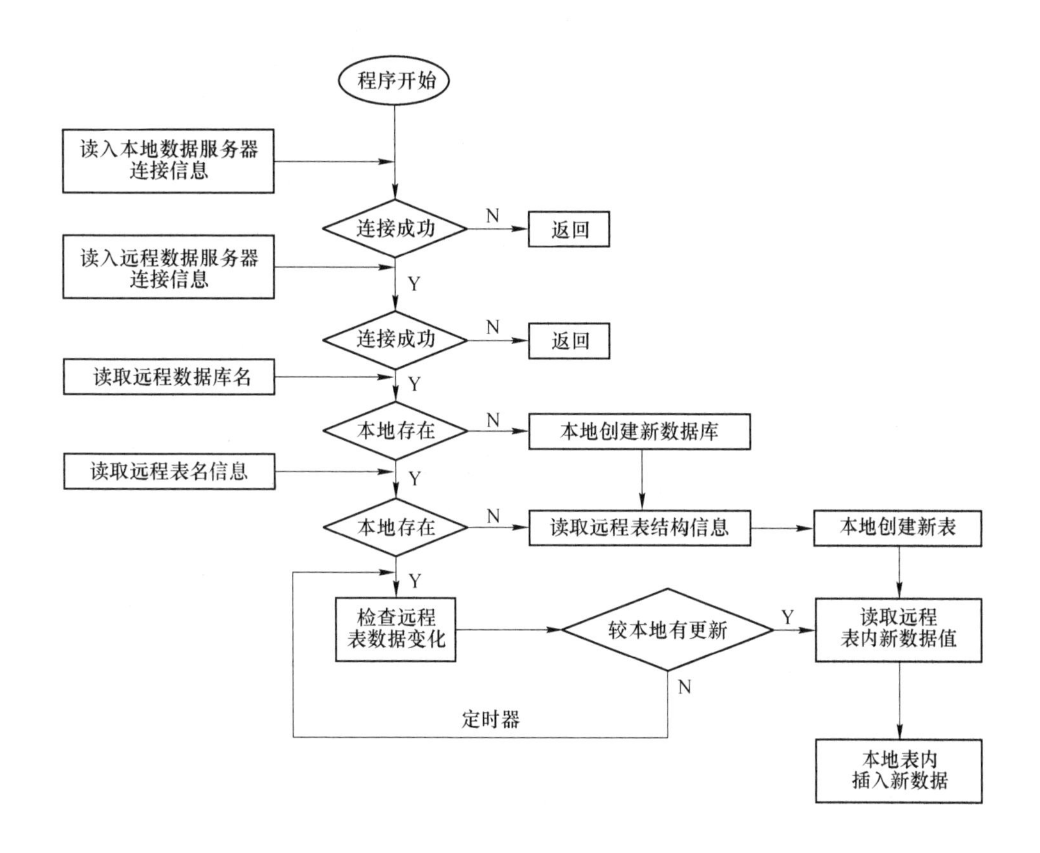


图 4-6　数据实时传输流程图

基于自主开发的无线传感监测系统的数据格式，利用 MFC 设计了程序界面，程序的模块框架如图 4-7 所示，程序的界面如图 4-8 所示。

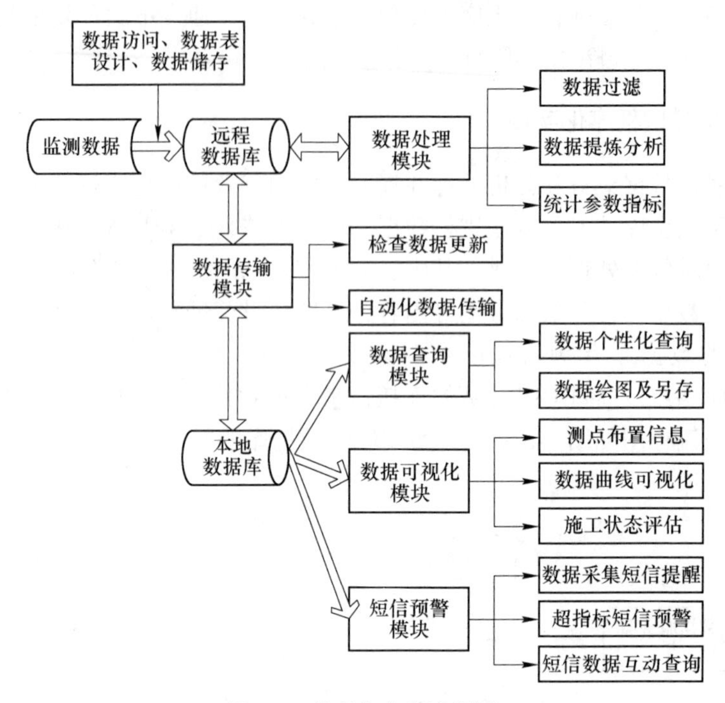


图 4-7　程序化实现流程图

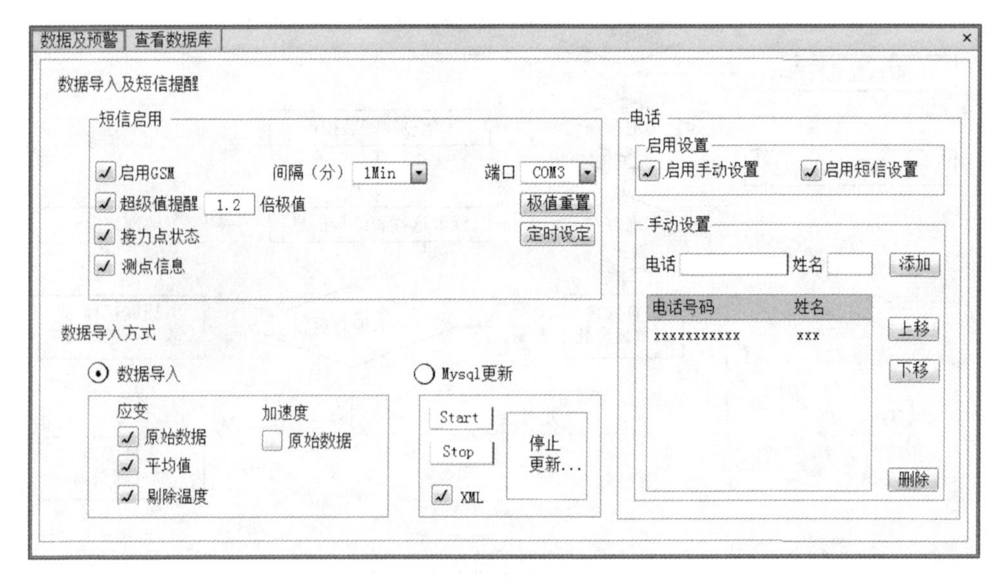


(a)

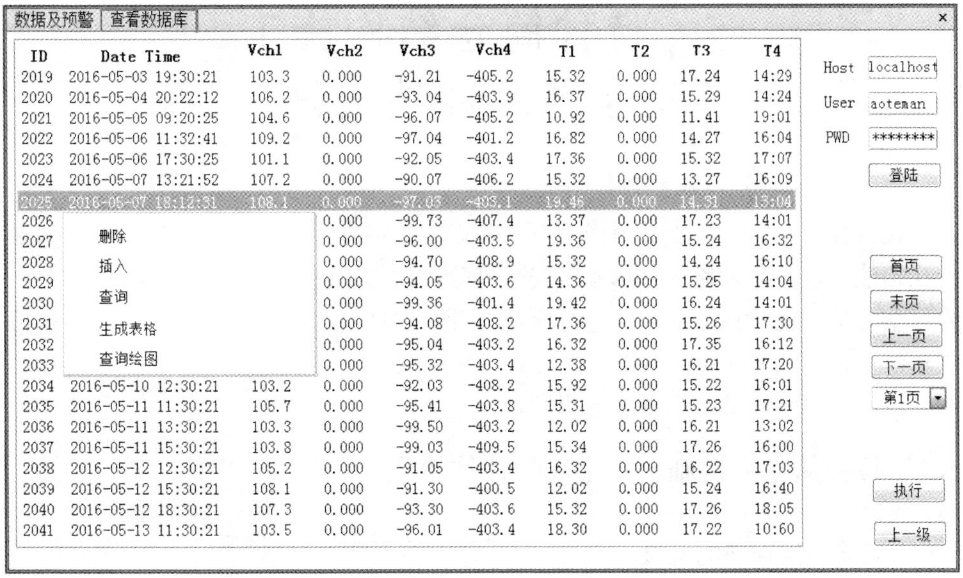

数据及预警 | 查看数据库

| ID | Date Time | Vch1 | Vch2 | Vch3 | Vch4 | T1 | T2 | T3 | T4 |
|---|---|---|---|---|---|---|---|---|---|
| 2019 | 2016-05-03 19:30:21 | 103.3 | 0.000 | -91.21 | -405.2 | 15.32 | 0.000 | 17.24 | 14:29 |
| 2020 | 2016-05-04 20:22:12 | 106.2 | 0.000 | -93.04 | -403.9 | 16.37 | 0.000 | 15.29 | 14:24 |
| 2021 | 2016-05-05 09:20:25 | 104.6 | 0.000 | -96.07 | -405.2 | 10.92 | 0.000 | 11.41 | 19:01 |
| 2022 | 2016-05-06 11:32:41 | 109.2 | 0.000 | -97.04 | -401.2 | 16.82 | 0.000 | 14.27 | 16:04 |
| 2023 | 2016-05-06 17:30:25 | 101.1 | 0.000 | -92.05 | -403.4 | 17.36 | 0.000 | 15.32 | 17:07 |
| 2024 | 2016-05-07 13:21:52 | 107.2 | 0.000 | -90.07 | -406.2 | 15.32 | 0.000 | 13.27 | 16:09 |
| 2025 | 2016-05-07 18:12:31 | 108.1 | 0.000 | -97.03 | -403.1 | 19.46 | 0.000 | 14.31 | 13:04 |
| 2026 | | | 0.000 | -99.73 | -407.4 | 13.37 | 0.000 | 17.23 | 14:01 |
| 2027 | | | 0.000 | -96.00 | -403.5 | 19.36 | 0.000 | 15.24 | 16:32 |
| 2028 | | | 0.000 | -94.70 | -408.9 | 15.32 | 0.000 | 14.24 | 16:10 |
| 2029 | | | 0.000 | -94.05 | -403.6 | 14.36 | 0.000 | 15.25 | 14:04 |
| 2030 | | | 0.000 | -99.36 | -401.4 | 19.42 | 0.000 | 16.24 | 14:01 |
| 2031 | | | 0.000 | -94.08 | -408.2 | 17.36 | 0.000 | 15.26 | 17:30 |
| 2032 | | | 0.000 | -95.04 | -403.2 | 16.32 | 0.000 | 17.35 | 16:12 |
| 2033 | | | 0.000 | -95.32 | -403.4 | 12.38 | 0.000 | 16.21 | 17:20 |
| 2034 | 2016-05-10 12:30:21 | 103.2 | 0.000 | -92.03 | -408.2 | 15.92 | 0.000 | 15.22 | 16:01 |
| 2035 | 2016-05-11 11:30:21 | 105.7 | 0.000 | -95.41 | -403.8 | 15.31 | 0.000 | 15.23 | 17:21 |
| 2036 | 2016-05-11 13:30:21 | 103.3 | 0.000 | -99.50 | -403.2 | 12.02 | 0.000 | 16.21 | 13:02 |
| 2037 | 2016-05-11 15:30:21 | 103.8 | 0.000 | -99.03 | -409.5 | 15.34 | 0.000 | 17.26 | 16:00 |
| 2038 | 2016-05-12 12:30:21 | 105.2 | 0.000 | -91.05 | -403.4 | 16.32 | 0.000 | 16.22 | 17:03 |
| 2039 | 2016-05-12 15:30:21 | 108.1 | 0.000 | -91.30 | -400.5 | 12.02 | 0.000 | 15.24 | 16:40 |
| 2040 | 2016-05-12 18:30:21 | 107.3 | 0.000 | -93.30 | -403.6 | 15.32 | 0.000 | 17.26 | 18:05 |
| 2041 | 2016-05-13 11:30:21 | 103.5 | 0.000 | -96.01 | -403.4 | 18.30 | 0.000 | 17.22 | 10:60 |

删除
插入
查询
生成表格
查询绘图

Host localhost
User aoteman
PWD ********
登陆
首页
末页
上一页
下一页
第1页
执行
上一级

(b)

图 4-8 基于 MFC 的程序界面

(a) 数据处理程序界面；(b) 数据个性化查询程序界面

# 5　特种筒仓结构施工安全风险评估方法

在特种筒仓结构施工数值模拟方法和现场监测方法研究理论的基础上，本章旨在构建合理的特种筒仓结构施工安全风险评估指标体系，以期对现有各安全风险评估方法的优缺点及适用性进行比选，针对选择出的安全风险评估方法的短板进行改进，建立基于 BP 小波神经网络的安全风险评估模型，并确定特种筒仓结构施工安全风险评估的程序、等级和评价方法。

## 5.1　特种筒仓结构施工安全风险评估流程

### 5.1.1　安全风险评估的含义

安全风险评估一般分安全风险估计与安全风险评价两个步骤。安全风险估计是对已经辨识风险的发生概率和严重程度做出估计，通常可分为主观估计与客观估计两种，主观估计是在缺乏足够研究信息的条件下，通过利用专家的经验和决策者的决策技巧对安全风险事件的风险度做出主观判断和预测；客观估计是通过对历史数据资料的分析，寻找风险事件的规律性，进而对风险事件发生概率和严重程度（风险度）做出估计。安全风险评价是基于风险估计的结果，考虑风险承受者的自身条件，制定可接受风险标准，依据标准对风险度做出具体的评价结果，并给出合理的风险对策，以便于安全风险管理者进行有效的风险控制。

在安全风险的评估过程（图 5-1）中，前期一般要对评价对象进行系统的危险源辨识，找出影响安全的风险因素，并分析它们可能导致的事故类型，及目前采取的安全管理和技术措施的有效性和可操作性；安全风险评价一般采取定性或定量的方法进行安全评价，预测风险因素导致事故发生的概率及后果的严重程度，划分风险等级；根据识别出的风险因素和划分的风险等级，考虑风险承受者自身的条件，确定可接受风险标准；最后，根据风险的分级和可接受风险标准分析出不可接受风险，并制定相应的安全管理和技术措施，对风险进行有效控制。

### 5.1.2　安全风险评估的内容

安全风险评估是对已辨识风险的发生概率和严重程度做出估计。首先，对评估对象进行系统的危险源辨识，找出并分析影响安全的风险因素和可能导致的事故类

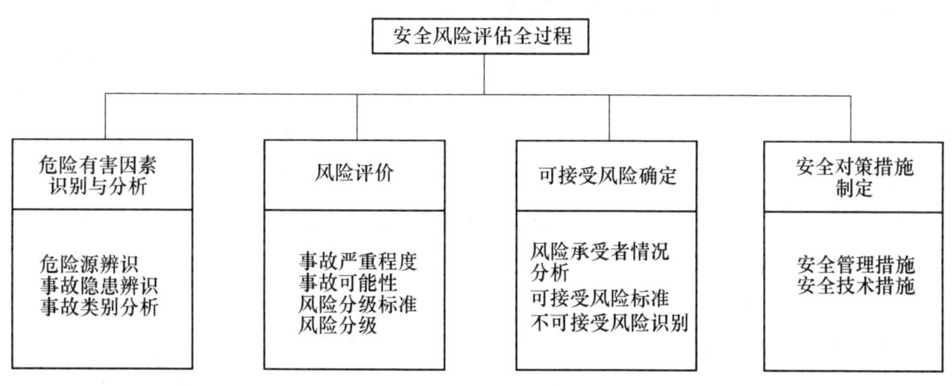


图 5-1 安全评估全过程框架图

型；然后，采取定性或定量的方法进行安全评估，预测风险因素导致事故发生的概率及后果严重度，并划分风险等级和可接受标准；最后，根据安全风险分级和可接受标准分析不可接受风险，并制定风险控制措施，对风险进行有效控制。

根据以上分析，特种筒仓结构施工安全风险评估应首先分析作业过程中的各种安全风险因素，通过构建的安全风险分析模型对特种筒仓结构施工安全风险的发生概率和严重程度做出合理的预测；最后，提出特种筒仓结构施工安全风险控制系统，采取相应措施对其安全风险进行控制和管理。特种筒仓结构施工安全风险评估涉及多个因素或指标，因此安全风险评估是基于多因素作用下的一种综合判断，是对施工过程中各种危险因素、发生事故的可能性及损失与伤害程度进行调查与分析，其主要内容如图 5-2 所示。

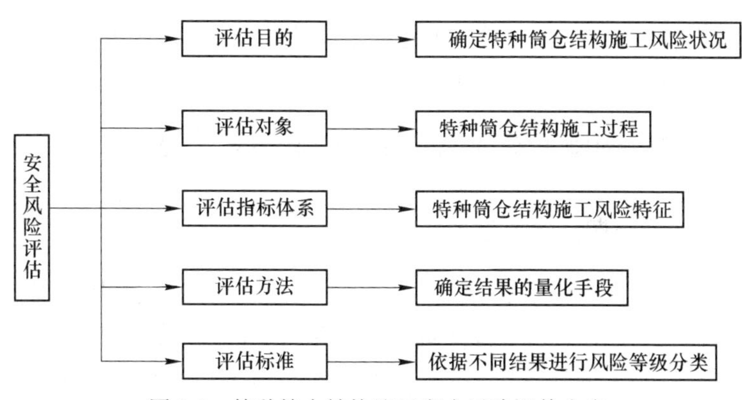


图 5-2 特种筒仓结构施工安全风险评估内容

### 5.1.3 安全风险评估的基础

特种筒仓结构施工过程的安全风险评估是以确定施工过程中的安全状况优劣为目的，将施工阶段的过程作为评估对象，依照安全评估的基本程序（方法的选取和模型的构建)，对影响其安全的因子进行识别分析，对其总体安全状况进行分析，从而提出有效的安全风险控制措施，消除危险或将危险消减到最低程度。考虑到施工过程各阶段安全风险构成的不确定性、多样性、复杂性，以及国内关于安全风险评估的研究现状，对特种筒仓结构施工安全风险评估设定如下：

(1) 评估指标体系的精简化和评估指标的可量化。本书旨在简化评估程序，减少影响小的因素对安全状况的评定。而简化指标并不代表指标的影响不存在，而是以建立本质化、标准化的特种筒仓结构项目安全体系为目的，充分识别安全风险因子，选择影响较大的因子作为评估指标，对影响较小的指标按照特点分类，使之便于分析比较，又减少因单独考量而产生的评估偏差，降低其安全状况评估的不利影响。在指标分值的确定上，采取确定性方法，即在确定各个风险因素的分值时，可近似地认为满分系统是安全的。

(2) 评估方法和模型的适用化。本书选择安全评估方法及模型时，不在于探寻评估方法和评估模型的提升性和创新性，而是旨在建立一种易于操作、过程简便、实用性高的方法，降低评估过程中由于评估方法而产生的模糊及不确定性。特种筒仓结构施工安全评估体系，对特种筒仓结构施工中的安全风险评估具备指导性，适合客观地反映全过程施工的安全状况。通过特种筒仓结构施工安全风险评估工作的开展，推进全过程的安全投入、技术措施、改善作业条件，消减安全风险，提高特种筒仓结构施工单位安全生产状况。

(3) 评估系统的整体性。特种筒仓结构施工过程根据工作特点形成了不同的生产系统，如果考虑所有出现的子系统，那么评估工作是一项相当复杂的工作。本书将特种筒仓结构施工分成若干阶段，对每个阶段的安全风险作为一个整体来考虑，同时将基础工程、模板工程等子系统综合在一起分析，使整个评估系统的指标能够真实地反映系统特性。

## 5.2 特种筒仓结构施工安全风险评估指标体系构建

### 5.2.1 安全风险评估指标确定方法

特种筒仓结构施工是一个复杂的工程项目，存在多个不确定的风险因素。此类工程项目中并不多见，所以，对于特种筒仓结构施工的安全风险控制管理的经验较少，没有太多的历史资料去进行参考。本书在进行安全风险评估指标体系的建立时，借鉴相关的施工规范，以及参考其他的类似工程在进行安全风险评估时所建立的安全风险评估指标体系，同时结合特种筒仓结构施工项目实例的具体工程情况，在现场做调查、咨询施工方有关管理人员以及请专家进行论证等方法确定出风险预测的指标，建立科学、合理、系统和具有可操作性的评估指标体系，如图 5-3 所示。

安全风险评估指标的确定是为了找出影响项目风险的原因及因素，在分析各

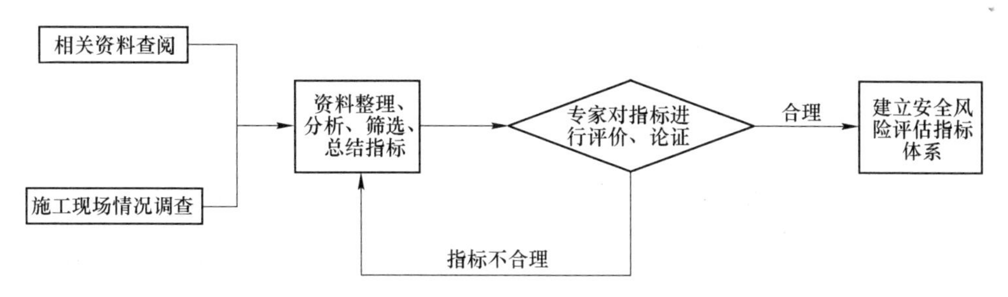


图 5-3 安全风险评估指标体系的建立

个风险指标的基础上，寻求安全风险预控的最佳方案。特种筒仓结构施工事故发生的原因错综复杂，往往是多种因素共同作用的结果。根据目前对特种筒仓结构施工的安全风险研究情况来看，对导致特种筒仓结构施工事故发生的因素间的相互作用关系并没有一个比较清楚的认识，而且在安全风险发生前所产生的预兆有时也并不能从所有的影响因素中得到较好的反馈。

因此，这足以表明安全风险事故发生时，不同的影响因素所起到的作用程度也是不相同的。鉴于发生风险事故和影响因素之间存在的这种不确定性，如果把所有的安全风险影响因素都作为确保施工过程中安全的影响指标也是不恰当的，因此要对指标进行合理的选取，安全风险评估指标的选取应该遵循以下原则：

（1）科学客观性。科学客观性是安全风险评估体系建立的基本原则，反映出预测对象的特征，安全风险评估指标体系不仅要反映具体工程项目的特点，还要适用于同类的其他项目，这样才能真正体现出特种筒仓结构施工安全风险评估体系的科学客观性。

（2）系统性原则。指标体系是一个有机整体，系统内各要素应当符合优化组合的要求：指标独立，边界清晰；结构合理，层次分明；指标全面、完整、精简，避免繁杂。特种筒仓结构施工作为一个系统工程，其评估指标体系的建立必须要全面、系统。

（3）关联性原则。建立安全风险评估指标体系的目的是为了反映出研究对象的实际情况，所以建立的安全风险指标体系要紧紧围绕着研究对象，构建的各类指标必须是与特种筒仓结构施工安全风险密切相关的，特种筒仓结构存在的安全风险隐患可直接从这些风险指标里体现出来。

（4）分阶层原则。当所选的安全风险指标为多级指标时，要注意指标之间的层次性，相同级别的指标不能有重叠或隶属的关系，不同级别的指标之间也不能有重复或者交叉的现象。同时，要在确保指标涵盖所有方面的基础之上，对安全风险指标的数量进行精简。

（5）可行性原则。建立可行的指标体系，是进行安全风险评估的前提，也就是建立的安全风险评估指标体系必须具有可操作性。安全风险评估指标体系应以科学、客观、完备为前提，同时还要充分考虑指标是否易于量化和评估，尽量使指标体系简单明了、易于操作。

### 5.2.2 安全风险评估指标体系的建立

根据特种筒仓结构施工影响因素分析与工程安全风险影响数值分析的结果，建立针对特种筒仓结构施工过程安全风险评估指标体系，见表5-1，详细的量化指标依据筒体的结构类型和施工特点详细而定，这里以核电站双壳筒体结构举例说明。

**表5-1 特种筒仓结构施工安全风险评估指标体系**

<table>
<tr><th>指标</th><th>一级因素</th><th>二级因素</th><th>量化指标</th></tr>
<tr><td rowspan="14">特种筒仓结构施工安全风险评估指标体系</td><td rowspan="3">筒体自身</td><td>强度值</td><td rowspan="3">筒体混凝土强度 $S_{11}$<br>筒体混凝土温度 $S_{12}$<br>筒体钢衬里刚度 $S_{13}$<br>筒体径向位移累计量 $S_{14}$<br>筒体竖向位移累计量 $S_{15}$<br>筒身混凝土竖向应力值 $S_{16}$<br>筒身混凝土环向应力值 $S_{17}$</td></tr>
<tr><td>变形值</td></tr>
<tr><td>应力值</td></tr>
<tr><td rowspan="3">周围环境</td><td>地表沉降监测</td><td rowspan="3">地表沉降累计量 $S_{21}$<br>地表沉降速率 $S_{22}$<br>地表沉降差异量 $S_{23}$<br>吊车行驶区域强度 $S_{24}$<br>吊车行驶区域坑边荷载 $S_{25}$<br>地下水位高度 $S_{26}$<br>地下水位变化速率 $S_{27}$</td></tr>
<tr><td>吊车方案</td></tr>
<tr><td>降排水措施</td></tr>
<tr><td rowspan="4">施工工艺</td><td>施工工法</td><td rowspan="4">混凝土浇筑高度 $S_{31}$<br>混凝土浇筑体积 $S_{32}$<br>钢衬里悬臂高度 $S_{33}$<br>内外壳施工高差 $S_{34}$<br>施工平台荷载 $S_{35}$<br>起吊极限值 $S_{36}$</td></tr>
<tr><td>施工工序</td></tr>
<tr><td>施工平台</td></tr>
<tr><td>机械设备</td></tr>
<tr><td rowspan="2">临时措施</td><td>自身相关参数</td><td rowspan="2">支撑体系的强度 $S_{41}$<br>支撑体系的变形 $S_{42}$<br>支撑体系的轴力 $S_{43}$</td></tr>
<tr><td>使用与拆除</td></tr>
<tr><td rowspan="2">吊装工程</td><td>吊具自身参数</td><td rowspan="2">吊装总质量 $S_{51}$<br>钢索最大索力值 $S_{52}$<br>钢索平均索力值 $S_{53}$<br>钢索索力不均匀系数 $S_{54}$<br>附加应力最大值 $S_{55}$<br>附加应力平均值 $S_{56}$<br>附加应力不均匀系数 $S_{57}$</td></tr>
<tr><td>附加影响</td></tr>
</table>

续表 5-1

| 指标 | 一级因素 | 二级因素 | 量 化 指 标 |
|---|---|---|---|
| 特种筒仓结构施工安全风险评估指标体系 | 吊装工程 | 离地时结构变形 | 穹顶/钢衬里最大偏摆幅度 $S_{61}$<br>穹顶/钢衬里竖向最大变形量 $S_{62}$<br>穹顶/钢衬里水平最大变形量 $S_{63}$ |
| | | 就位时结构变形 | |
| | 预应力工程 | 预应力筋性能 | 环向预应力筋的应力值 $S_{71}$<br>竖向预应力筋的应力值 $S_{72}$<br>穿过穹顶的预应力筋的应力值 $S_{73}$<br>灌浆料密实度 $S_{74}$<br>灌浆料强度 $S_{75}$ |
| | | 灌浆料性能 | |
| | 环境监测 | 风速 | 风速 $S_{81}$ |
| | | 风压 | 风压 $S_{82}$ |
| | | 温度 | 室外温度 $S_{83}$ |

（1）钢衬里悬臂高度。安全壳圆柱形结构（不包括顶壳）由钢衬里（含纵横肋）、钢筋混凝土、牛腿等部件及外侧钢筋混凝土等组成，其中钢衬里（除穹顶）分十三段施工，外侧浇筑一圈混凝土。当钢衬里施工至标高 45. 130m，外侧混凝土浇筑（混凝土均达设计强度）至某一标高时，悬臂高度这里指钢衬里筒体（周圈无混凝土墙体）时的高度。

（2）钢索索力不均匀系数。监测进行前，计算每根吊索的拉力设计值 $A$（单位 kN）。其中，不均匀系数为 $\delta>b$（$\delta$=监测得到的最大索力值/平均索力值），某一监测点的索力值超过拉力设计值 $A$ 若出现不均匀系数 $\delta>b$ 时，应立即停止吊装，调节可调拉杆，直至各吊点受力均匀；若不均匀系数 $\delta\leqslant b$，方能恢复吊装工作。

## 5.3 特种筒仓结构施工安全风险评估方法选择

### 5.3.1 安全风险评估方法

安全风险评估的方法有很多种，具体可以归纳为三种：定性评价方法，定量评价方法，定性与定量相结合的评价方法。总结安全风险评估的方法，主要有专家调查评分法、德尔菲法、层次分析法（AHP）、模糊综合评价法、蒙特卡洛模拟法、故障树分析法（FAT）、风险矩阵法、灰色综合评价法、人工神经网络法。

每个安全风险评估方法的侧重点都不一样，适用性也不一样，都有各自的优缺点，各方法的比较见表5-2。

**表5-2 安全风险评估方法比较**

| 方法 | 评估过程 | 优点 | 缺点 |
| --- | --- | --- | --- |
| 专家调查法 | 邀请相关专家根据其知识、经验，采用打分法确定指标发生可能性，并求出指标权重，将指标权重与专家给打出的分数相乘以此来求风险预测值 | 操作简单、方便，在指标难以量化的情况下可以采用 | 定性的评估，专家的经验为主要依据，结果的主观性较强 |
| 德尔菲法 | 又称为专家函询法，以匿名方式反复征询专家意见，通过集中发挥专家们的智慧，知识和经验，最后汇总得出一个能反映群体意志的预测结果 | 相比于专家评分法，更准确合理 | 各专家之间无交流，信息不对称情况可能会发生 |
| 层次分析法 | 对确定的因素进行分组同时进行层次划分，最后进行权重排序，从低层开始 | 定性定量相结合的分析方法，属于一种多目标综合评价 | 只能对原有方案进行分析选优而不能给出新的解决方案 |
| 模糊综合评价法 | 以模糊数学、变换作为理论依据，通过建立数学模型进行评价。该方法是基于多种风险因素对工程项目进行评价的 | 适用于复杂系统，存在多因素的问题的评价 | 在确定权重时存在主观因素，并且对于指标之间可能会出现交叉重复的情况 |
| 风险矩阵法 | 用矩阵的方法进行风险识别、分析，对风险因素进行综合考虑，然后描述风险事件的概率和损失程度；以决策者的风险态度为依据，划分概率和损失等级，对风险事态进行评价 | 简单易用、评估结果简单明白，比较方便开展风险管理工作 | 评估人员存在知识局限性、评估工具不合理性，在评估时都会伴随一些问题，导致评估结果出现偏差 |
| 蒙特卡洛模拟法 | 以随机性为原则，从确定的风险因素中抽样，反复生成时间序列并且模拟出各种风险组合结果，计算参数估计量和统计量，从而研究其分布特征的一种方法 | 适用于某些非线性、波动幅度较大的复杂性问题 | 选取的随机变量必须相互独立；同时需要进行多次模拟且风险概率函数难以确定 |
| 故障树分析法 | 故障树理论通过对系统故障原因的逐层分解并分析故障原因的逻辑关系，从而对系统的可靠性进行评估，是从结果出发寻找事故原因 | 对于事故发生的原因可以直观地寻找到，同时还可以对采取的措施是否得当进行检验 | 对分析人员要求高，花费时间和人力较多 |
| 灰色综合评价法 | 灰色综合评价法是基于灰色关联分析理论，同时结合专家评价的综合性评估方法 | 充分利用数据信息，可减少人为因素，解决某些难以量化和统计问题 | 仅仅以预测精度来检验模型的结果，有失准确 |

续表 5-2

| 方法 | 评 估 过 程 | 优 点 | 缺 点 |
| --- | --- | --- | --- |
| 人工神经网络法 | 从神经学出发，利用数学方法处理问题。具有高度并行计算、自学能力，不断调整权值和阈值使网络的实际输出和期望输出一致。捕获研究对象发展趋势，同时对其发展进行预测 | 自适应性较强、学习能力强，高度非线性映射能力和记忆联想能力 | 提高模型的准确度需要大量的数据，同时推理过程难以明化 |

从对各种安全风险评估的比较来看，人工神经网络方法是以人脑的神经网络系统为基础而创建的一种模拟人脑进行问题处理的理论。它以计算机为基础，利用计算机网络模拟生物神经网络的一种智能的计算方法，它是由大量的简单原件相互连接而成的一个复杂控制系统，处理非线性关系以及大型复杂的逻辑关系能力很强。而影响特种筒仓结构施工项目的安全风险因素复杂、多种多样，同时还具有不确定性，而且各个影响因素之间对安全风险的影响并不能简单地用线性模型去进行分析，存在有非线性关系。而关于并行性能力、非线性能力、超强的容错性能以及优秀的联想记忆和不可比拟的自学能力等特性人工神经网络都具备。相较于其他的安全风险评估方法，人工神经网络法具有更强大的处理问题的能力，同时考虑到特种筒仓结构施工安全风险影响因素复杂性以及安全风险评估过程中考虑问题复杂性，本书选用人工神经网络法对特种筒仓结构施工进行安全风险评估。

### 5.3.2 BP 神经网络模型

#### 5.3.2.1 BP 神经网络基本概念

(1) 神经网络概念。神经网络全称人工神经网络（artificial neural network，ANN)，是随着神经生物学发展而发展起来的一个领域，它是通过数学手段模仿人类大脑处理基本信息的方式来解决复杂问题的一种方法。它在两方面与人脑功能类似：一是通过网络的学习过程获取知识；二是神经元之间的相互连接（赋权)。一个实际的 ANN 是由相互连接的神经元构成的集合，这些神经元不断地从它们的环境（数据）中学习，以便在复杂的数据里捕获本质的线性和非线性的趋势，以及能为包含噪声和部分信息的新情况提供可靠的预测。ANN 可执行多种任务，包括预报或函数逼近、模式分类、聚类及预测等。当模型与数据匹配时，它能以任意期望精度使任何复杂的非线性模型与多维数据匹配。

(2) 神经网络学习方法。ANN 的学习方法分有导师学习和无导师学习两种方法。有导师的学习方法是将网络的实际输出和期望输出（导师信号）进行比较，并根据两者之间的差异来调整网络连接权值，最终使差异降到要求范围。无导师的学习方法是在输入样本进入网络后，网络按照预先设定的规则自动调整权值，从而使网络最终具有模式分类等功能。

（3）神经网络连接形式。ANN 通过神经元可以构成各种不同拓扑结构的神经网络，不过根据主要连接形式可分为前馈型神经网络和反馈型神经网络。

前馈型神经网络也称前向网络，如图 5-4 所示，神经元按层依次排列，分输入层、隐含层及输出层，其中隐含层也称中间层，由一层或多层组成。每一层只接受前一层神经元的输入，经各层传递后最终由输出层输出，各层之间不存在反馈。它是一种很强的学习系统，结构简单、易于编程，而且它是一种静态非线性映射，通过具有非线性处理的神经元的复合映射，可获得复杂的非线性处理能力。BP 神经网络就是采用的这种结构形式。

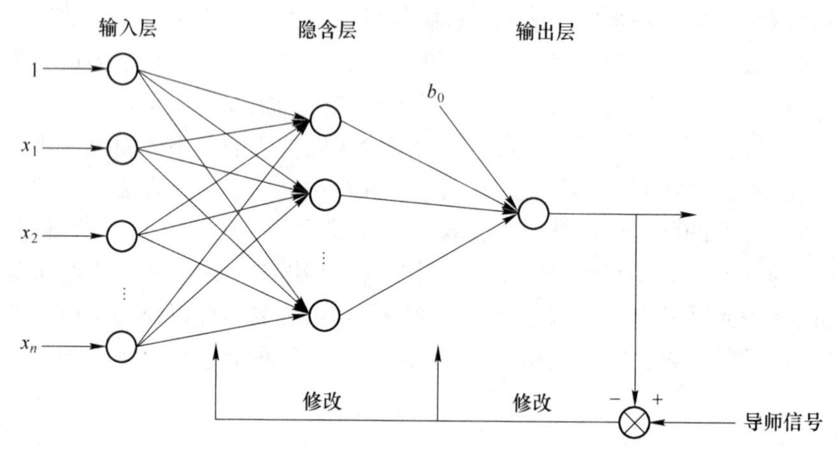


图 5-4 典型多输入-单输出 BP 神经网络结构图

反馈型神经网络即是在输出层和输入层之间存在反馈，每个输入节点都有可能接受外部输入及输出神经元的反馈。它是一种反馈动力学系统，需要运作一段时间才能达到稳定。

（4）BP 神经网络概念。1986 年，由 Rumelhant 和 McClelland 提出了多层前馈型神经网络的误差反向传播（error back propagation）学习算法，简称 BP 算法，它是一种多层网络的逆推学习算法。由此采用这种算法的前馈型神经网络也称 BP 神经网络。它依靠着其误差反向传播多层网络的特点，在预报或函数逼近、模式鉴别与分类、聚类及预测等方面得到广泛应用。而且 80%左右的 ANN 模型都采用了 BP 神经网络或它的变化形式。可以说，它是前馈型神经网络的核心部分，并且是 ANN 的最精华部分的体现。

5.3.2.2 BP 神经网络结构

BP 神经网络采用的是前馈型神经网络的结构形式，也就是说它主要是由输入层、隐含层及输出层三部分组成，而隐含层可以是一层，也可以是多层；每一层由若干个节点组成，每个节点代表一个神经元，神经元的传递函数一般为非线性函数，如 Sigmoid 函数，而输出层有时也会选用线性函数；同层节点间无连接，每一层只接受前一层神经元的输入，经各层传递后最终由输出层输出；由于采用的是误差反向传播学习算法，所以它也是一种有导师学习模型。

如图 5-4 所建立的 BP 神经网络模型，它只包含一个隐含层，并且只有一个输出神经元。输入层有 $n$ 个输入变量，输入向量可表示为 $\boldsymbol{X}=[x_1, x_2, \cdots, x_n]$，“1” 代表偏差输入，它上面赋的一组权值作为隐含层各神经元阈值，这组值可用阈值向量 $\boldsymbol{A}_0=[a_{01}, a_{02}, \cdots, a_{0m}]$ 表示；隐含层有 $m$ 个神经元，故隐含层的输出向量可表示为 $\boldsymbol{Y}=[y_1, y_2, \cdots, y_m]$，同样 $b_0$ 表示输出层神经元的阈值；输出层只有一个神经元，所以输出层输出变量可表示为 $\boldsymbol{Z}=[z_1]$；另外，如果实际输出 $z_1$ 与期望输出 $t$ 也即导师信号不等，则进行误差反向修正，直至相同为止。输入层与隐含层之间的权值矩阵是：

$$\boldsymbol{A}=\begin{bmatrix} a_{11} & a_{12} & \cdots & a_{1m} \\ a_{21} & a_{22} & \cdots & a_{2m} \\ \vdots & \vdots & & \vdots \\ a_{n1} & a_{n2} & \cdots & a_{nm} \end{bmatrix}$$

隐含层与输出层之间的权值矩阵是 $\boldsymbol{B}=[b_1, b_2, \cdots, b_m]$。

隐含层神经元输出与输入层神经元输出之间的关系是：

$$y_j=f\left(\sum_{i=1}^{n} a_{ij}x_i + a_{0j}\right) \tag{5-1}$$

式中，$i$，$j$ 分别表示输入层第 $i$ 个神经元和隐含层第 $j$ 个神经元。

输出层神经元输出与隐含层神经元输出之间的关系是：

$$z_1=f\left(\sum_{j=1}^{m} b_j y_j + b_0\right) \tag{5-2}$$

输出层神经元的实际输出与期望输出之间的误差可表示为：

$$E=\frac{1}{2}(t-z_1)^2 \tag{5-3}$$

应用 logsig 传递函数将式（5-3）展开，可表示为：

$$E=\frac{1}{2}\left\{t-\frac{1}{1+\mathrm{e}^{-\left\{\sum\limits_{j=1}^{m} b_j\left[\frac{1}{1+\mathrm{e}^{-(\sum\limits_{i=1}^{n} a_{ij}x_j+a_{0j})}}\right]+b_0\right\}}}\right\}^2 \tag{5-4}$$

#### 5.3.2.3　BP 神经网络学习算法

BP 算法一般由信号正向传播与误差反向传播两个过程组成。在正向传播中，输入样本从输入层进入神经网络，经隐含层传至输出层。若输出层神经元的实际输出与期望输出不相同，则转向误差的反向传播；若相同，则学习结束。在反向传播中，将误差 $E$ 按网络反向逐层传递，并通过调节各层神经元的权值及阈值，使误差降到最低。BP 神经网络的学习与训练就是通过各层神经元的权值与阈值不断调整来实现的，在规定训练次数内反复调整，使输出误差达到设定的程度。

BP 神经网络最基本的算法应是梯度下降法，它阐述的是误差沿当前计算出的梯度相反方向下降，可达到最快速的减少。为了实现各权值及阈值的逐步调整，必须同时修正每一个梯度，各神经元权值和阈值的误差梯度可表示成：

$$\begin{cases} \dfrac{\partial E}{\partial b_j} = \dfrac{\partial E}{\partial z_1}\dfrac{\partial z_1}{\partial b_j} \\ \dfrac{\partial E}{\partial b_0} = \dfrac{\partial E}{\partial z_1}\dfrac{\partial z_1}{\partial b_0} \\ \dfrac{\partial E}{\partial a_{ij}} = \dfrac{\partial E}{\partial z_1}\dfrac{\partial z_1}{\partial y_j}\dfrac{\partial y_j}{\partial a_{ij}} \\ \dfrac{\partial E}{\partial a_{0j}} = \dfrac{\partial E}{\partial z_1}\dfrac{\partial z_1}{\partial y_j}\dfrac{\partial y_j}{\partial a_{0j}} \end{cases} \tag{5-5}$$

一般可通过两种方法对误差梯度进行修正，一是遍历法，二是批量学习。遍历法输入一个样本对连接权值和阈值做一次调整，优点是调整速度快，缺点是对于复杂问题，可能导致振荡或不稳定，而且要达到最优权值或阈值会比批量学习花费时间更长。批量学习是在所有训练样本完成一次训练时，求得总误差，以总误差对各权值做一次调整。批量学习应用最为广泛，适用于高精度映射，本书即选用这种方法。

(1) 批量学习。由于批量学习是在整个训练样本已全部提交给网络以后进行的，所以就必须在整个样本集进行处理找到总梯度之前，对所有训练样本的梯度进行储存。误差在由这个总梯度描述的下降方向上达到最小。对于某权值或阈值 $w$ 的第 $k$ 次训练的总梯度可表示为：

$$d_k = \sum_{l=1}^{L}\left[\frac{\partial E}{\partial w_k}\right]_l \tag{5-6}$$

式中，$l$ 表示第 $l$ 个样本，样本总数为 $L$ 个；$w_k$ 表示第 $m$ 次训练时的一个隐含神经元权值（阈值）或输出神经元权值（阈值），即 $a_{ij}$、$a_{0j}$、$b_0$ 以及 $b_j$。

当使用总梯度使误差降到最低时，而在误差总梯度方向上每次要下降多少，这是由学习率 $\eta$ 控制的。最优学习率，可使误差以最快的速度减小，$\eta$ 选择的太小，虽利于总误差极小变化，但学习的进程较慢；$\eta$ 选择太大，虽能加快学习进程，但不容易收敛，且网络很可能产生振荡，或陷入局部极小，永远达不到全局最小。所以一般 $\eta$ 取值在 0~1 之间，使用较小的学习率调整权值或阈值，使其平稳且缓慢地达到最优程度。那么，在第 $k$ 次训练后，某个权值（阈值）获得的新的改变量用 $\Delta w_k$ 表示，则第 $k$+1 次的新权值（阈值）是：

$$\begin{cases} w_k + 1 = w_k + \Delta w_k \\ w_k = -\eta d_k \end{cases} \tag{5-7}$$

式中，“-”表示下降；$-\eta d_k$ 表示一次训练中总梯度 $d_k$ 的下降距离。

前文讲过，梯度下降法是 BP 神经网络最基本的算法，但是它存在收敛速度慢、学习进程中容易产生振荡或陷入局部极小等缺点。所以之后提出了许多改进的方法，本文仅对动量 BP 算法的原理做必要阐述，以方便后面章节应用。

（2）动量 BP 算法。动量 BP 算法的基本思想是将前一次权值（阈值）的变化以一定程度附加到本次权值（阈值）的变化上，从而使各权值（阈值）的变化更趋平滑。动量 BP 算法的表达方法是将梯度下降法表达式进行了改进，在其中引入一个动量项：

$$\Delta w_k = \mu \Delta w_{k-1} - (1-\mu)\eta d_k^w \tag{5-8}$$

式中，$\mu$ 是一个介于 0~1 之间的动量参数；$\Delta w_{k-1}$ 是指前一次训练中权值（阈值）的变化。可见，$\mu$ 是表示前一次权值（阈值）变化 $\Delta w_{k-1}$ 对本次权值（阈值）变化 $\Delta w_k$ 的影响程度。考虑到本次权值（阈值）$w_k$ 的总误差梯度 $d_k^w$ 对 $\Delta w_k$ 的影响，故在第二项用（$1-\mu$）加权得以体现。也即通过当前梯度及前次权值（阈值）变化共同确定本次权值（阈值）的变化。当 $\mu=0$ 时，表明动量没有作用，本次权值（阈值）调整与前次无关；当 $\mu=1$ 时，则表明本次权值（阈值）的变化 $\Delta w_k$ 完全等同前次变化 $\Delta w_{k-1}$。由于式（5-8）是一个递推公式，每一权值（阈值）的变化都取决于其前一个的变化，故所有都归于第一次变化，如下所示：

$$\begin{aligned} \Delta w_k &= \mu \Delta w_{k-1} - (1-\mu)\eta d_k^w \\ \Delta w_{k-1} &= \mu \Delta w_{k-2} - (1-\mu)\eta d_{k-1}^w \\ &\vdots \\ \Delta w_2 &= \mu \Delta w_1 - (1-\mu)\eta d_2^w \\ \Delta w_1 &= -(1-\mu)\eta d_1^w \end{aligned} \tag{5-9}$$

在实际过程中，动量法可使网络学习过程更加稳定。若是前期累积的变化与当前梯度方向指向相同，那么动量法就会加速当前权值（阈值）的改变，加快收敛；若是前期累积的变化与当前梯度方向指向相反，那么动量法就会阻止当前的改变。$\mu$ 越大，同梯度方向上“动量”就越大，$\mu$ 一般取值在 0.85~0.95 之间。动量 BP 算法不仅使网络学习更为稳定，减小振荡，还能加速运算的收敛和减少学习时间，是一种较为成熟的算法。

#### 5.3.2.4 BP 神经网络的优缺点

作为一种应用最为广泛的神经网络，BP 神经网络具有很多特点，现将 BP 神经网络的优缺点列于表 5-3 中。

**表 5-3　BP 神经网络优缺点总结**

| | | 优缺点描述 |
|---|---|---|
| 优点 | 非线性映射能力 | 在模型建立的基础之上，只要有足够的数据样本对模型进行学习、训练，非映射能力就可以得到提高，而不必去了解输入和输出之间的映射关系 |
| | 超强的泛化能力 | 在对 BP 神经网络的模型进行训练的过程中，模型网络中的权值会对样本的输入和输出关系的映射进行保存，当更换数据时，从模型输出的结果与数据之间的关系仍然能被正确反映出来 |
| | 高容错能力 | BP 神经网络连接权向量的调整是通过搜集大量数据然后进行模型的训练学习完成的一种根据统计学思想对数据进行分类的过程，但是大量的数据中还会存在错误的数据，大量的正确数据会正确输入输出之间的关系，所以存在的极少的错误数据对于调整连接权值向量是不会产生影响的，这也就是说 BP 神经网络在样本数据中存在的误差具有超强的容错能力 |
| 缺点 | 算法学习过程中收敛速度慢 | 要提高 BP 神经网络模型的精度，就需要用数据不断对模型进行训练学习直到模型输出的结果误差小于要求精度，学习的过程才会结束，在这个过程中，对模型的训练需要耗费大量时间，网络模型的收敛速度会变得缓慢 |
| | 局部极小点的存在 | 关于 BP 神经网络模型初始权值的选取过程，若初始权值选择过大，在模型进行学习训练的过程中可能会出现传递函数 Sigmoid 函数饱和区；如果取得太小，那么就会避免网络陷入局部极小点，因为神经元的值都会无限趋向 0。但是因为连接权值的初始值是在［-1，1］的区间随机选取的，所以，网络陷入局部极小点是不可避免的情况 |
| | 隐含层节点难以确定 | 网络模型的隐含层节点的确定是建立模型的重要的一部分，如果隐含层节点过少，可能会影响模型评估的精确性，但是如果节点过多，那么就会导致模型系统过于冗余，对模型进行训练时会耗费更长的时间。但是目前对于隐含层节点数的确定并没有有效的方法，只能通过经验或者不断试验得到 |
| | 新样本数据的再训练学习 | 如果有新的数据样本加入，对于网络模型就需要提供原数据的学习模式，和新数据一起输给神经网络，然后对数据进行重新学习，这样得到的结果才具有合理性，这是因为如果向经过训练的模型输入新样本，会破坏已经确定的相关网络参数，导致之前训练得到的学习模式的信息遭到破坏 |

## 5.4　基于小波理论的 BP 神经网络改进方法

### 5.4.1　小波分析理论

（1）小波分析的发展。小波分析是以傅里叶理论为理论基础发展而来的，对数学以及工程方面的研究具有重要的意义，在应用方面受众多学科的青睐。在

19 世纪末 20 世纪初时小波的伸缩和平移思想被提出来，同时第一个规范的正交基——Haar 正交基被构建出来。随后 Y. Meyer 教授在做正交小波相关的理论证明时发现了正则函数，同时在此基础上将规范正交基构造在平方可积的实数空间中，自此正交小波系的存在性就得到证明。

在 20 世纪 80 年代的时候，Mallat 在以多尺度分析思想（计算机视觉领域）为依据的前提下，对小波分析中的多分辨率的定义进行了扩展，同时统一了构建正交小波的手段，从此以后，小波分析相关理论得到了迅速的发展。

小波分析当前还在不断地发展，其发展的方向为不均匀、随时间变化的信号处理、搭建不规则集小波和多尺度的非线性小波。与傅里叶理论相比，小波分析在时域和频域的局部优化性能更好。因此，小波分析可以作为傅里叶理论的替换。

（2）定义小波变换。小波函数通过平移和伸缩的发展，产生了小波变换。小波函数系的定义为：表示或者去逼近某一信号或函数的过程中所应用的一组函数。若果用 $\psi(t)$ 表示小波函数，$a$ 表示平移因子，$b$ 是伸缩因子，那么小波变换的基底就可以定义为：

$$\psi_{a,\ b} = | a |^{-1/2}\psi\left(\frac{t-b}{a}\right) \quad a,\ b \in R,\ a \neq 0 \tag{5-10}$$

$\psi_{a,b}(t)$ 是小波函数 $\psi(t)$ 经过平移和伸缩变换后的连续小波序列，则函数 $f(t) \in I^2(R)$（$L^2(R)$ 表示平方可积的实数空间）的连续小波变换，可以表示为：

$$W_{\psi}f(a,\ b) = \langle f(t),\ \psi_{a,\ b}(t)\rangle = | a |^{-1/2}\int_R f(t)\ \overline{\psi\left(\frac{t-b}{a}\right)}\mathrm{d}t \tag{5-11}$$

其中，$\bar{\psi}$ 是 $\psi$ 的复共轭。

为了方便计算及理论上进行分析，通常情况下，把连续小波 $\psi_{a,b}(t)$ 以及变换 $W_{\psi}f(a,\ b)$ 离散化。将式（5-11）中的 $a$、$b$ 离散化，取 $a>1$，$b_0 \in R$，$j$、$k \in Z$，将离散化后的 $a$、$b$ 代入式（5-10）中，得到的离散小波函数为：

$$\psi_{j,\ k}(t) = a_0^{-j/2}\psi\left(\frac{t-kb_0a_0^j}{a_0^j}\right) = a_0^{-j/2} - kb_0 \tag{5-12}$$

相应地，函数 $f(t)$ 的小波变换为：

$$D_{\psi}f(j,\ k) = \langle f(t),\ \psi_{j,\ k}(t)\rangle = a_0^{-j/2}\int_R f(t)\psi(a_0^{-j}t - kb_0)\mathrm{d}t \tag{5-13}$$

当 $a_0=2$，$b_0=1$ 时，式（5-12）和式（5-13）则变化为离散的二进制小波，此时

$$\psi_{j,\ k}(t) = 2^{-j/2}\psi(2^{-j}t - k) \tag{5-14}$$

$$D_{\psi}f(j,\ k) = 2^{-j/2}\int_R f(t)\psi(2^{-j}t - k)\mathrm{d}t \tag{5-15}$$

由式（5-14）可见，对小波函数$\psi(t)$平移和伸缩，$\{2^{-j/2}\psi(2^{-j}t-k) \mid j, k \in Z\}$就构成了实数空间的一组正交小波基。

（3）多分辨率分析。在对$L^2(R)$的某个子空间中的基底进行扩展的过程中，可以利用伸缩和平移的思想，将其扩展到$L^2(R)$中。下面关于构造基于正交小波的多分辨率分析和基本性质做出如下的描述：

设$\{V_j\}_{j\in Z}$是空间$L^2(R)$的一个封闭空间的序列，以$\{V_j\}_{j\in Z}$满足单调性、渐进完全性、伸缩性、正交基存在性为前提下，则称$\{V_j\}_{j\in Z}$为$L^2(R)$的一个多分辨率分析。

（4）Mallat算法。设$\{V_j, j \in Z\}$是关于空间$L^2(R)$的一个多分辨率分析，$\phi(x)$是关于该多分辨率分析的尺度函数，则关于$\phi(x)$的函数表达式可以作如下表示：

$$\phi(x) = \sqrt{2}\sum_k h(k)\phi(2x-k) \tag{5-16}$$

则在$\{\phi(x-k): k \in Z\}$构成$V_0$空间中有：

$$\psi(x) = \sqrt{2}\sum_k (-1)^{k-1} h\overline{(1-k)}\phi(2x-k) \tag{5-17}$$

令$W_0 = \mathrm{span}\{\psi_{0,k}(x), k \in Z\}$，$\{\psi_{0,k}(x), k \in Z\}$为$W_0$的一组标准正交基：$W_0 \perp V_0$，$V_1 = W_0 \oplus V_0$。

（5）小波基函数。若函数$\phi(t) \in L^2(R)$满足条件：$\int_{-\infty}^{\infty}\phi(t)\mathrm{d}t = 0$，或者将$\phi(t)$用Fourier进行变换，可以得到满足函数$\overline{\phi(t)}$的条件为：

$$\int_{-\infty}^{\infty}\frac{|\hat{\phi}(t)|}{|\omega|}\mathrm{d}\omega < \infty \tag{5-18}$$

则称函数$\phi(t)$为小波基函数。

在用小波理论进行分析时，通常不同的情况会采用不同的小波函数，小波函数的种类各种各样，例如Harr小波、Daubechies小波、Symlets小波、MexicanHat小波、Morlet小波等函数。本研究拟采用Morlet小波函数，其他函数不再阐述。

（6）Morlet小波函数。Morlet小波函数是余弦函数的一种，它是随着时间不断衰减的。基于良好的时频局部性和对称性的优点，将它应用于连续小波中会取得较好的效果；相似于Daubechies小波，Morlet小波也不存在尺度函数，但是它却不能够完成分解信号的重构，因为它不具备正交性和紧支性的特性。Morlet小波函数的表达式为：

$$\psi(t) = \mathrm{e}^{-t^2/2}\cos rt \tag{5-19}$$

作为复值小波的一种，Morlet小波在时间、频率方面都有优良的局部性，能够改变信号在时频区域的分辨率，同时由于它相似与脉冲信号，因此它在脉冲信号方面的分析也有良好的应用。

（7）分解与重构小波。分解与重构小波是利用 S. Mallat 建立快速小波，然后变换（FWT）算法，以此来对小波实现快速简便的变换和逆变换。

设信号 $f(k)$，$k=0, 1, \cdots, N-1$，则有小波分解算法为：

$$\begin{cases} c_{j,k} = \sum_{n \in Z} c_{j-1,n} \overline{h_{n-2k}} \\ d_{j,k} = \sum_{n \in Z} c_{j-1} \overline{g_{n-2k}} \end{cases} \tag{5-20}$$

式中，$c_{0,k}=f(k)$ 为原始数据；$h(n)$ 和 $g(n)$ 是一对共轭镜像滤波器的脉冲响应，分别是低通滤波器 H 和高通滤波器 G 的滤波器系数，这是由给定的多分辨率分析确定，且 $g(n)=(-1)^{1-n}h(1-n)$；分解的层数为 $j$；原始信号分辨率逐渐降低的平滑版本是 $c_{j,k}$，$d_{j,k}$ 代表 $c_{j,k}$ 和 $c_{j-1,k}$ 的差别信息。

相应的有信号的重构算法为：

$$c_{j-1,n} = \sum_{k \in Z} (c_{j,k}, h_{k-2k} + d_{j,k} g_{k-2k}) \tag{5-21}$$

在实践的过程中，需要有目的的重构所需频段，这就要以信号特征提取的需求为依据，从而才可以有效地提取所需的特征信息。

### 5.4.2 选取小波函数

傅里叶变化发展产生了小波分析，但是小波分析的内容确比傅里叶包含的要多，傅里叶只能产生变换和逆变换两个函数，但是小波函数确可以产生很多函数。所以，如何选取小波函数才是解决工程实际问题需要重点关注的。但是小波函数的选取并没有相关的依据可以参考，面对不同的数据样本，需要采用不同的小波函数，因此就需要根据项目的实际情况来进行试验，目前这也是最有效的方法。但是采用这种方法需要花费大量的时间和精力，复杂性甚至不低于项目问题，所以选用小波一般都是基于以下标准进行的。

（1）正交性。小波的正交性是小波具有的优良特性，该种特性可以通过小波的低通滤波器及高通滤波器之间的关系直观地反映出来，具体的表现是如果高低通滤波器之间只是相差一个平移因子，则认为这两种滤波器之间是等价的关系。关于分析滤波器和综合滤波器之间，在小波函数的逆变换过程中的区别是相差一个共轭，并且计算它们的算法简单直观。

设 $\psi(x) \in L^2(R)$，若函数满足：

$$\langle \psi(x-k), \psi(x-l) \rangle = \begin{cases} 1, & k=l \\ 0, & k \neq l \end{cases} \tag{5-22}$$

式中，$k$，$l \in Z$，则函数 $\psi(x-k)$ 为规范正交系。

（2）对称性。设 $\psi(x) \in L^2(R)$，若 $\psi(a+x)=-\psi(a+x)$，称 $\psi(x)$ 具有对

称的性质。对称性在小波函数应用的过程之中所起的作用是避免在处理信号分解和重构过程时失真现象的产生。

（3）正则性。数学理论上的可微性和光滑性指的就是正则性，而小波函数正则性包括两个部分：局部正则性和整体正则性，通过小波函数的粗糙程度可以表现出它的正则性。如果小波函数越是表现出粗糙性，那么就表示小波的正则性低；反之，则说明小波的正则性高。小波变换过程中对函数奇异点的发现程度取决于连续性小波函数的正则性；小波函数的正则性也与它的消失矩成正比关系，这对大部分正交小波来说是成立的，也就是当正交小波具有较高的消失矩，那么它的正则性一定越高。

（4）消失矩。对于小波函数 $\psi(x) \in L^2(R)$ ，若满足：

$$\int_{-\infty}^{\infty} x^r \psi(x)\,\mathrm{d}x = 0 \quad (r = 0,\ 1,\ 2,\ \cdots,\ R) \tag{5-23}$$

则称 $\psi(x)$ 具有消失矩。小波函数的零均值特性，使得任意的小波函数至少具有零阶消失矩。小波函数的消失矩能够正确地反映它的振荡性，并且它们成正比关系，即当消失矩越大时，它的振荡性越大；反之，它的振荡性越小。

（5）紧支性。如果一个区间 $[a,\ b]$ 属于函数 $f(x)$ 的一个分支集合，那么该函数在该区间上就是具有紧支性的，$f(x)$ 具有紧支性的条件是在该区间外函数 $f(x) \equiv 0$。如果小波具有超强的局部化能力，那么就表明存在在 $[a,\ b]$ 区间具有紧支性的函数 $f(x)$ 的支集 $[a,\ b]$ 越窄，函数的小波区间越小。

关于选取最合适的小波，可以将以上所阐述的小波的特点作为选取的依据，当确定出小波时，其分解的情况也就随之确定下来。可以将小波根据其频率的差别分为正交分解小波和非正交分解小波两种。非正交变换小波相比正交小波，具有一定的冗余性，所以在信号处理方面的应用中，采用非正交变换小波可以使得系统具有适当的冗余性。在信号处理的过程中，基于小波函数的对称性和反对称性，可以让信号失真的情况不再出现。要判断一个小波是否具有正则性，主要依据在信号处理的过程中信号的光滑度去进行判断，所以如果一个小波函数在处理信号方面具有很强的能力，那么就表明处理信号的小波函数的正则性很好。小波函数的正则性越强，则其消失矩阵也就越大，它们二者之间的关系为正比关系。如果需要对小波函数的正则性和小时矩阵进行调整，可以采取依次增加滤波器的长度，但是要适度的增加，因为如果增加过度的话就会得到相反的效果。在工程实践中，对于小波的选取是要根据样本数据和结果为需求导向的，而判断一个小波函数是否适合实际工程，还需要对小波函数处理的信号的结果进行分析才可以。在上面介绍的小波函数的种类中，本书在研究时选取 Morlet 小波函数，可以根据它的优点对神经网络进行修改、改进。

### 5.4.3 BP 神经网络的改进

BP 神经网络在评估方面具有一定的优势，这是和传统的方法相比较而言的，就其自身来说，在评估应用时仍然存在一些不足。这在 BP 神经网络模型的网络收敛速度较慢、极易陷入局部极小点等方面就可以看出。随着研究人员对 BP 神经网络的不断研究与完善，为了弥补神经网络模型的不足，逐渐出现了将其他理论与 BP 神经网络进行结合构建模型的方法，例如对网络模型参数采用增加动量项和自适应调整的学习速率等，下面做具体介绍。

（1）增加动量项的 BP 算法。传统的 BP 神经网络在关于调整连接权值方面，可能会由于考虑不当而导致网络收敛速度缓慢，例如考虑本次误差梯度下降方向而忽视了前一次调整的误差梯度方向。如果要提高网络收敛速度，就必须对于调整连接权值进行全面的考虑，也就是增加动量项的方法对权值进行调整。连接权值调整公式如下：

$$\Delta w_{ij}(n) = -\eta \frac{\partial E}{\partial w_{ij}} + \mu \Delta w_{ij}(n-1) \tag{5-24}$$

式中，动量项用 $\mu \Delta w_{ij}(n-1)$ 表示；学习次数用 $n$ 表示；动量系数用 $\mu$ 表示，$0 < \mu < 1$；$\eta$ 表示学习率。

为了使调整方向向一个方向发展，就需要在调整连接权值时附加动量项，这样即使两次调整的方向相反，网络的收敛速度仍然可以得到提高。

（2）优化自适应调整学习率的算法。在网络模型的参数中，对 BP 网络学习算法有相当大的影响就是学习速率。学习速率可能会出现以下两种情况：

1）学习速率偏大，学习过程振荡，网络不收敛。

2）学习速率偏小，网络收敛速度变慢，网络学习训练耗时。

因此，要想对 BP 神经网络的学习训练时间和网络收敛速度有效地进行提升，合适的学习速率的选择是必须条件。但是往往在具体实际例子中，对合适的学习速率的确定是比较困难的一件事。所以必须通过不断对学习速率进行调整，然后对比网络的学习训练时间和网络收敛速度是否满足要求，最后找到一个合适的学习速率。学习速率会影响其他的网络参数，从而难以避免在训练过程中出现局部极小点的现象。

对于自适应调整学习的具体过程如下：对网络进行训练时先设定一个初始学习率，如果训练过程中误差变大，网络局部极小点就会出现，此时通常会对学习率乘以常数 $l$（$l<1$），调整后继续进行训练。在常数 $g$ 和 $l$ 的选取上，通常 $g$ 的取值范围为 $1<g<1.1$，而 $l$ 的取值范围为 $0.9<l<1$。通常情况下，$g$ 和 $l$ 的选取之间具有紧密的联系，但是选取的同时也必须依据具体的实际情况。

（3）BP 小波神经网络算法。BP 小波神经网络属于一种督促型的学习网络，在 20 世纪 90 年代其基本概念及算法就已经被国外的 IRISA 和我国的张清华提出。相比于 BP 神经网络，BP 小波神经网络是用小波基函数将网络中的传递函数取代。随着不断地发展，越来越多的研究学者开始进行小波和神经网络之间联系关系的研究。

在本书的研究中，将 BP 神经网络中的传递函数——S 型函数用 Morlet 小波函数替换。小波神经网络是集小波分析和 BP 神经网络的优点于一体的一个性能更好的网络模型，经过改进的这种模型在数据处理分析方面的能力有一个大幅的提高。根据小波在 BP 小波神经网络的作用可以将其分为以下两种类型：

1）松散性结合。该种类型小波分析的角色是协助网络对样本数据进行分析处理。首先是对输入信号的小波分析预处理，包含对信号进行变换、降噪等处理；接着就是用模型对处理后的信号数据作为 BP 神经网络的输入量进行训练学习，对样本数据进行处理，该种类型的 BP 小波神经网络在应用的过程中是将小波分析和 BP 神经网络分离的。

2）紧致性结合。该类型的 BP 小波神经网络就是用小波函数替换 BP 神经网络的传递函数，该种网络可以将小波与 BP 神经网络进行充分的结合，相比于松散性结合的网络类型，该种网络具有更优的性能。所以，本书在应用的过程中选取这种紧致性结合的 BP 小波神经网络。

首先，BP 神经网络模型用于确定网络结构；然后，BP 神经网络模型用于分析样本数据；最后，对结果进行分析。

（4）特种筒仓结构施工安全风险评估方法的确定。在处理信息速度方面，人工神经网络是具有绝对优势的，并且泛化能力强、容错性能好等优点神经网络也可以体现出来。但是对神经网络还必须进行改进，因为它在网络收敛速度慢、容易陷入局部极小点等方面的缺点会影响它在实际中的应用。通过对比几种评估模型发现，BP 小波神经网络可以将 BP 神经网络中的许多不足进行改善，例如进行数据拟合时逼近能力很强，可以避免陷入局部极小点等。最重要的是 BP 小波神经网络还可以进行多期数据的评估，其优越性超过其他几种评估模型。

在以 BP 小波神经网络为评估方法的基础上，采用附加动量法以及自适应调整学习率的改进方法可以提高 BP 小波神经网络的性能。基于以上小波分析的优点，为了改变 BP 神经网络的出现局部极小点的情况，将 BP 神经网络与小波分析两者结合，即改善了 BP 神经网络的缺点，也保留了其非线性映射能力强等优点。由此，在对特种筒仓结构施工安全进行评估时可以使评估结果更具有可用性，可以更好地对数据进行分析处理。因此利用小波分析和 BP 神经网络组合的评估方法，即 BP 小波神经网络法。

## 5.5 基于BP小波理论的特种筒仓结构施工安全风险评估模型构建

### 5.5.1 BP小波神经网络的算法

BP小波神经网络的算法需要经历四个阶段的训练学习过程，这是BP小波神经网络的自身特点。与BP神经网络不同的是第一阶段对数据进行处理时利用了小波函数来代替它原有的函数。用Morlet小波函数来代替BP神经网络中的传递函数，因为Morlet小波函数具有可对数据的幅值与相位信息进行有效的提取以及其在时频域具有良好的局部性的优点。Morlet小波函数的表达式如下：

$$\psi(t) = e^{-t^2/2}\cos rt \tag{5-25}$$

在研究中，Morlet小波函数中的参数 $r$ 取1.75。基于以上，BP小波神经网络的模型表示如下：

$$y_i(t) = \sum_{j=0}^{n} w_{ij}\psi_{a,b}\left[\sum_{k=0}^{m} w_{ik}x_k(t)\right] \quad (i = 1, 2, \cdots, N) \tag{5-26}$$

如上式所示，输入的第 $k$ 个输入样本数据用 $x_k$ 表示，输出层的第 $i$ 个输出值用 $y_i$ 表示，连接输出层节点 $i$ 与隐含层节点 $j$ 的权重以及连接隐含层节点 $j$ 和输入层节点 $k$ 的权值分别以 $w_{ij}$ 和 $w_{jk}$ 来表示。第 $j$ 个隐含层节点的伸缩和平移系数分别用 $a_j$ 和 $b_j$ 表示，关于输入层的样本数据数量，则用 $P(p = 1, 2, \cdots, N)$ 表示输入层节点数量和隐含层节点数量分别用 $m(m = 1, 2, \cdots, m)$ 和 $n(n = 1, 2, \cdots, n)$ 表示，输出层节点数用 $N(i = 1, 2, \cdots, N)$ 表示量，学习率用 $\eta$ 表示。

第 $P$ 个输入层的样本数据如果用 $x_p^k$ 表示，第 $P$ 个样本数据的第 $i$ 个实际输出值用 $x_i^p$ 表示，第 $P$ 个样本的第 $i$ 个期望输出值用 $d_i^p$ 表示，那么以最小二乘法为准则的误差函数为：

$$E = \frac{1}{2}\sum_{p=1}^{P}\sum_{i=1}^{N}(d_i^p - y_i^p)^2 \tag{5-27}$$

$$\mathrm{net}_j = \sum_{k=0}^{m} w_{jk}x_k \tag{5-28}$$

$$\psi_{a,b}(\mathrm{net}_j) = \psi\left(\frac{\mathrm{net}_j - b_j}{a_j}\right) \tag{5-29}$$

$$y_y(t) = \sum_{j=0}^{n} w_{ij}\psi_{a,b}(\mathrm{net}_j) \quad (i = 1, 2, \cdots, N) \tag{5-30}$$

由以上各式计算可以得到权值和伸缩平移因子关于误差的偏导，结果如式(5-31)~式(5-34)所示。

$$\frac{\partial E}{\partial w_{ij}} = -\sum_{p=1}^{P}(d_i^p - y_i^p)\psi_{a,b}(\mathrm{net}_j^p) \tag{5-31}$$

$$\frac{\partial E}{\partial w_{jk}} = -\sum_{p=1}^{P}\sum_{i=1}^{N}(d_i^p - y_i^p)w_{ij}\psi'_{a,\ b}(\mathrm{net}_j^p)x_k^p/a_j \tag{5-32}$$

$$\frac{\partial E}{\partial b_j} = \sum_{p=1}^{P}\sum_{i=1}^{N}(d_i^p - y_i^p)w_{ij}\psi'_{a,\ b}(\mathrm{net}_j^p)x_k^p/a_j \tag{5-33}$$

$$\frac{\partial E}{\partial a_j} = \sum_{p=1}^{P}\sum_{i=1}^{N}(d_i^p - y_i^p)w_{ij}\psi'_{a,\ b}(\mathrm{net}_j^p)\left(\frac{\mathrm{net}_j^p - b_j}{b_j}\right)/a_j \tag{5-34}$$

与 BP 神经网络的优化算法相同，采用动量因子，改善网络的收敛速度，然后对各网络参数按照下式进行调整：

$$w_{jk}(t+1) = w_{jk}(t) - \eta\frac{\partial E}{\partial w_{jk}} + \mu\Delta w_{jk}(t) \tag{5-35}$$

$$w_{ij}(t+1) = w_{ij}(t) - \eta\frac{\partial E}{\partial w_{ij}} + \mu\Delta w_{ij}(t) \tag{5-36}$$

$$a_j(t+1) = a_j(t) - \eta\frac{\partial E}{\partial a_j} + \mu\Delta a_j(t) \tag{5-37}$$

$$b_j(t+1) = b_j(t) - \eta\frac{\partial E}{\partial a_j} + \mu\Delta b_j(t) \tag{5-38}$$

其中，

$$\psi'(t) = -0.75\sin(1.75t)\mathrm{e}^{-t^2/2} - \cos(1.75t)\mathrm{e}^{-t^2/2} \tag{5-39}$$

### 5.5.2　BP 小波神经网络的模型

在本书的研究中，将小波分析与 BP 神经网络进行结合，建立模型来对数据进行处置。该模型主要包括四个部分的内容，样本数据预处理、确定隐含层节点、确定模型算法及模型精度，通过以上四部分对非线性映射关系建立输入模式和输出模式。

（1）数据样本归一化。在将样本输入进模型之前，由于样本之间的量纲难以统一，直接采用源数据会对网络模型的运行过程产生影响，所以需要对输入的样本数据进行归一化处理。本书采用如下公式的归一化方法：

$$y = \frac{x - x_{\min}}{x_{\max} - x_{\min}} \tag{5-40}$$

经过归一化的样本，其数据的范围为［-1，1］。对样本进行了归一化处理，输出的结果就必须进行反归一化才能得到源数据的真正训练值。采用如下公式对数据进行反归一化[131]：

$$x = y(x_{\max} - x_{\min}) + x_{\min} \tag{5-41}$$

（2）输入层节点。该模型的输入层各节点对应前文建立的特种筒仓结构施工安全风险评估 44 个指标：筒体混凝土强度 $S_{11}$、筒体混凝土温度 $S_{12}$、筒体钢

衬里刚度 $S_{13}$、筒体径向位移累计量 $S_{14}$、筒体竖向位移累计量 $S_{15}$、筒身混凝土竖向应力值 $S_{16}$、筒身混凝土环向应力值 $S_{17}$、地表沉降累计量 $S_{21}$、地表沉降速率 $S_{22}$、地表沉降差异量 $S_{23}$、吊车行驶区域强度 $S_{24}$、吊车行驶区域坑边荷载 $S_{25}$、地下水位高度 $S_{26}$、地下水位变化速率 $S_{27}$、混凝土浇筑高度 $S_{31}$、混凝土浇筑体积 $S_{32}$、钢衬里悬臂高度 $S_{33}$、内外壳施工高差 $S_{34}$、施工平台荷载 $S_{35}$、起吊极限值 $S_{36}$、支撑体系的强度 $S_{41}$、支撑体系的变形 $S_{42}$、支撑体系的轴力 $S_{43}$等，所以输入层节点数为 44 个。

（3）确定隐含层节点数。本书在研究的过程中采用具有三层网络结构 BP 小波神经网络，但是对于隐含层神经元个数的确定还需要结合经验公式法和训练试验法确定它的值。经验公式法和训练试验法的具体内容如下。

1）经验公式法。长期对 BP 神经网络模型的使用，使得研究者对选取隐含层数积累了经验，具体可用如下公式计算：

$$
\begin{aligned}
w &= 2m + 1 \\
w &= \sqrt{m + n} + l \\
w &= \sqrt{mn}
\end{aligned}
\tag{5-42}
$$

式中，$m$ 代表输入层节点数量；$n$ 代表输出层节点数量；$w$ 代表隐含层节点数量，对于 $l$ 的取值，通常在 1~10 的范围进行选取。这些应用于 BP 神经网络模型的经验公式，同样适用于 BP 小波神经网络模型。

2）训练试验法。训练实验法的原理是：将网络模型的隐含层节点的范围先利用经验公式法进行确定，在此基础上不断地进行试验优化，然后选取最优的节点。

对于隐含层节点数的确定，可以采用从小到大不断增加的方法。首先选取一个小的节点数值，经过模型的训练，检查得到的误差是否符合要求；若不符合要求时，就不断地增加节点数量，不断进行训练，验证误差是否达到要求。如果在误差符合的情况下，训练次数<设定训练次数，就减小隐含层节点数，如此找到合适节点数。以上两种确定隐含层节点数的方法分别称为生长法和裁剪法。

（4）输出层节点。安全风险事故可以是多种安全风险因素在某种工况下综合作用发生的，亦可是某种安全风险因素在特定的工况下发生的，如图 5-5 所示。而安全风险评估指标阈值是判断项目安全事故发生概率的评判标准，评估值与阈值的对比，是判断当前项目安全事故发生概率的核心依据之一。模型阈值的设立会受工程的特殊性、周边环境等因素的影响，所以设立每个项目指标阈值是没有完全统一的标准作为依据的，长久积累的经验是现行阈值设立的依据。设立风险阈值需要依据以下的条件：1）设计要求；2）现行规范；3）充分考虑周边环境与具体项目情况；4）综合考虑进度、经济因素的影响及安全影响。

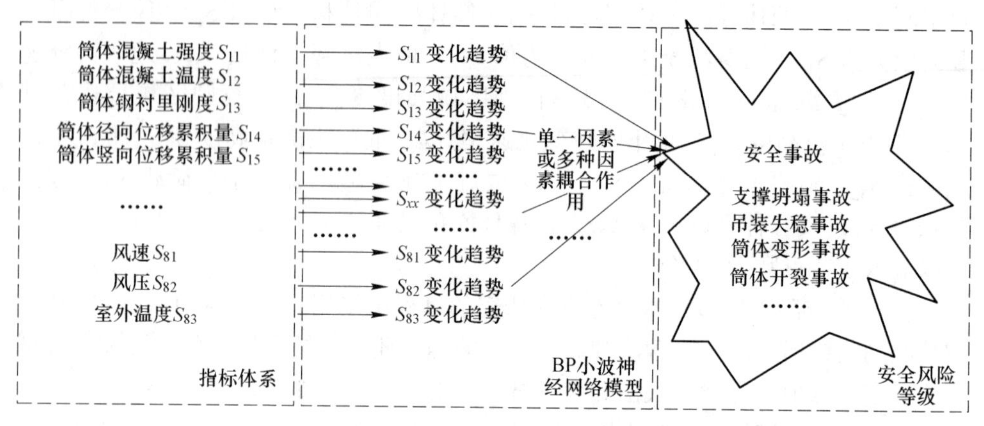


图 5-5　基于 BP 小波神经网络模型的特种筒仓结构施工安全风险评估流程

输出层只有一个节点，其输出数据即为特种筒仓结构施工安全风险值，如表 5-4 所示，风险值都有其对应的具体的安全风险等级，进行工程的安全风险等级划分一般都是以安全事故发生的概率及其后果的严重程度为依据的。在评估工程的安全风险等级时，安全管理者需要根据企业自身对风险的承受能力大小，明确风险接受的界限，同时需要给出对策对风险进行有效的控制。

**表 5-4　安全风险分级**

| 等级 | 风险值 | 可接受标准 | 对安全风险程度进行描述 | 信号颜色 |
|---|---|---|---|---|
| 一级 | 0~0.2 | 可忽略 | 风险发生的可能性极低，出于安全状态，无需处理 | 绿 |
| 二级 | 0.2~0.4 | 可接受 | 风险偏低，安全状况较好，需引起注意，重伤可能性很小但有发生一般伤害事故可能性，需常规管理审视 | 蓝 |
| 三级 | 0.4~0.6 | 处理后可接受 | 风险中等，安全状况一般，一般伤害事故发生可能性较大，需进行整改 | 黄 |
| 四级 | 0.6~0.8 | 不可接受 | 存在较高的安全风险，状况不佳，隐藏的事故及其发生的可能性都比较大，需马上动手整改并且要不断进行监控 | 紫 |
| 五级 | 0.8~1.0 | 拒绝接受 | 极高的风险存在，发生安全事故的概率极高并且后果不可控制，要不断进行监控并且立即采取手段进行控制 | 红 |

（5）模型算法。BP 小波神经网络模型和 BP 神经网络模型二者的计算流程是相似的，只是相对于 BP 神经网络模型的算法来说，小波神经网络只是改变了从输入层到隐含层之间的激励，BP 小波神将网络采用的是小波函数。在本文的研究过程中，将 Morlet 小波函数作为小波神经网络输入层与隐含层的传输函数，而隐含层与输出层之间的传输函数不进行改变。在网络参数的设置上，BP 小波神经网络与 BP 神经网络的确定方法相同。

(6) 评定模型的精度。采用均方误差的方式进行模型精度的评定，公式如下：

$$E = \frac{1}{2}\sum_{p=1}^{p}\sum_{i=1}^{N}(d_i^p - y_i^p)^2 \tag{5-43}$$

以上公式中，样本数据的期望值用 $d_i^p$ 表示，样本数据的训练值用 $y_i^p$ 表示，而样本数据的数量用 $p$ 表示。

如果 $E(0) = E_{max}$ 或者接近设定的最大训练次数时，就要停止训练；如若不然，令 $E=0$，重新返回进行计算。

### 5.5.3 实现 BP 小波神经网络

要实现 BP 小波神经网络，就要以 MATLAB 软件为平台，进行 BP 小波神经网络的程序编写，并将数据输入进行处理分析。

具体学习过程为：

(1) 输入一组学习样本对 $\{P^i, T^i\}$；

(2) 利用网络计算网络输出；

(3) 确定并计算梯度、权值、阈值的偏导等各个网络模型的参数。例如关于小波的收缩、平移因子的偏导；

(4) 对网络参数进行调整；

(5) 其他样本的输入；

(6) 如果存在学习样本，那么就返回 (2)；

(7) 对误差进行计算；

(8) 对误差进行检查，如果得到的结果为误差>目标误差，则返回步骤 (2) 继续循环；若误差<目标误差，就需要继续对误差进行训练学习。

# 第2篇

# 特种筒仓结构施工关键技术及安全控制实例分析

## 6 工程概况

在第1~5章特种筒仓结构施工关键技术及安全控制理论分析的基础上，本章结合第三代核电技术施工项目，运用所建立的理论分析方法详细阐述特种筒仓结构施工安全数值模拟、施工安全动态监测、施工安全风险评估三个方面的实现过程，以期理论结合实践，生动形象地向广大读者分析特种筒仓结构施工关键技术及安全控制的全过程，为类似特种筒仓结构施工安全管理工作提供参考。

### 6.1 项目背景

#### 6.1.1 项目概况

核电站以核反应堆来代替火电站的锅炉，以核燃料在核反应堆中发生特殊形式的“燃烧”产生热量，使核能转变成热能来加热水产生蒸汽。自20世纪50年代至60年代初，苏联、美国等建造了第一批单机容量在300MWe左右的核电站开始，核电站的发展先后经历了第一代、第二代、第三代等（见图6-1）。

（1）第一代核电站。核电站的开发和建设开始于20世纪50年代。1951年，美国最先建成世界上第一座实验性核电站。1954年苏联也建成发电功率为5000kW的实验性核电站。1957年，美国建成发电功率为9万千瓦的原型核电站。这些成就证明了利用核能发电的技术可行性。上述实验性的原型核电机组被称为第一代核电站。

（2）第二代核电站。20世纪60年代后期，在实验性和原型核电站机组的基础上，陆续建成发电功率为几十万千瓦或几百万千瓦，并采用不同工作原理的所

(a)

(b)

(c)

图 6-1　第一、二、三代核电站
（a）第一代核电站；（b）第二代核电站；（c）第三代核电站

谓“压水堆”“沸水堆”“重水堆”“石墨水冷堆”等核反应堆技术的核发电机组。它们在进一步证明核能发电技术可行性的同时，使核电的经济性也得以证明。如今，世界上商业运行的四百多座核电机组绝大部分是在这一时期建成的，习惯上称其为第二代核电站。

（3）第三代核电站。20 世纪 50 年代，为了消除美国三里岛和苏联切尔诺贝利核电站事故的负面影响，世界核电业界集中力量对严重事故的预防和缓解进行了研究和攻关，美国和欧洲先后出台了《先进轻水堆用户要求文件》（URD 文件）、《欧洲用户对轻水堆核电站的要求》（EUR 文件），进一步明确了预防与缓解严重事故，提高安全可靠性的要求。于是，国际上通常把满足 URD 文件或 EUR 文件的核电机组称为第三代核电机组。

第三代核电机组有许多设计方案，其中比较有代表的设计就是美国西屋公司的 AP1000 和法国阿海珐公司开发的 EPR 技术。这两项技术在理论上都有很高的安全性。这些设计理论上很好，但实践起来却困难重重。由于某些方面的技术还不够成熟，以致在世界各国使用三代核电技术的装机数寥寥无几。在这方面我国走在了世界的前列，浙江三门和山东海阳就采用了美国西屋公司的 AP1000 技术（见图 6-2）；广东台山则采用法国阿海珐公司的 EPR 技术，它们的建成，将成为世界第三代核电站的先行者。

本实例分析的第三代核电站核岛包括以下厂房：反应堆厂房、燃料厂房、电气厂房、安全厂房、核辅助厂房、核废物厂房、柴油机厂房以及运行服务厂房、应急空压机厂房、核岛消防水泵房等。其中，核电站反应堆厂房安全壳是核电站中重要的防护结构，在土建施工项目中核安全等级最高。目前我国已建和在建的核电站大部分采用的是单壳结构，如图 6-3 所示。随着人类环保意识的增强和对核安全要求越来越高，双层安全壳结构的反应堆的应用更加普遍，这将大大提高核

(a)

(b)
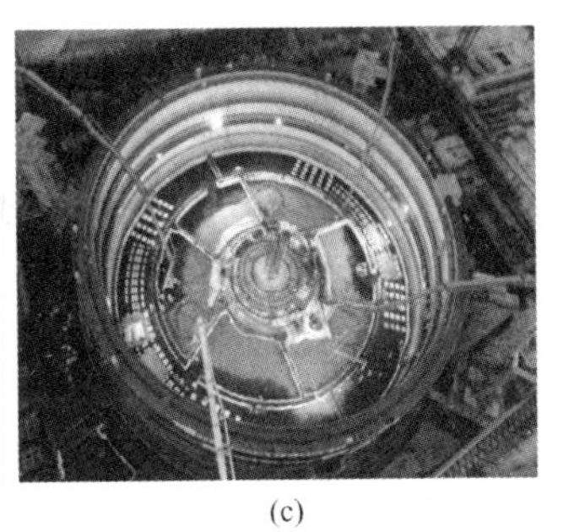
(c)

图 6-2 第三代核电技术
(a) 海阳核电站 (AP1000); (b) 台山核电站 (EPR); (c) 福清核电站 (华龙一号)

电站反应堆厂房安全壳密封性能和防撞能力，如图 6-4 所示。

随着社会的发展，相关行业的技术不断在核电建造领域综合利用，双安全壳施工技术预计将有很大提高。为适应社会对核电站的需求，双层安全壳施工技术将朝着确保质量、保证安全、工期优化、高效率、高效益方向发展。同时，我国的双层安全壳施工技术将走以自主研发为主，适当引进国外先进技术的道路，逐步形成具有自主知识产权的技术。

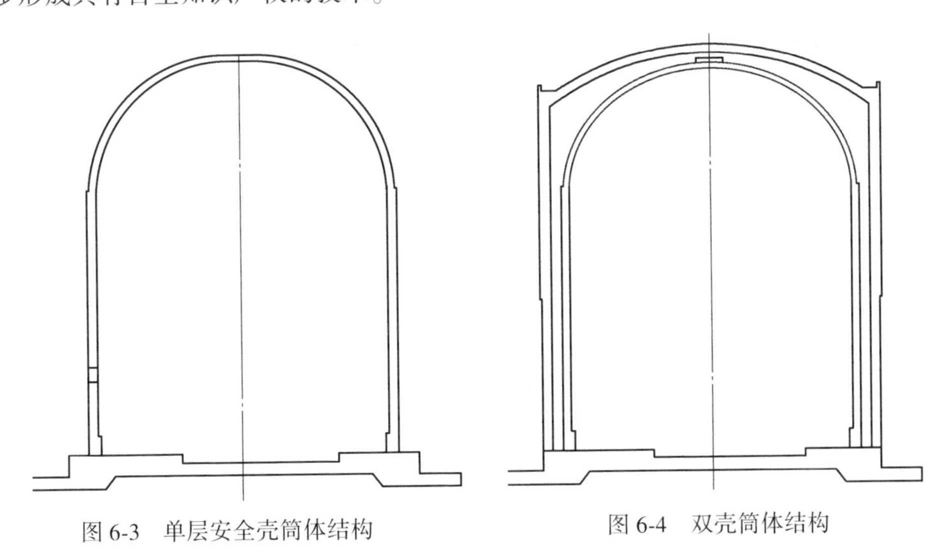

图 6-3 单层安全壳筒体结构

图 6-4 双壳筒体结构

本例所分析的安全壳厂房为双壳厂房，钢筋混凝土结构，如图 6-5、图 6-6 所示。内壳外半径为 24. 700m，壁厚为 1. 3m，顶标高为 70. 480m；外壳内半径为 26. 500m，外半径为 28. 0m/28. 3m，顶标高为 73. 38m。在内壳 100°、280° 两处有扶壁柱。筒体局部位置有突出结构，如外挂水箱、设备闸门、人员闸门以及运输通道等处，这些突出区域对现场施工，特别是模板提升支设。内外壳体上均设有较大数量的工艺用贯穿件，其中外壳有92个贯穿件，内壳有277个贯穿件，贯穿件安装精度要求高。外挂水箱为悬挑结构，沿5RB外层安全壳外侧圆周分布，共分为两层。水箱悬挑宽度为3.9m，最低底标高为38.85m，最高顶标高为56.2m，共有3层板，4层墙体（包括女儿墙），采用C60混凝土浇筑。

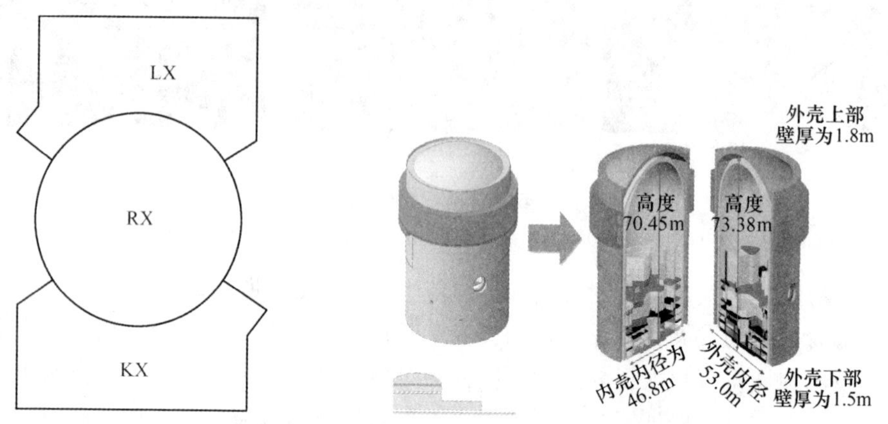


图6-5 核岛厂房平面

图6-6 核岛结构剖面

内外壳间隔较小（RX为1800mm，KX/LX为700mm），相当于将原本开放的外侧施工空间封闭至1.8/0.7m的狭小空间，由此导致了施工机械运转及施工措施难度的增加。由于内外壳之间存在多层钢结构平台、钢质贯穿件、预应力张拉区和电气安装等物项，导致施工组织存在较多专业、较大纵深的交叉施工。内壳预应力分环向、穹顶和倒U形三种，筒体环向127束，穹顶环向21束，竖向倒U形94束。

内部结构厂房为钢筋混凝土结构，包括-6.7m底板、反应堆堆坑厚约2.2m（一次屏蔽墙）、外环墙（二次屏蔽墙）位于中心半径$R=17.40$m的圆周上，将整个内部结构分隔为内、外环两大部分，其标准厚度为900mm及1300mm；反应堆换料水池，带有不锈钢衬里。工程量：混凝土约73845$m^3$，钢筋约18629.3t，内外壳间隔较小（RX为1800mm，KX/LX为700mm），与单壳结构相比会降低墙体施工效率，增加现场施工组织难度。

### 6.1.2 项目难点

（1）逻辑施工顺序复杂。双层壳体共置于一个钢筋混凝土底板，两层壳体有一定的隔离空间，内壳主要采用带钢衬里的预应力钢筋混凝土结构，外壳是钢筋混凝土结构，安全壳穹顶为半球形。研究探讨钢衬里和内层安全壳施工逻辑顺序、内壳与外壳的逻辑施工顺序，以及外壳与周边厂房施工逻辑顺序，避免双层安全壳与周边厂房施工进度受到制约。双壳结构涉及多个区域交叉作业，包括钢衬里与内壳交叉作业、内壳与外壳交叉作业、外壳与周边厂房交叉作业。因此，控制双壳作业区域安全文明施工质量也是双壳施工过程中的关键点。

（2）特殊部位。设备闸门区域、外挂水箱区域等特殊部位涉及钢结构、预应力导管、钢筋等专业交叉施工，施工逻辑顺序安排、二次浇注区域施工质量的保证是施工的重点和难点。穹顶区域施工中，模板的设计和加固，预应力导管、钢筋等专业的交叉施工逻辑顺序安排都是双壳结构施工的难点。

（3）双层安全壳贯穿件同心度，精度要求高。外层安全壳贯穿件标高、轴线、半径、与内壳贯穿件同心度要求精度较高。根据结构设计要求，在主体结构施工完成，包括预应力张拉完成后，内外层安全壳贯穿件套筒同轴度相对误差为±10mm，考虑混凝土浇筑及预应力施工影响，贯穿件套筒安装精度按照±2mm控制。

（4）大体积高强混凝土，质量要求高。双壳结构为大体积高强度混凝土（混凝土强度等级为C60），浇筑过程中和浇筑完成后混凝土产生的水化热较大，如何控制双壳结构混凝土裂缝的产生，保证混凝土的防辐射性，是施工控制的重点和难点。

## 6.2 特种筒体结构施工逻辑分析

内壳与外壳、内壳与钢衬里、外壳与周边厂房在施工逻辑上存在紧密的联系，需要进行详细的施工逻辑推演和策划，选择最为合适的施工方案，严密组织现场施工。根据以往核电站安全壳分层分段的施工经验和现有设计确定，分段原则具体为：内壳每段高度2.0m，外壳每段高度3.5m，钢衬里每段高度3.775m，按此原则，内壳分为27层，外壳分为21层，钢衬里分为13层。钢衬里可以高于内壳不大于18.875m高差；考虑内外壳同时受模板挂架、插筋高度以及1.8m净空的影响，内外壳作业面需保持至少10m高差，便于APC壳相连接。国内外与该项目结构布置类似的三代核电堆型（如EPR、VVER），施工主要是采用“先内后外”、“先外后内”两种施工组织模式，同时考虑到现场施工条件和总工期及后续房间移交的情况下，提出“内外兼顾”、“先内后外”、“先外后内”等施工组织模式，现对这几种组织模式分别逻辑推演和分析，找出各自的优缺点，从中选择最合适的施工组织模式。

### 6.2.1 “内外兼顾”施工

“内外兼顾”施工组织模式即在设计、采购等上游条件具备的情况下，通过对人、材、机等资源的调配，使得内部结构、内壳施工与周边厂房施工能够保持进度合理均衡状态，穹顶吊装能够按期实现，周边厂房施工较为理想的原则，如图6-7（a）所示。

经分析推演得知“内外兼顾”施工组织模式具备以下优点：

（1）内壳和内部结构施工满足整体工期要求，能保证穹顶如期吊装；

（2）利用钢衬里施工间隙先行施工外壳，为周边厂房提供足够工作面，后续房间移交压力较小；

（3）各厂房土建阶段一次引入设备大吊车站位不受影响；

（4）APC壳施工进度能够满足龙门架安装条件。

缺点：内壳1、2段施工受外壳影响，造成施工降效，增加安全风险。

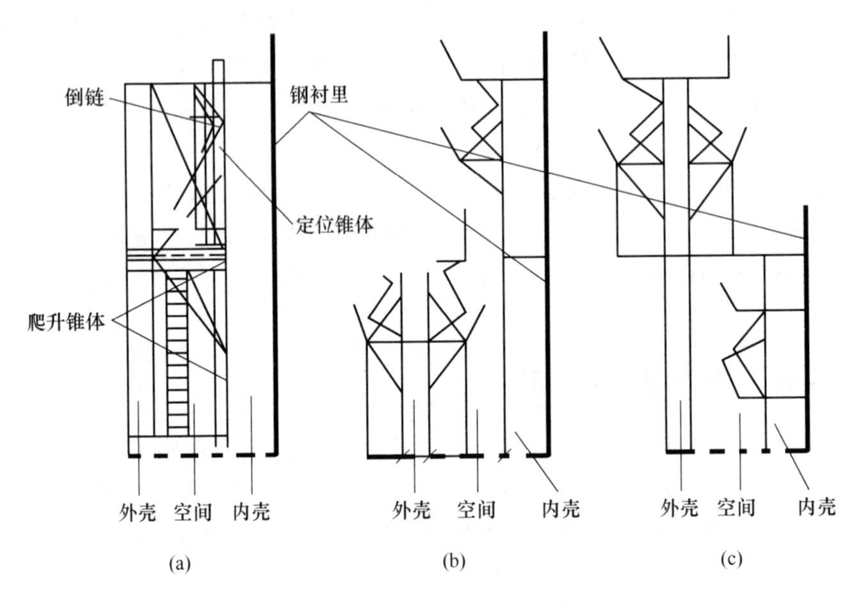


图6-7 双壳施工顺序示意图

（a）“内外兼顾”施工；（b）“先内后外”施工；（c）“先外后内”施工

### 6.2.2 “先内后外”施工

“先内后外”施工组织模式即在设计、采购等上游条件具备的情况下，通过对人、材、机等资源的调配，以内部结构及内壳施工为中心，在全力保证内部结构和内壳施工进度的前提下，推动外壳及周边厂房的施工原则，如图6-7（b）所示。

经分析推演得知“先内后外”施工组织模式具备以下优点：

（1）内壳和内部结构施工进度较快，满足整体工期要求，能提前计划完成穹顶吊装；

（2）内壳一直高于外壳施工，材料倒运压力和施工安全风险较低；

（3）各厂房土建阶段一次引入设备大吊车站位不受影响；

（4）APC 壳施工进度能够满足龙门架安装条件。

缺点：周边厂房在穹顶吊装时主体的未封顶，主体结构完成率较低，后续房间移交压力较大。

### 6.2.3 “先外后内”施工

“先外后内”施工组织模式即在设计、采购等上游条件具备的情况下，通过对人、材、机等资源的调配，以外壳及周边厂房的施工为中心，在全力保证外壳及周边厂房的施工进度的前提下，推动内壳及内部结构的施工原则，如图 6-7（c）所示。

经分析推演得知“先外后内”施工组织模式具备以下优点：

（1）周边厂房在穹顶吊装前均已主体封顶，后续房间移交压力不大；

（2）各厂房土建阶段一次引入设备大吊车站位不受影响；

（3）APC 壳施工进度能够满足龙门架安装条件。

缺点：

（1）外筒体和内筒体间的净空间只有 1.8m，材料倒运压力和施工安全风险较大；

（2）先施工将极大增加内筒体及钢衬里施工难度，造成主线工期增长，穹顶吊装无法按期实现。

### 6.2.4 “施工流程”确定

内、外壳同时施工，鉴于施工空间狭小，两壳人行、运输、作业在同一层面互相干扰，并存在安全隐患，不可行。先外壳后内壳施工，阻挡了作业人员的视线，也不可行。先内壳后外壳施工可使混凝土在内、外壳保持高差同步浇注，施工视线开阔，便于人行、运输和模板撤除；内、外壳混凝土均按 2m 高度分层，使内、外壳结构在有限作业面上成梯级有序交叉、快捷施工，也减少了内、外壳施工分别对内部结构、周围各厂房施工进度的影响；确保了核岛土建工程总体施工进度，综上所述，从关键路径以及施工安全、技术风险等方面综合考虑，双层安全壳采用“内外兼顾”施工组织模式。根据该核电站的堆型特点，在反应堆厂房筏基施工完成后，立即启动外层安全壳施工。此时内壳正在施工钢衬里，因此内壳根本不具备施工条件，周边各厂房也正在施工筏基部分，为避免外壳制约周边厂房施工进度，在筏基施工完成后可以优先施工外壳。

受内外层安全壳贯穿件同心度技术限制，必须在内壳贯穿件就位成型后才能安装外壳贯穿件套管，因此外壳只能施工第一层，然后再启动内壳施工。受模板体系高差要求限制，内壳必须施工到第六层后才能继续启动外壳第二层的施工。

若能够攻克内外层安全壳贯穿件同心度控制技术难点，可先将外壳施工到第二层之后再启动内侧施工，既能保证外壳不制约周边厂房施工，又不影响内层安全壳施工的正常启动。故最终选定先内壳后外壳的施工方法，功效较另外两种各提高一倍。

## 6.3 特种筒体结构关键施工技术

### 6.3.1 双壳爬模体系

双壳筒体模板体系施工时，考虑内、外层安全壳模板之间施工逻辑顺序，高差要求，以及模板尺寸与内外之间间距的关系，保证内壳模板体系不影响外壳内侧垂直运输和实体结构施工（内壳与外壳净空只有1.8m）。模板体系满足外壳变截面（半径28.3m）位置和扶壁柱区域模板使用。混凝土浇筑厚度较大（内壳1.3m、外壳1.5m/1.8m），充分考虑混凝土浇筑时，模板体系的受力情况，模板支撑体系的强度、稳定性满足施工质量和施工安全，考虑施工需要，需设计出一套自带操作平台的模板体系且操作平台要满足最大施工荷载要求，难度较大。根据以上分析，需要设计出一套适合双壳筒体施工的模板体系。

（1）模板拼装。模板组装完成后，为保证模板加工精度满足现场施工要求，可在施工现场选择一平坦区域对模板进行试拼装及校核，检查模板的半径误差、拼缝误差是否在允许范围内，如图6-8所示。

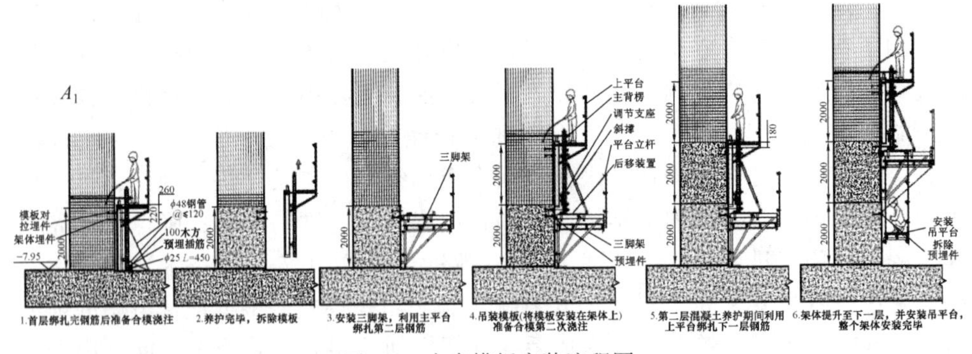


图6-8 内壳模板安装流程图

（2）模板施工流程。受双壳实体结构的影响，外壳内侧的模板施工是整个模板施工过程中的难点。模板提升受内壳挂架、现场风力、内外壳贯穿件伸出混凝土面部分的影响较大，如图6-9所示。

经实践证明，内外层安全壳定型模板具有良好的适用性，施工简单迅速，混凝土表面光洁，且模板可多次周转使用，具有良好的经济型。同时内外壳模板上

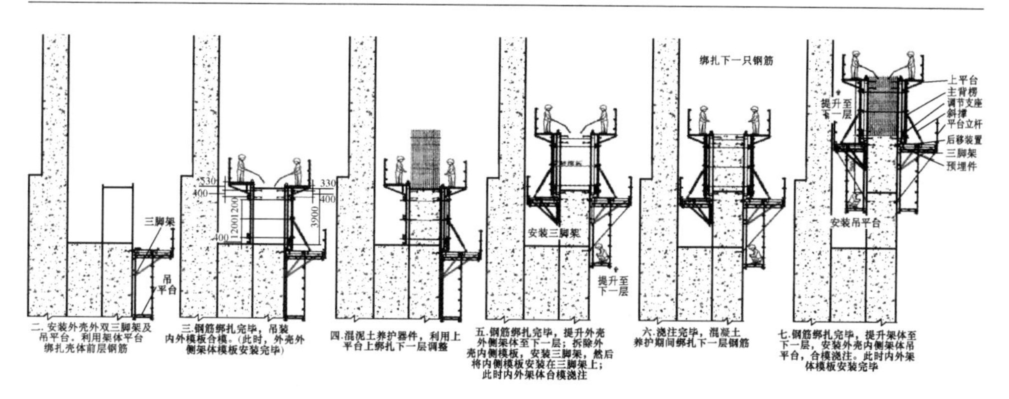


图 6-9 外壳模板安装流程图

下错层布置解决了内外壳交叉施工的难题，保证内外壳施工时有充足的作业空间，有利于加快施工效率。能为建筑主体结构和装修施工提供安全可靠的防护及操作平台，且定型模板的统一标准做法，保证了现场施工安全，进度的同时，也提高了施工形象和工程项目管理水平。

### 6.3.2 模块化施工技术

筒体钢衬里采用模块化拼装和吊装的安装施工方法，此种方法对吊装变形的控制难度大。该核电机组钢衬里筒壁衬里垂直划分为加腋区和 13 层筒体，钢衬里模块化施工共规划 3 个模块：模块一为加腋区+筒体第 1 层、模块二为筒体第 2 层+筒体第 3 层、模块三为筒体第 4 层+筒体第 5 层。在 1 至 5 层筒体壁还分布着 132 个 250~1536mm 的贯穿件套筒和 2 个直径 2900mm 的人员、应急闸门套筒以及 44 个贯穿锚固件。采用 LR11350 履带式起重机进行吊装。

吊装共分为 3 个模块，分别为模块 1：加腋区-第一层筒体；模块 2：第 2~3 层筒体；模块 3：第 4~5 层筒体。模块分段如图 6-10 所示。吊具采用桁架结构，

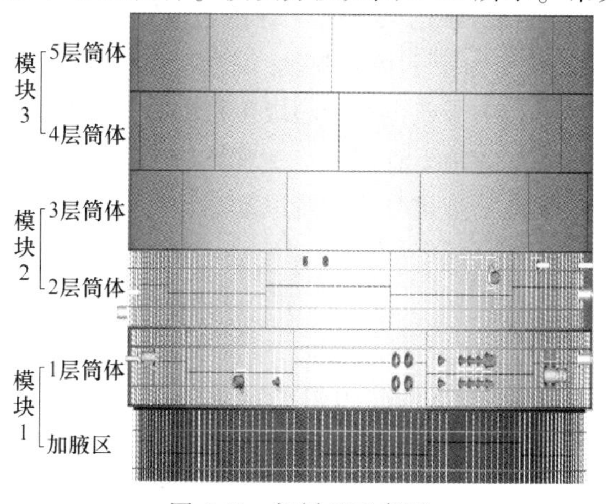


图 6-10 钢衬里示意图

如图6-11、图6-12所示。吊具共分为16段，每段由弦杆与腹杆焊接而成，段与段之间采用法兰连接。

吊具上部索具连接顺序依次为：吊具上吊耳、可调拉杆、拉板、卸扣、钢丝绳，钢丝绳连接在起重设备的吊钩上；吊具下部索具连接顺序依次为：吊具下吊耳、索具螺旋扣、卸扣，卸扣与模块吊耳连接。其中，可调拉杆和索具螺旋扣的作用是吊装时调节模块的水平度。

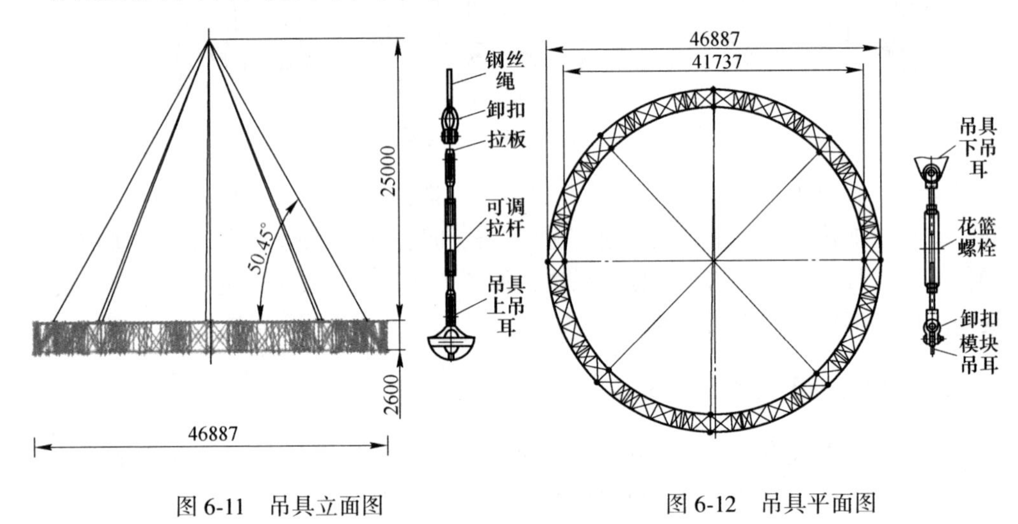


图6-11 吊具立面图

图6-12 吊具平面图

施工现场塔吊布置密集，最大塔吊覆盖范围达到80m，布置难点有：(1) 保证多台塔吊水平与垂直双向交叉重叠，同时安全运转；(2) 保证多台塔吊覆盖同一厂房，确保其中一台出现机械故障时，其余塔吊能够进行弥补；(3) 保证与地下密布管网施工逻辑相匹配，避开逻辑干扰，保证塔吊的有效覆盖率、延长使用寿命；(4) 塔吊布置要尽量避开场地条件不好的区域；(5) 保证塔吊之间的安全距离；(6) 为后期穹顶吊装留出"绿色通道"；(7) 考虑到特殊构件及施工机械的吊装要求，如三大闸门、钢衬里、混凝土布料杆等。

场地有限的情况下，由于核电本身超级工程的特点，加之在运与在建多堆型工程建设、管理需求叠加和地下管网密集、现场标准化要求高，后台、通道、堆场、临建设施必须根据施工推进分不同阶段动态评估、实时调整，施工过程如图6-13所示。

### 6.3.3 双壳穹顶施工技术

内壳穹顶施工时，通过改进M310堆型穹顶分两层浇筑的施工方法，本项目采用两层合一、一次性浇筑的方法。外壳穹顶施工时，因穹顶为半球形结构且下部无钢衬里，1800mm环形区无支撑面等技术难点，壳筒体60.893m以上穹顶为

图 6-13 筒体钢衬里施工过程

半球形的钢筋混凝土结构，外半径 $R=40000$mm，内半径 $R=38200$m，穹顶厚度 1800mm，共分为 7 层进行整圈浇筑，混凝土浇筑总量约 7000$m^3$。

（1）外壳穹顶施工流程。施工流程如下：

外穹顶支撑体系的预埋（留设）→内、外壳 1800mm 环形区施工平台搭设→1800mm 环形区及内穹顶脚手架的搭设→穹顶底模支设→穹顶钢筋绑扎及混凝土浇筑→下一层穹顶混凝土施工。

根据现场施工需要，穹顶混凝土采用整圈分层的浇筑方式施工，整个穹顶分 7 层施工（包括外壳 20、21 层及女儿墙施工，相应 1、2、3 层，混凝土量约 7000$m^3$），外壳分层示意图如图 6-14 所示。

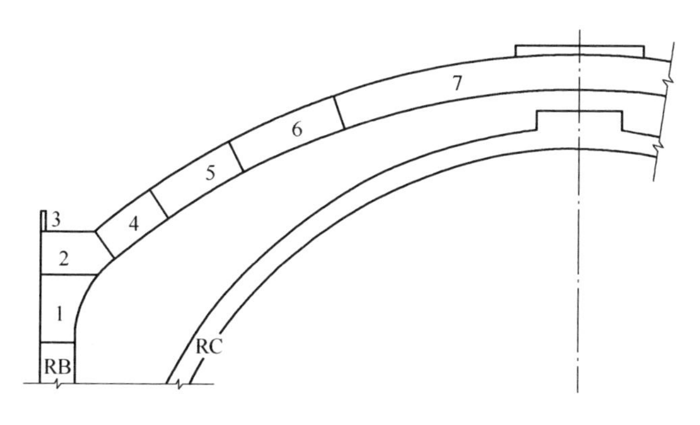


图 6-14 外壳穹顶混凝土分层示意图

（2）外壳穹顶模板及支撑体系。外壳穹顶为半球形钢筋混凝土结构，下部支撑拟在内壳穹顶上搭设满堂扣件式脚手架（需在内壳穹顶上预埋 $\phi$32 I 型钢筋头，作为脚手架钢管的支撑点）。外壳与内壳间距 1800m，其穹顶 1 段施工时下部无支撑面，根据内壳结构特点，其标高+45. 130m 结构为变截面，可利用此支撑点。在外壳筒体 16 层施工时需根据上部荷载预埋锚固件，安装支撑牛腿，牛腿顶标高+45. 13m，其上部搭设 H 型钢，作为施工支撑平台。考虑后期材料倒运难度大，在穹顶上留设 4 个预留洞，作为后期材料倒运的通道。外壳模板支撑及钢平台示意图如图 6-15 所示。

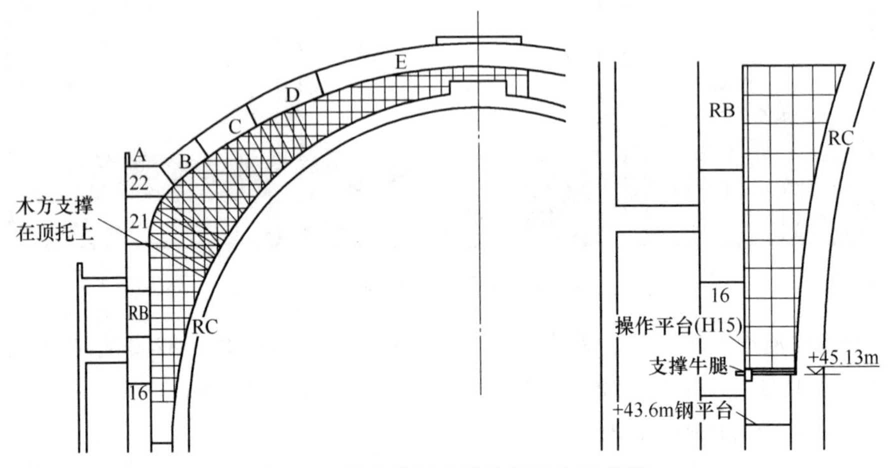


图 6-15 外壳模板支撑及钢平台示意图

### 6.3.4 预应力施工技术

内层安全壳为后张预应力钢筋混凝土结构，设有两个扶壁柱。预应力系统包括竖向倒 U 形、环向、穹顶预应力系统三部分。其中：竖向倒 U 形钢束 94 束、筒体环形钢束 106 束、穹顶环向钢束 21 束，均采用相同的预应力锚固系统，所有钢束均采用 55 股钢绞线，采用两端张拉的施工方式。预应力钢束导管埋在内壳混凝土结构之中，形成中空的预应力钢束孔道，孔道用于放置预应力的穿束和灌浆。

（1）施工工艺流程。施工工艺流程如下：

导管的加工→导管的检查验收→倒 U 形导管的安装、环向导管安装→接头处理→安装完的检查验收→浇混凝土前的通球检查→浇混凝土时的通球检查→浇混凝土后的通球检查→导管端口封盖并找出排气孔和泌水孔。

（2）导管深化设计研究与安装。预应力导管分为刚性导管（高频直缝焊接钢管）和半刚性导管（波纹管）。根据技术规格书要求导管波峰的拱度或波谷的垂度大于 1. 2m 时设置排气口、排水口及灌浆口的位置但是图纸未给出具体位置，在施工前利用 BIM 技术，对图纸对施工图纸进行深化设计，确定导管的排气孔、泌水孔、灌浆孔位置。导管的深化设计图如图 6-16 所示。

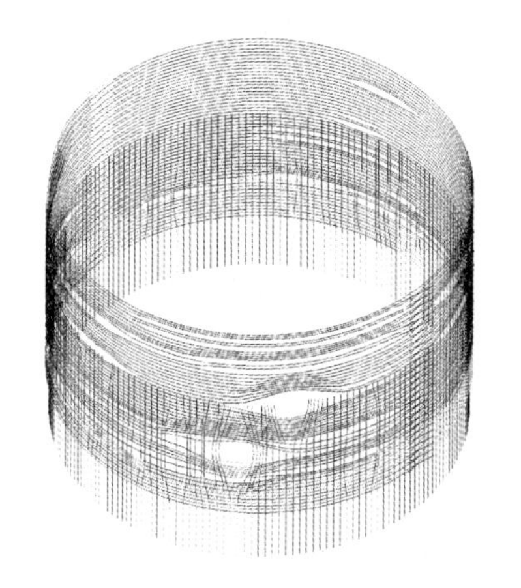
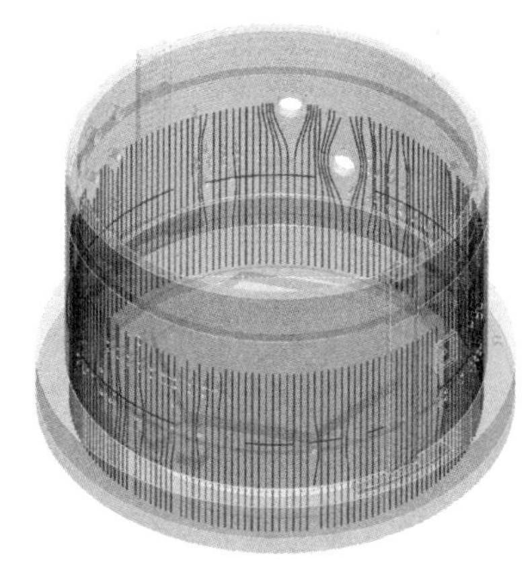

图 6-16 导管的深化设计图

竖向段安装时先安装定位参考管，通过使用全站仪放线进行定位，其余竖向管根据参考管进行安装，主要控制径向距离与相邻管道的距离进行定位。对于筒体水平环向预应力的导管一般情况是采用半刚性导管。当出现大曲率情况时，则必须采用刚性导管，其安装和定位必须严格按照施工图的规定就位。竖向和环向导管安装示意图如图 6-17 所示。

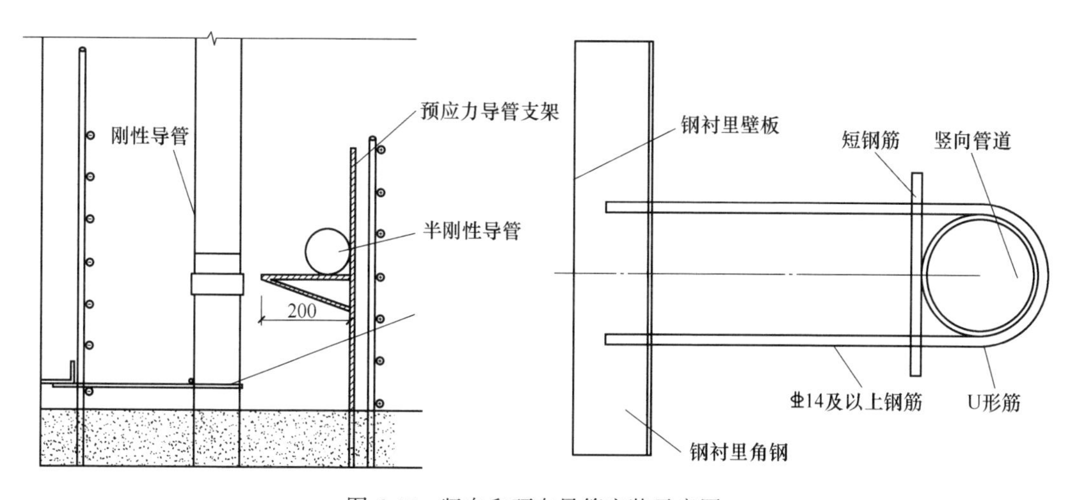


图 6-17 竖向和环向导管安装示意图

（3）预应力穿束、灌浆施工技术措施。为了预应力系统的穿束、灌浆工程取得施工用数据，作为该项目预应力施工的依据，并鉴定和调整灌浆方法，而在预应力施工前进行全尺寸灌浆试验。其中，钢导管安装及预应力施工如图 6-18、

图 6-19 所示。

图 6-18　钢导管的安装

图 6-19　预应力张拉施工

内壳施工完成混凝土强度达到设计要求后，根据设计文件《安全壳预应力系统张拉顺序》进行预应力钢束施工。先进行孔道通球，合格后，除一端灌浆口外，其余排气口、泌水口、灌浆口接阀门进行封闭，灌浆帽与喇叭口相连处采用密封圈整圈密封，避免浆体渗漏。将开口端的灌浆口连接空压机，然后分级向孔道内打入 0. 3MPa、0. 4MPa、0. 5MPa（当施工工艺有要求时可打压至 0. 6MPa 或 0. 7MPa）的压缩空气，每级均关闭入口阀门并测量 3min 内压力降低情况，3min 内压降值小于 0. 1MPa 为合格。孔道气密性合格后，进行穿束工作，水平钢束采用单根穿束方式，倒 U 形钢束采用整体穿束方式。张拉顺序根据设计文件规定，张拉前混凝土强度必须满足设计要求，钢束在张拉操作之前，应采用等张拉千斤顶把各根钢绞线预紧均匀。张拉后，钢绞线的端头采用砂轮切割机切去。张拉完成后，每根钢束的两端应立即安装灌浆帽。在张拉完成 7 天内进行灌浆工作。

# 7 特种筒体结构施工安全数值模拟

本章以第三代核电技术施工项目为实例，以钢衬里、穹顶等关键工序举例分析，运用第3章所建立的理论分析方法详细阐述特种筒仓结构施工安全数值模拟的实现过程，以期理论结合实践，生动形象地向广大读者分析特种筒仓结构施工安全控制过程中数值模拟方法的实现流程，为类似特种筒仓结构施工安全管理工作提供参考。

## 7.1 钢衬里施工数值模拟

### 7.1.1 模块吊装计算说明

（1）工况说明。考虑到极端吊装情况，3个模块吊装都将在以下两种工况下进行计算校核：

工况Ⅰ：正常吊装工况；

工况Ⅱ：最大误差（±10%）吊装工况（八个吊点中受力较大的四个吊点拉力增加10%，较小的四个吊点拉力减小10%）。

计算载荷见表7-1。

表7-1 模块吊装计算载荷

| 载荷名称 | | 大小 | 施加方式 | 备注 |
|---|---|---|---|---|
| 系数 | 动载系数 | 1.05 | 惯性加速度 | |
| | 不均衡系数 | 1.2 | | |
| 风载荷/N | 模块1 | 30607 | 施加在筒体一侧 | 风速10.8m/s<br>风向水平 |
| | 模块2 | 30914 | | |
| | 模块3 | 30914 | | |

（2）材料选取。吊具弦腹杆采用钢管，材料选用Q345B，壁厚有4mm、6mm两种。加腋区及筒体环壳材料为Q265HR钢板，板厚6mm。加腋区及筒体所用角钢材料为Q235B，板厚8mm、10mm。材料应力见表7-2。

（3）模型说明。本次计算采用ANSYS11.0软件，对吊具及模块组装模型联合分析，建模时遵循以下原则：1）焊缝按结构连接处理，忽略小的倒角；2）各板件厚度方向的位置以板厚中分面位置来确定；3）模型采用正多边形进行网

表 7-2 材料应力

| 材料 | 厚度 /mm | 抗拉强度 $\sigma_b$/MPa | 屈服强度 $\sigma_s$/MPa | 基本许用应力 [$\sigma$]/MPa | 挤压许用应力 [$\sigma_j$]/MPa | 位置 |
|---|---|---|---|---|---|---|
| Q345B | $\delta=4$<br>$\delta=6$ | 470 | 345 | 228 | 319 | 吊具弦腹杆 |
| Q265HR | $\delta=6$ | 410 | 265 | 179 | 251 | 钢衬里环壳 |
| Q235B | $\delta=8$<br>$\delta=10$ | 375 | 235 | 159 | 223 | 钢衬里角钢 |

格划分。图 7-1 为模块分段示意图，图 7-2 为吊具有限元模型，节点数为 50772，单元数为 51428。吊具由管组成，有限元模型采用梁单元 Beam188，网格划分采用自由划分方式。

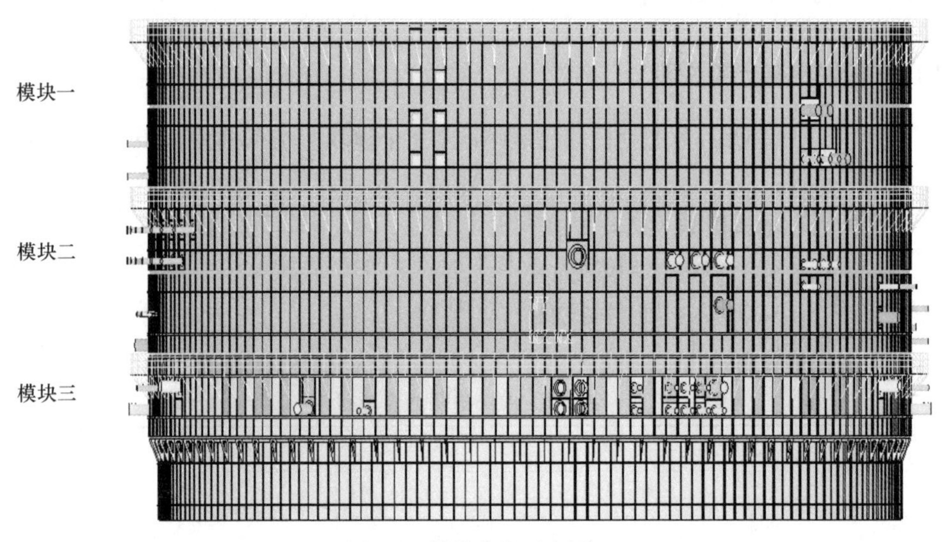


图 7-1 模块分段示意图

(4) 边界条件。吊具上部索具（可调拉杆、拉板、卸扣、钢丝绳）采用 Link8 单元模拟，共 8 个单元，索具与水平面夹角为 50. 45°。

Link8 单元上节点约束了 $X$、$Y$、$Z$ 方向的位移，下节点约束了 $X$、$Z$ 方向的位移。

吊具下部索具（索具螺旋扣、卸扣）也采用 Link8 单元模拟，共 48 个单元。Link8 单元下节点与模块吊耳耳孔通过刚性区域连接。选取 4 个 Link8 单元下节点约束 $X$、$Z$ 方向的位移。

(5) 模块吊耳局部有限元计算。

1) 计算说明。本计算是对吊耳局部进行有限元分析计算。从模型中提取一块模型，细化网格，对模型施加边界条件，加载载荷为从上面计算结果中提取的索具螺旋扣最大轴向力（82559N）。计算结果如图 7-2 所示。应力与位移数据见表 7-3。从计算结果可知，应力满足要求。

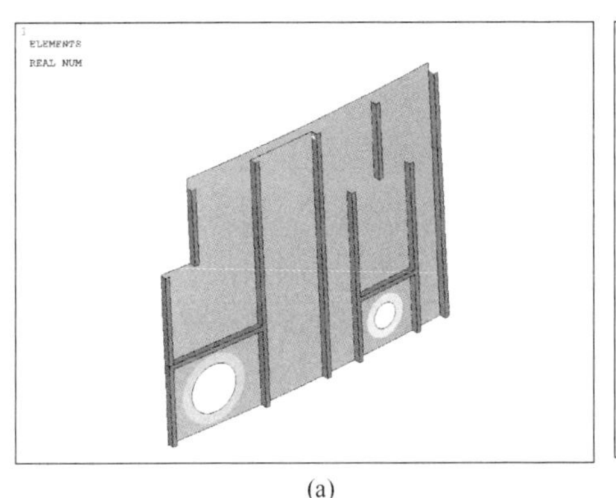


(a)

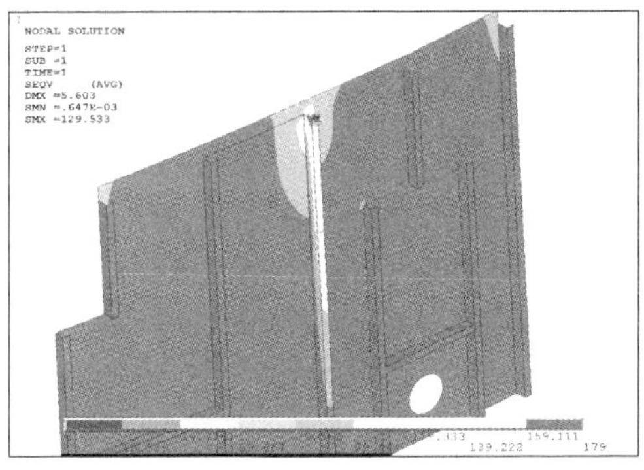


(b)

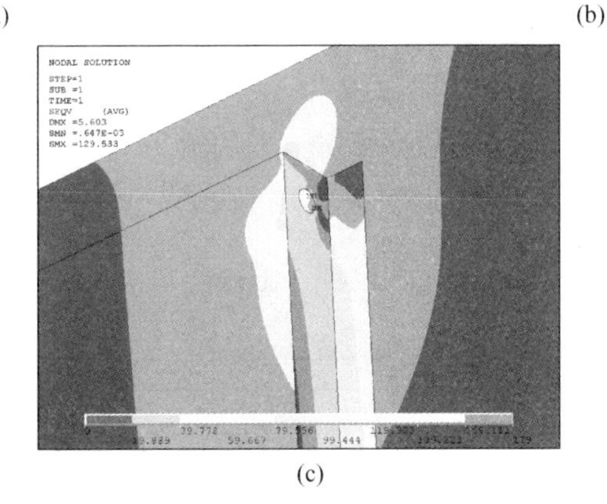


(c)

图 7-2 吊耳局部有限元分析云图

（a）吊耳局部有限元模型；（b）吊耳局部分析应力云图；（c）吊耳局部分析应力云图吊耳位置放大图

**表 7-3 吊耳局部应力与位移**

| 项目 | 材料许用应力/MPa | 最大应力/MPa |
| --- | --- | --- |
| 吊耳 | 159 | 130 |

2）吊具试验工况计算。

①吊点载荷计算。经计算分析，确定吊具额定起重量为 150t。

吊具共 48 个下吊点，每个吊点承受的载荷为

$$F = \frac{G_n \times 1.25 \times 9.8}{n} = \frac{150 \times 1000 \times 1.25 \times 9.8}{48} = 38281\text{N}$$

式中，$G_n$ 为额定起重量；1.25 为试验载荷系数；$n$ 为吊点数量；

②试验工况计算结果。根据约束与载荷条件，对吊具模型进行有限元分析，吊具试验工况计算结果如图 7-3 所示。应力与位移数据见表 7-4，稳定性数据见表 7-5。

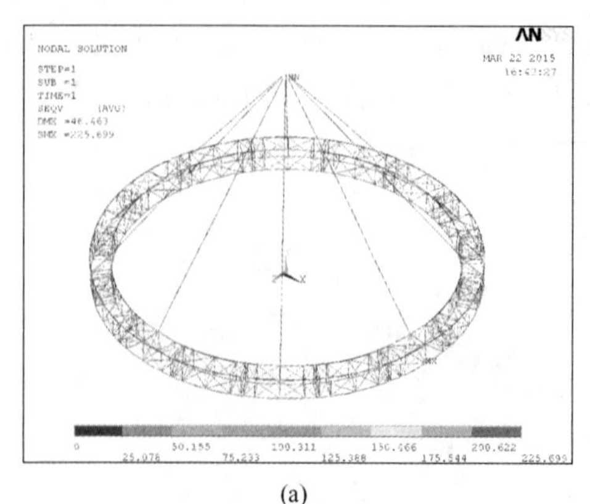


(a)

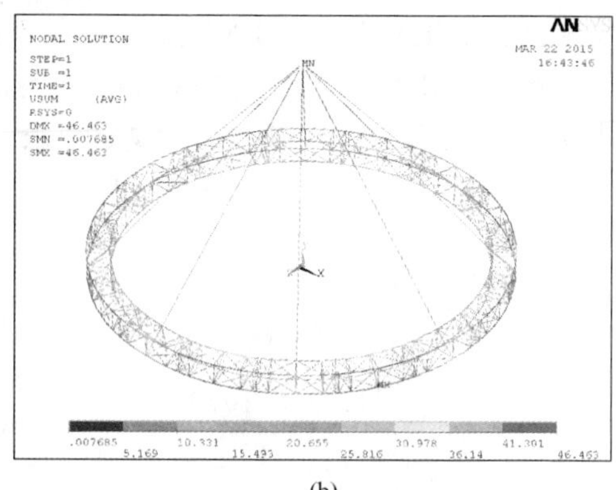


(b)

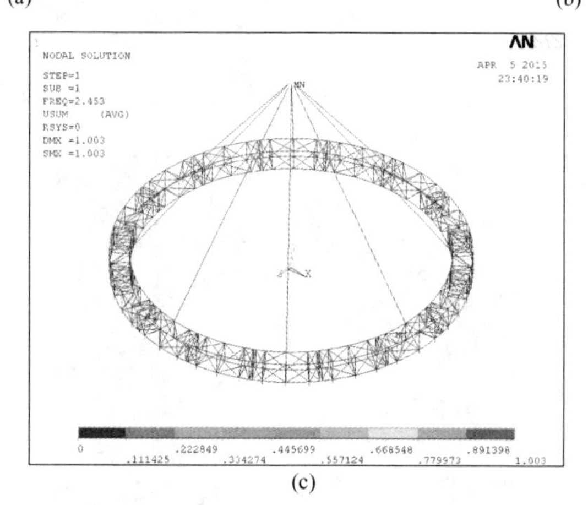


(c)

图7-3　吊具试验工况有限元分析云图

(a) 吊具整体应力云图；(b) 吊具整体位移云图；(c) 吊具一阶失稳云图

**表7-4　吊具试验工况应力与位移**

| 项目 | 材料许用应力/MPa | 最大应力/MPa | 总体位移/mm | 筒体半径方向（X、Z向）最大变形量/mm | Y方向最大变形量/mm |
|---|---|---|---|---|---|
| 吊具 | 228 | 226 | 46.5 | 10.4 | 46.2 |

**表7-5　吊具试验工况稳定性**

| 稳定性 | 一阶 | 二阶 | 三阶 |
|---|---|---|---|
| 屈曲系数 | 2.4527 | 2.5309 | 3.2554 |

## 7.1.2　模块1、2、3吊装工况计算分析

(1) 模块1吊装计算分析。

1) 模块1重心坐标。通过有限元分析得出模块1的重心坐标为：$X_C$ =

229.52mm；$Z_C = 531.57\text{mm}$。重心位置示意图如图 7-4 所示。

2）配重施加方案。通过有限元分析，得出模块 1 总重（包含走道）为：$G_M = 1228800\text{N}$；走道形心半径为：$R_C = 23468\text{mm}$。

配重块重量计算：

$$G_{PZ} = \frac{G_M \times \sqrt{X_C^2 + Z_C^2}}{R_C} = \frac{1228800 \times \sqrt{229.52^2 + 531.57^2}}{23468} = 30317\text{N}$$

换算成质量为：

$$M_{PZ} = \frac{G_{PZ}}{g} = \frac{30317}{9.8} = 3094\text{kg} = 3.094\text{t}$$

为了使模块 1 重心与形心一致，经过计算及有限元调整，得到配重施加方案，如图 7-5 所示。施加面积如图 7-5 阴影所示，施加载荷为 200kg/m$^2$。

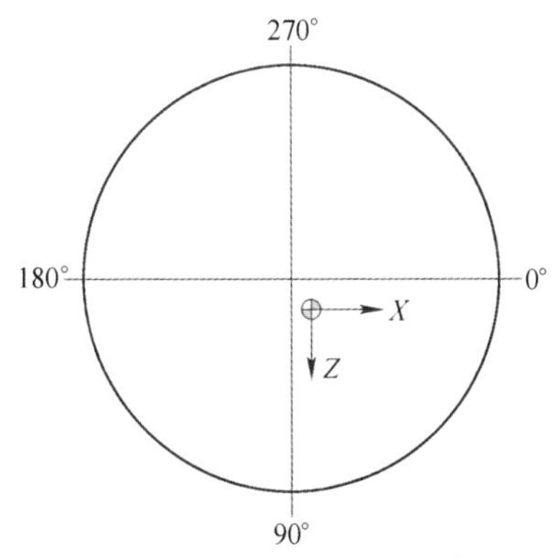


图 7-4　模块 1 重心位置示意图

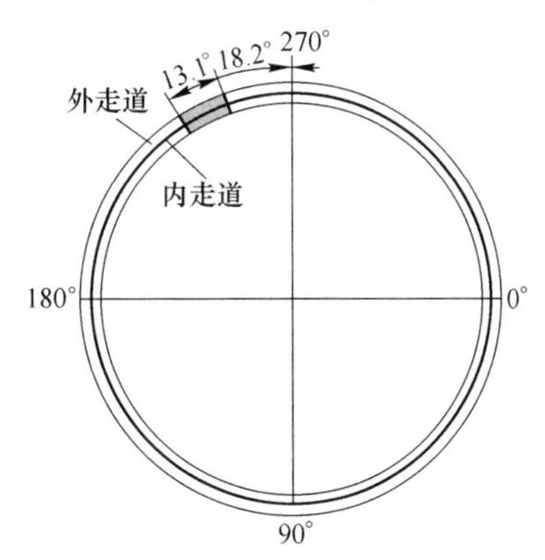


图 7-5　模块 1 配重施加方案

3）加腋区变截面加固措施。经过计算与比较，确定加腋区加固方式如图 7-6 所示。加固筋板厚度 6mm，材料 Q235B，数量共 96 件。其中 95 件加固筋板间隔：

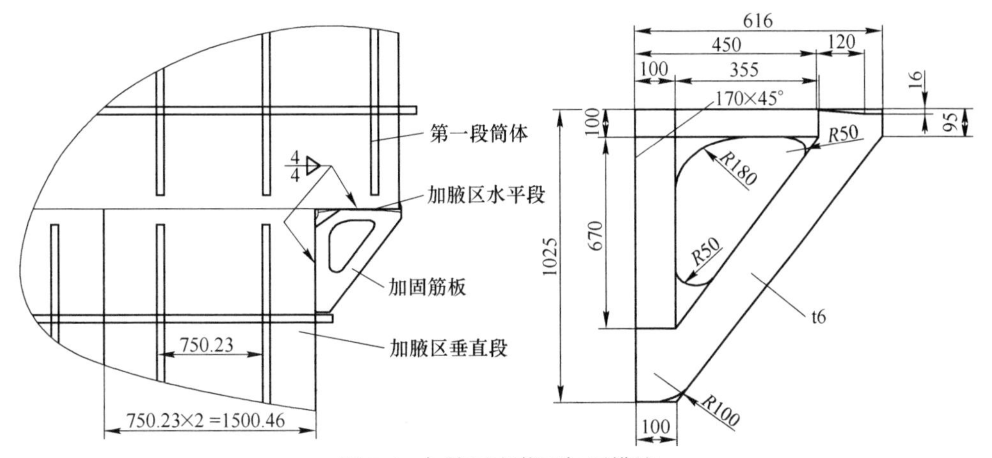


图 7-6　加腋区变截面加固措施

$L_{J1} = 750.23 \times 2 = 1500.46\text{mm}$；由于钢衬里加腋区垂直段纵向角钢共191条，剩余1件筋板间隔：$L_{J2} = 750.23\text{mm}$（钢衬里加腋区垂直段纵向角钢间距）。单件加固筋板质量：$M_{JB} = 12.75\text{kg}$，加固筋板总质量：$M_{JB} = 12.75 \times 96 = 1224\text{kg}$。

4）模块1正常吊装工况计算结果。根据上述模型、约束与载荷条件，对模型进行有限元分析，计算结果如图7-7所示。正常吊装工况应力与位移数据见表7-6~表7-8，稳定性数据见表7-9。

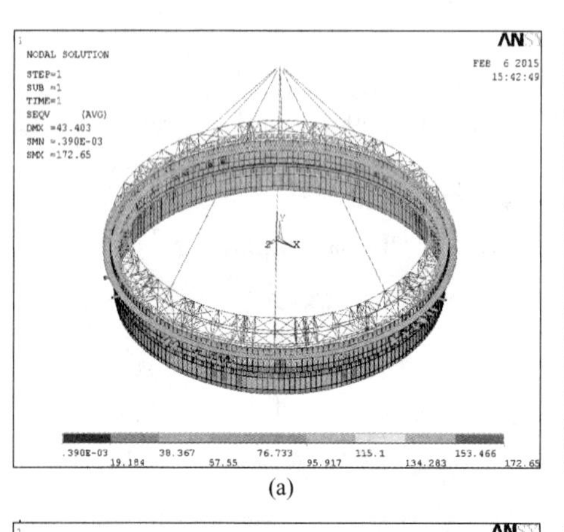


(a)

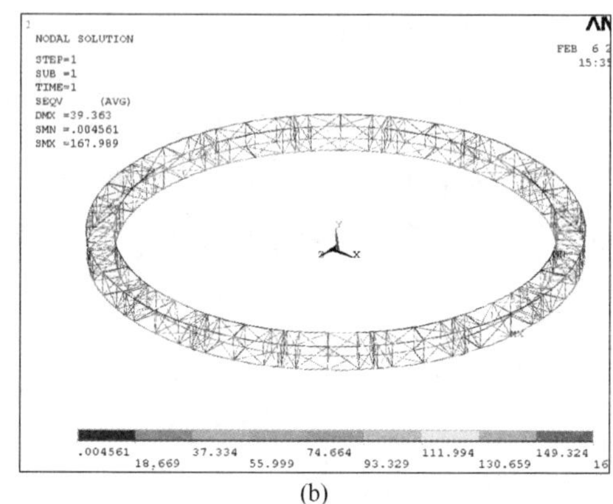


(b)

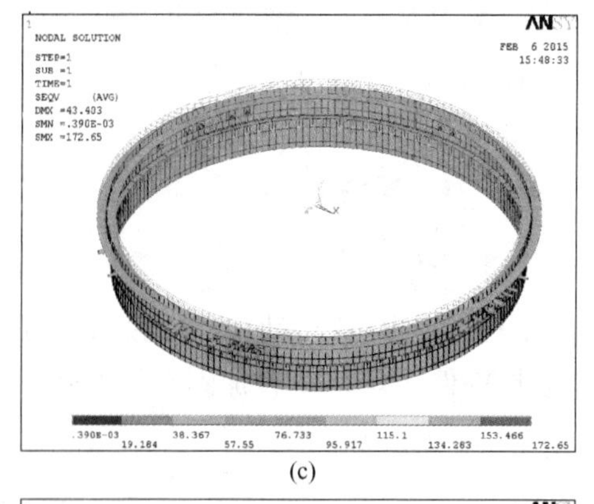


(c)

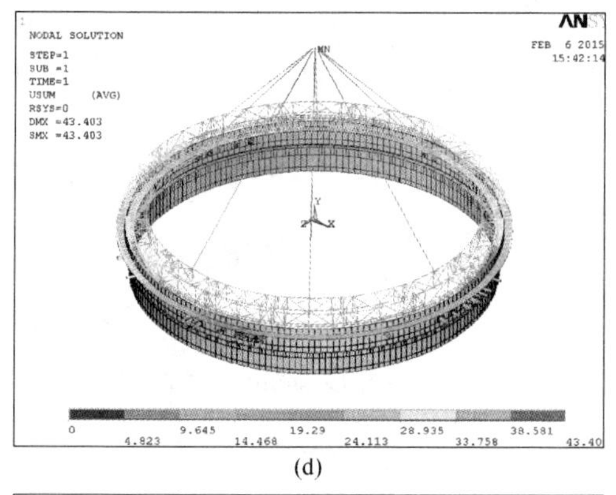


(d)

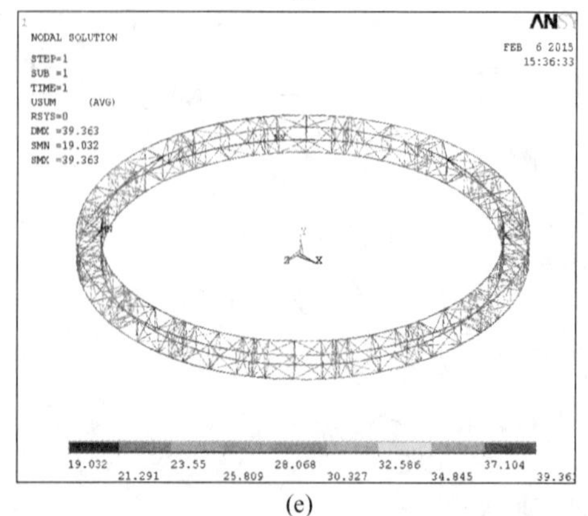


(e)

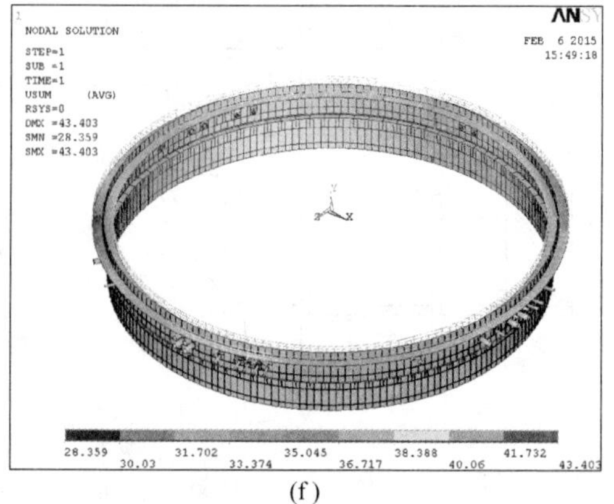


(f)

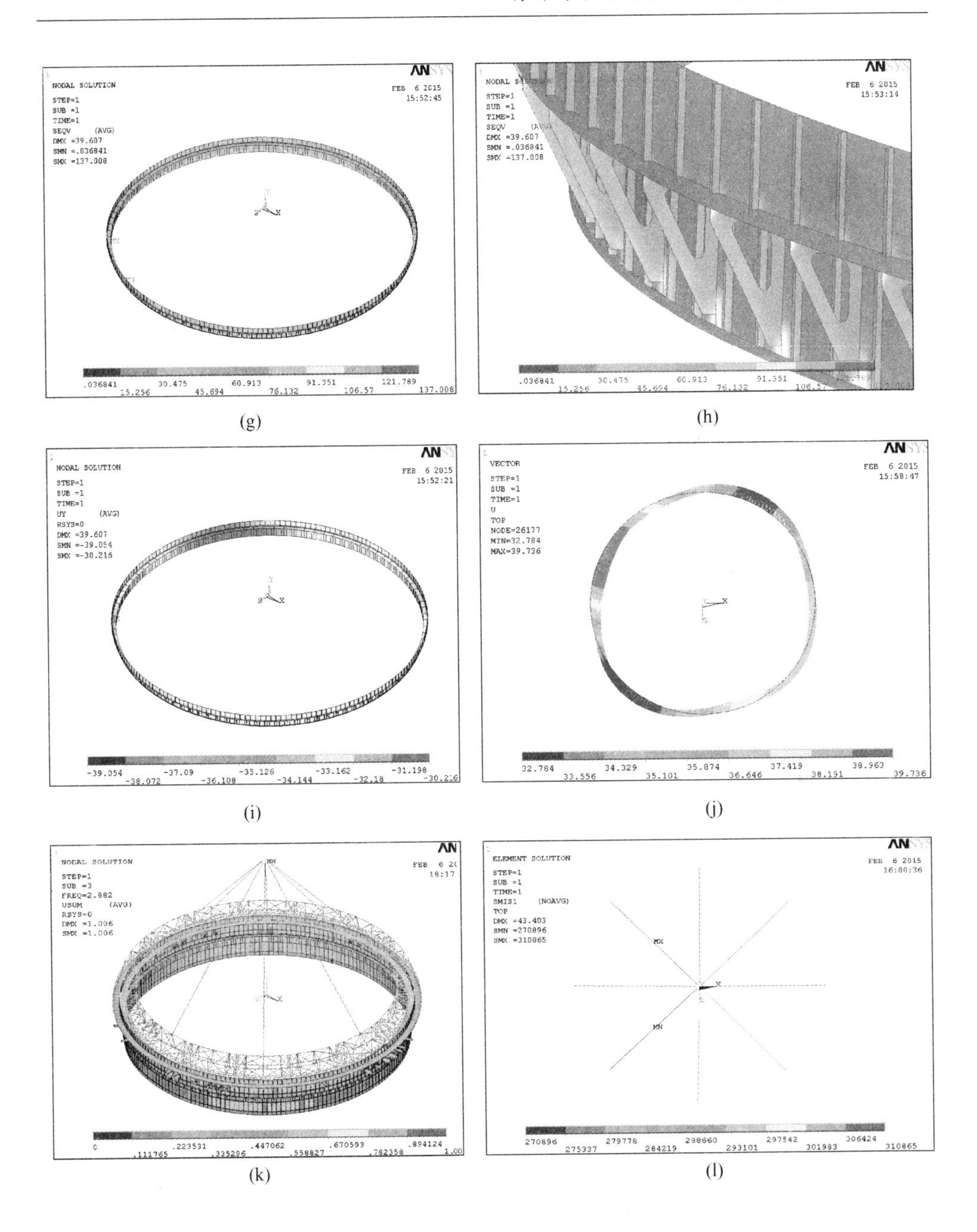


图 7-7 模块 1 正常吊装工况有限元分析云图

(a) 吊具及模块 1 整体应力云图；(b) 吊具应力云图；(c) 模块 1 应力云图；
(d) 吊具及模块 1 整体位移云图；(e) 吊具位移云图；(f) 模块 1 位移云图；
(g) 加腋区应力云图 a；(h) 加腋区应力云图 b；(i) 加腋区 Y 向位移云图；
(j) 模块 1 下口变形示意图；(k) 模块 1 一阶失稳云图；(l) 索具轴向载荷图

表 7-6 模块1正常吊装工况应力与位移

| 项目 | 材料许用应力/MPa | 最大应力/MPa | 总体位移/mm | 筒体半径方向（X、Z向）最大变形量/mm | Y方向变形量/mm |
|---|---|---|---|---|---|
| 吊具 | 228 | 168 | 39.4 | | |
| 模块1 | 159 | 173 | 43.4 | 11.7 | 15.1 |

表 7-7 模块1正常吊装工况加腋区应力与位移

| 项目 | 材料许用应力/MPa | 最大应力/MPa | Y方向最大位移/mm | Y方向最小位移/mm | 高度差/mm |
|---|---|---|---|---|---|
| 加腋区 | 179 | 137 | 39.1 | 30.2 | 8.9 |

表 7-8 模块1正常吊装工况下口位移 （mm）

| 项目 | 总体位移 | Y方向最大位移 | Y方向最小位移 | 高度差 |
|---|---|---|---|---|
| 模块1下口 | 39.7 | 38.8 | 32.0 | 6.8 |

表 7-9 模块1正常吊装工况稳定性

| 稳定性 | 一阶 | 二阶 | 三阶 |
|---|---|---|---|
| 屈曲系数 | 3.5789 | 3.6917 | 3.9155 |

5）模块1最大误差吊装工况计算结果。模块1最大误差（±10%）吊装工况应力与位移数据见表7-10~表7-12，稳定性数据见表7-13。

表 7-10 模块1最大误差吊装工况应力与位移

| 项目 | 材料许用应力/MPa | 最大应力/MPa | 总体位移/mm | 筒体半径方向（X、Z向）最大变形量/mm | Y方向变形量/mm |
|---|---|---|---|---|---|
| 吊具 | 228 | 167 | 41.6 | | |
| 模块1 | 159 | 171 | 45.9 | 12.0 | 18.3 |

注：模块1中最大应力为吊耳处应力，由于网格不规则及应力集中造成，后面会单独对吊耳局部进行有限元分析。其余位置应力均小于许用应力。

表 7-11 模块1最大误差吊装工况加腋区应力与位移

| 项目 | 材料许用应力/MPa | 最大应力/MPa | Y方向最大位移/mm | Y方向最小位移/mm | 高度差/mm |
|---|---|---|---|---|---|
| 加腋区 | 179 | 139 | 41.5 | 28.2 | 13.3 |

表 7-12 模块 1 最大误差吊装工况下口位移 (mm)

| 项目 | 总体位移 | $Y$ 方向最大位移 | $Y$ 方向最小位移 | 高度差 |
|---|---|---|---|---|
| 模块 1 下口 | 42.6 | 41.2 | 29.8 | 11.4 |

表 7-13 模块 1 最大误差吊装工况稳定性

| 稳定性 | 一阶 | 二阶 | 三阶 |
|---|---|---|---|
| 屈曲系数 | 3.6557 | 3.7701 | 3.8557 |

6）结论。由以上计算结果可以看出，模块 1 及吊具最大应力均小于许用应力，满足要求；加腋区及筒体内半径最大变形量为 12.0mm，略大于 10mm；加腋区变截面处 $Y$ 向最大变形量为 13.3mm，小于 20mm，说明加固措施能满足要求；模块 1 下口最大变形量为 41.2mm，小于 200mm，满足要求。

（2）模块 2 吊装计算分析。结论如下：

由计算结果可以看出，吊具最大应力小于许用应力，满足要求；模块 2 下口最大变形量为 40.8mm，小于 200mm，满足要求。

（3）模块 3 吊装计算。结论如下：

由计算结果可以看出，吊具最大应力小于许用应力，满足要求；模块 3 下口最大变形量为 38.4mm，小于 200mm，满足要求。

### 7.1.3 后装模块对已装模块影响分析

本计算的目的是分析后吊装模块对已吊装模块的变形及应力影响，分析混凝土浇筑高度与钢衬里筒体安装高度的关系。此计算分为两个工况：将模块 2 放到模块 1 上后进行有限元分析；将模块 3 放到模块 2 上后进行有限元分析。

（1）混凝土浇筑高度。通过分析计算，当混凝土浇筑高度超过加腋区时，后装模块对已装模块的变形及应力影响较小，变形及应力均能满足要求。

（2）模块 2 装到模块 1 上计算结果。经过分析计算，当边界条件施加到加腋区顶部（第一段筒体底部）时，模块 2 对模块 1 的变形及应力影响能满足要求。计算结果如图 7-8 所示。应力与位移数据见表 7-14。

表 7-14 模块 2 装到模块 1 上计算结果

| 项目 | 材料许用应力/MPa | 最大应力/MPa | 最大位移/mm |
|---|---|---|---|
| 模块 | 159 | 123 | 6.3 |

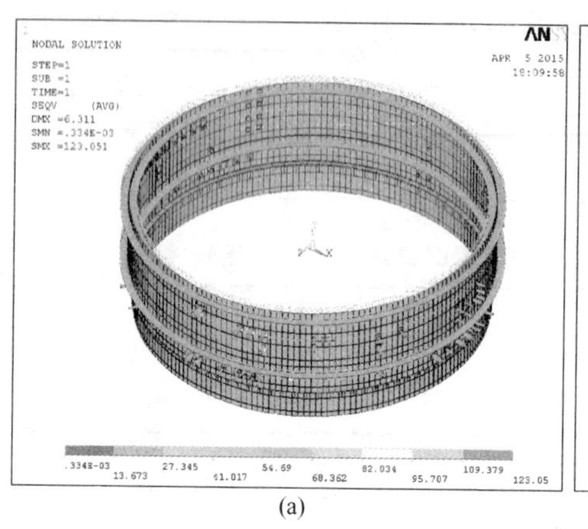


(a)

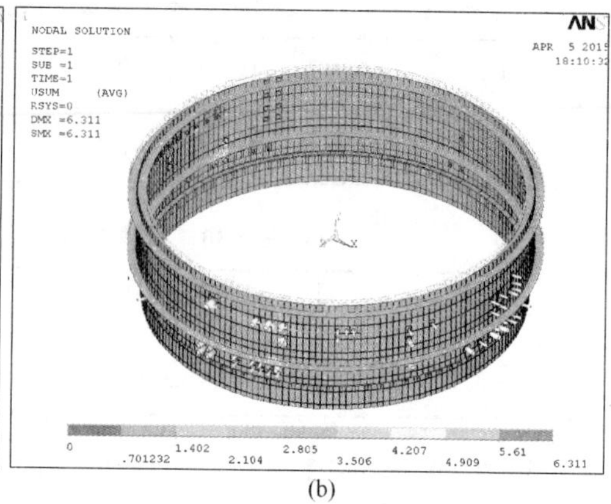


(b)

图 7-8 模块 2 装到模块 1 上有限元分析云图

(a) 模块 2 装到模块 1 上应力云图；(b) 模块 2 装到模块 1 上位移云图

(3) 模块 3 装到模块 2 上计算结果。经过分析计算，当边界条件施加到加腋区顶部（第一段筒体底部）时，模块 3 对模块 2 及模块 1 的变形及应力影响能满足要求。计算结果如图 7-9 所示。应力与位移数据见表 7-15。

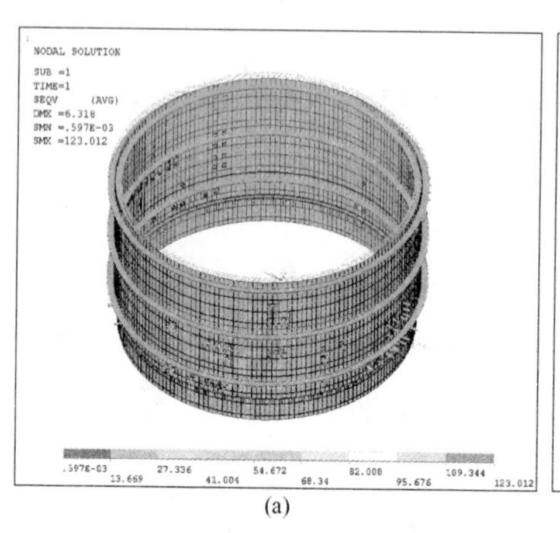


(a)

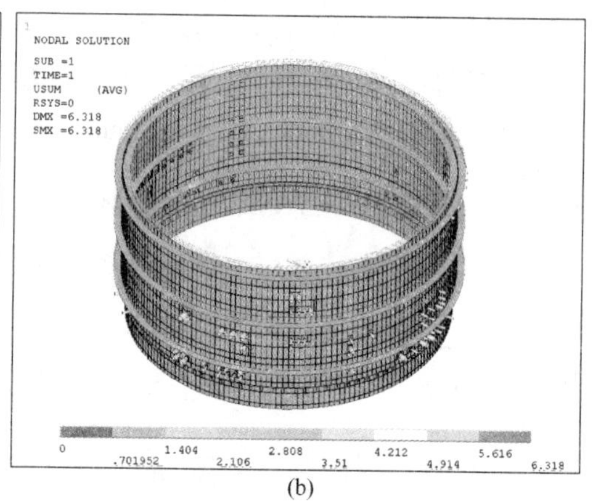


(b)

图 7-9 模块 3 装到模块 2 上有限元分析云图

(a) 模块 3 装到模块 2 上应力云图；(b) 模块 3 装到模块 2 上位移云图

**表 7-15 模块 3 装到模块 2 上计算结果**

| 项目 | 材料许用应力/MPa | 最大应力/MPa | 最大位移/mm |
|---|---|---|---|
| 模块 | 159 | 123 | 6.3 |

## 7.2 穹顶施工数值模拟

圆形过渡梁与起重机吊钩间连接件的设计计算；吊索具系统的受力计算和匹

配性验证；穹顶吊装各阶段本体结构受力、稳定性及形变分析计算；与吊装安全相关的位移计算。该项目机组穹顶吊装包括穹顶本体、安装物项（包括喷淋、通风系统、仪表管道、支架、电缆次托盘、通风管道、操作平台、滑行轨道、滑行轨道支架及扶手等）。

（1）穹顶吊装工况计算。

1）建模说明。本次计算采用 ANSYS11.0 软件，对索具及穹顶组装模型联合分析，建模时遵循以下原则：焊缝按结构连接处理，忽略小的倒角；各板件厚度方向的位置以板厚中分面位置来确定；模型采用正多边形进行网格划分；穹顶由板及型钢组成，有限元模型中板采用壳单元 Shell63，型钢采用梁单元 Beam188，网格划分采用自由划分方式。索具采用杆单元 Link8 模拟。

2）材料许用应力。穹顶壁板材料为 Q265HR，厚度 6mm。穹顶加劲肋角钢材料为 Q235B，板厚 6mm、12mm。穹顶吊耳及加强板材料为 Q345C，板厚 12mm、20mm、35mm。材料许用应力见表 7-16。

**表 7-16　材料许用应力**

| 材料 | 厚度 /mm | 抗拉强度 $\sigma_b$/MPa | 屈服强度 $\sigma_s$/MPa | 基本许用应力 $[\sigma]$/MPa | 挤压许用应力 $[\sigma_j]$/MPa | 位置 |
|---|---|---|---|---|---|---|
| Q265HR | $\delta=6$ | 410 | 265 | 179 | 251 | 穹顶壁板 |
| Q235B | $\delta=6$<br>$\delta=12$ | 370 | 235 | 159 | 222 | 穹顶角钢 |
| Q345C | $\delta=12$ | 470 | 345 | 228 | 319 | 吊耳加强板 |
| Q345C | $\delta=20$<br>$\delta=35$ | 470 | 335 | 224 | 314 | 吊耳耳板<br>吊耳加强板 |

3）边界条件。风速：$v_s = 10.6\text{m/s}$，风压：$p = 0.625v_s^2 = 0.625 \times 10.6^2 = 70\text{N/m}^2$，重力加速度：$g = 9.8\text{m/s}^2$。

质量等效处理：物项的质量施加在穹顶壁板相应位置上。穹顶吊装有限元模型如图 7-10 所示，节点数为 132271，单元数为 136043。穹顶坐标和吊点位置编号如图 7-11 所示。

4）工况说明。考虑到极端吊装情况，穹顶吊装将在以下两种工况组下进行计算校核：

工况组Ⅰ：正常吊装工况组；

工况组Ⅱ：最大误差（±10%）吊装工况组（16 个吊点中受力较大的 8 个吊点拉力增加 10%，较小的 8 个吊点拉力减小 10%）。

计算载荷见表 7-17。

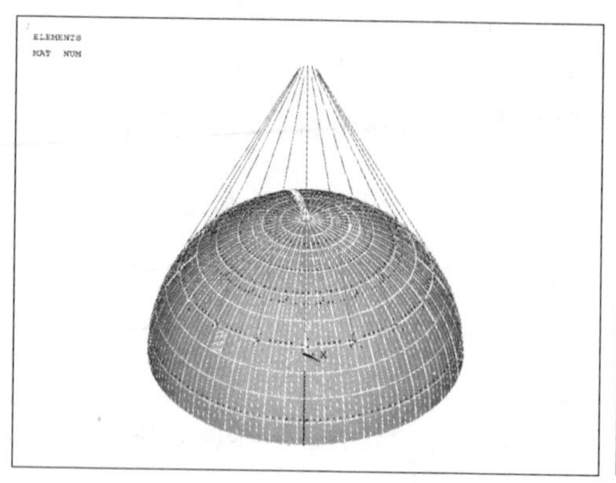

图7-10 穹顶吊装有限元模型

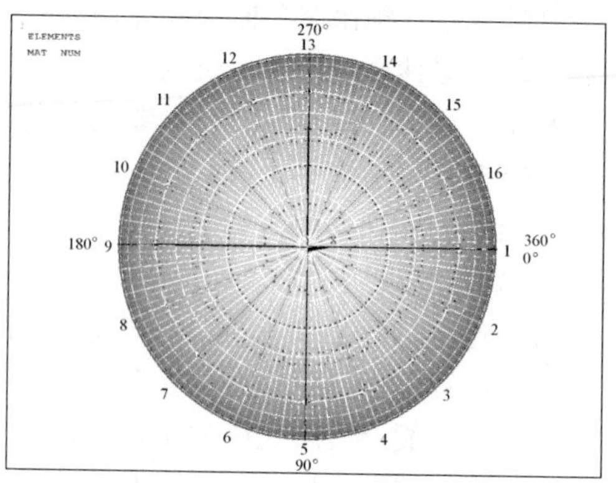


图7-11 穹顶坐标和吊点位置编号

**表7-17 穹顶吊装计算载荷**

| 工况代号 | Ⅰa | Ⅰb | Ⅰc | Ⅱa | Ⅱb | Ⅱc |
|---|---|---|---|---|---|---|
| 加载 | 高空吊装<br>100%加载 | 起吊加载<br>75% | 起吊加载<br>50% | 高空吊装<br>100%加载 | 起吊加载<br>75% | 起吊加载<br>50% |
| 重力加速度 | $g$ | 0.75$g$ | 0.5$g$ | $g$ | 0.75$g$ | 0.5$g$ |
| 风压 | 72.9N/m$^2$ | 0 | 0 | 72.9N/m$^2$ | 0 | 0 |
| 考虑系数 | $\Phi_2$ = 1.05<br>$\gamma_m$ = 1.1 | $\gamma_m$ = 1.1 | $\gamma_m$ = 1.1 | $\Phi_2$ = 1.05<br>$\gamma_m$ = 1.1 | $\gamma_m$ = 1.1 | $\gamma_m$ = 1.1 |

表中系数含义：

$\gamma_m$ = 1.1 ~ 1.3——增大系数，考虑由于计算方法不完善和无法预料的偶然因素导致实际出现的应力超出计算应力的某种可能性，参见《起重机设计规范》（GB/T 3811—2008）4.4.2.1（或者称为不均衡系数 $k$，参见《大型设备吊装工程施工工艺标准》（SH/T 3515—2003）B.1.4）。

$\Phi_2$——起升动载系数，$\Phi_2 = \Phi_{2min} + \beta_2 v_q = 1.05$，参见《起重机设计规范》（GB/T 3811—2008）4.2.1.1.4.3。式中，$\Phi_{2min}$ 为与起升状态级别相对应的起升动载系数的最小值，取1.05，参见《起重机设计规范》（GB/T 3811—2008）4.2.1.1.4.2 表10。$\beta_2$ 为按起升状态级别设定系数，取0.17，参见《起重机设计规范》（GB/T 3811—2008）4.2.1.1.4.2 表10。$v_q$ 为稳定起升速度，$v_q$ = 0.007m/s。

5）吊耳修改说明。穹顶吊装中，吊索通过可调拉杆与穹顶吊耳连接，如图7-12所示。

由图7-12可知存在两个问题：①可调拉杆与角钢发生干涉；②可调拉杆与吊耳加强板发生干涉。所以建议修改吊耳尺寸与加强板的焊接角度，如图7-13所示。

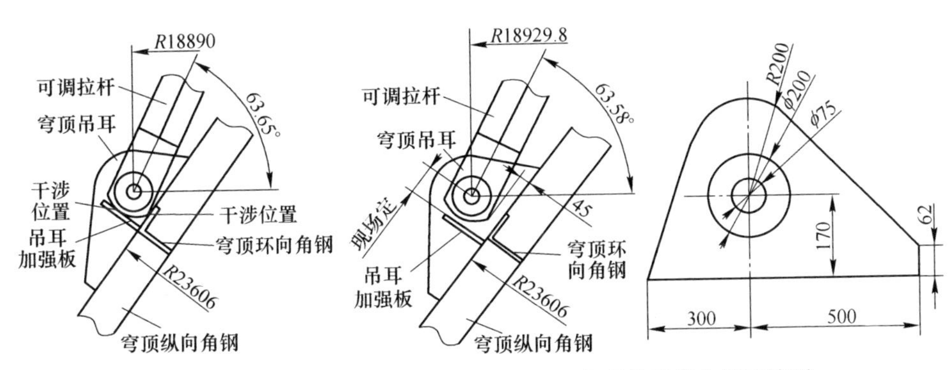


图 7-12　可调拉杆与穹顶吊耳连接图　　　图 7-13　穹顶吊耳修改后连接图

修改方案：①将吊耳宽度增加 50mm，即尺寸 120mm 修改为 170mm，其余尺寸不变；②吊耳加强板向外侧移动或者向外侧旋转，防止与可调拉杆干涉；移动距离或者旋转角度，现场定。本次计算均是在以上修改方案的基础上进行的。

(2) 穹顶重心坐标。通过有限元分析(未加配重) 得出穹顶的重心坐标为：$X_C = -14\text{mm}$；$Z_C = -149\text{mm}$。重心位置示意图如图 7-14 所示。

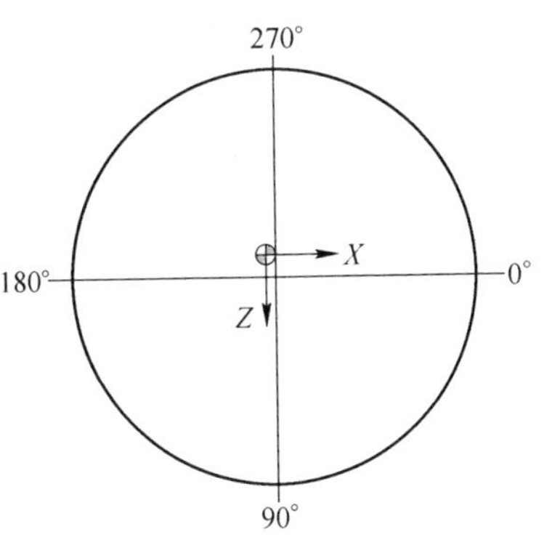


图 7-14　穹顶重心位置示意图

(3) 调平配重施加方案。穹顶总重（包括穹顶本体、物项、挂、摘钩操作平台和爬梯）约为：

$$G_M = 357.679 \times 1000 \times 9.8 = 3505254\text{N}$$

调平配重形心半径为：$R_C = 20000\text{mm}$。

配重块重量计算：

$$G_{PZ} = \frac{G_M \times \sqrt{X_C^2 \times Z_C^2}}{R_C} = \frac{3505254 \times \sqrt{(-14)^2 \times (-149)^2}}{20000}$$
$$= 26229\text{N}$$

换算成质量为：

$$M_{PZ} = \frac{G_{PZ}}{g} = \frac{26229}{9.8} = 2676\text{kg} = 2.676\text{t}$$

为了使穹顶重心与形心一致，经过计算及有限元调整，得到配重施加方案。

配重施加位置如图 7-15、图 7-16 阴影所示，配重说明如下：配重材料选用钢筋或者型钢；配重尽量在施加区域内均匀铺设；配重必须固定在走道操作平台上，防止吊装过程中发生移动；配重规格、长度、形状、固定位置根据现场情况制定即可；配重区域是按照走道平台施加载荷 300kg/m$^2$ 计算得出的，可根据实际情况进行调整，以 5.1°位置为中心向两侧对称铺设。

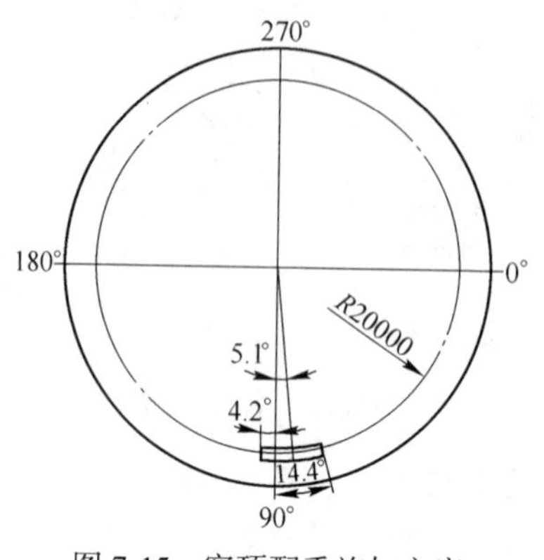


图 7-15 穹顶配重施加方案

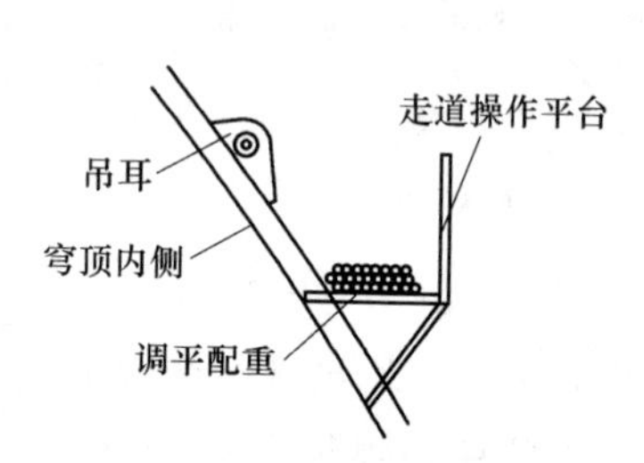


图 7-16 穹顶配重施加示意图

### 7.2.1 穹顶正常吊装工况组计算分析

根据上述模型约束与载荷条件，对模型进行有限元分析。工况Ⅰa 计算结果如图 7-17 所示；工况Ⅰb 计算结果如图 7-18 所示；工况Ⅰc 计算结果如图 7-19 所示。正常吊装工况组应力与位移数据见表 7-18；下口位移见表 7-19；稳定性数据见表 7-20。

**表 7-18 正常吊装工况组应力与位移**

| 工况 | 最大应力 /MPa | 总体位移 /mm | X 向最大位移 /mm | Z 向最大位移 /mm | Y 向最大位移 /mm |
|---|---|---|---|---|---|
| Ⅰa | 130 | 18.6 | 7.3 | 10.1 | 15.7 |
| Ⅰb | 97 | 13.6 | | | |
| Ⅰc | 63 | 8.5 | | | |

注：X 向、Z 向为水平方向；Y 向为竖直方向。

**表 7-19 正常吊装工况组下口位移** (mm)

| 工况 | Y 方向最小位移 | Y 方向最大位移 | 高度差 |
|---|---|---|---|
| Ⅰa | 12.1 | 18.6 | 6.5 |

**表 7-20 正常吊装工况组稳定性**

| 工况 | 一阶 | 二阶 | 三阶 |
|---|---|---|---|
| Ⅰa | 9.9416 | 9.9444 | 9.9982 |

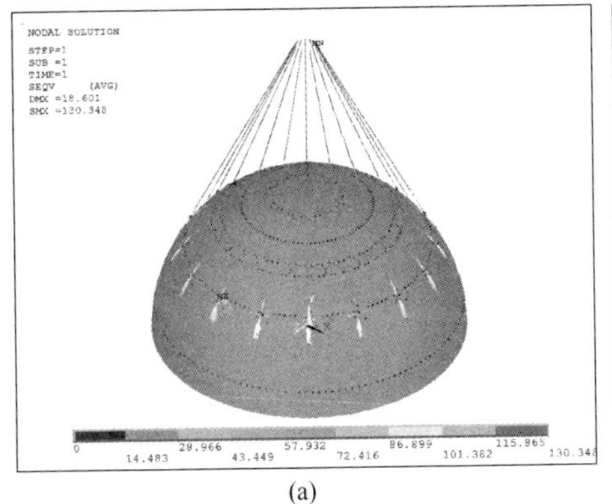


(a)

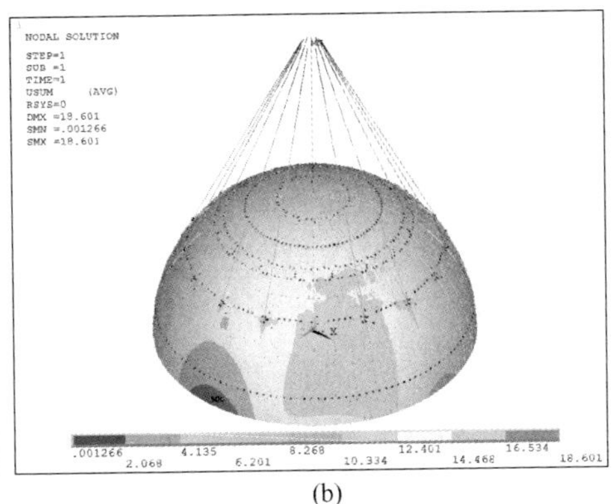


(b)

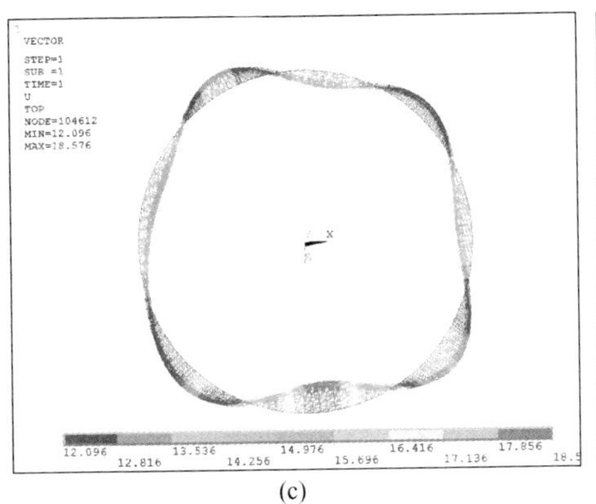


(c)

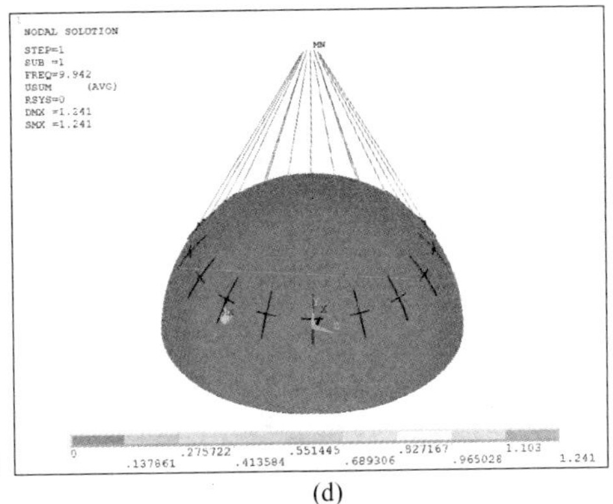


(d)

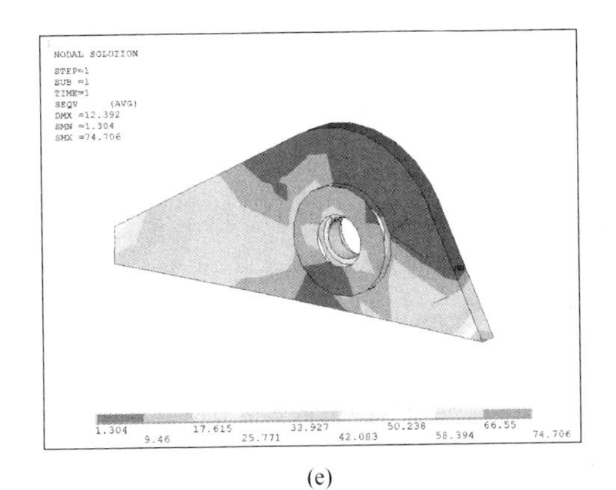


(e)

图 7-17 Ⅰa 工况有限元分析云图

(a) 穹顶吊装应力云图；(b) 穹顶吊装位移云图；(c) 穹顶下口变形示意图；
(d) 穹顶吊装一阶失稳云图；(e) 吊耳应力云图

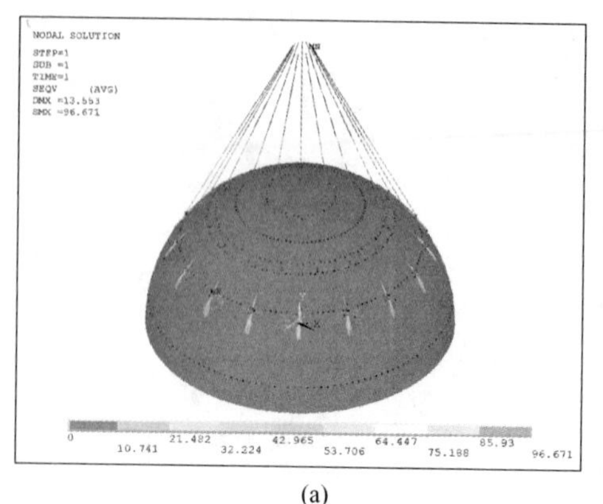


(a)

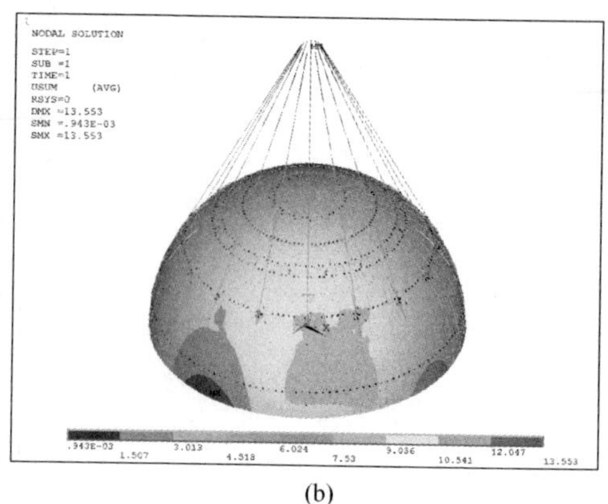


(b)

图 7-18　Ⅰb 工况有限元分析云图

（a）穹顶应力云图；（b）穹顶位移云图

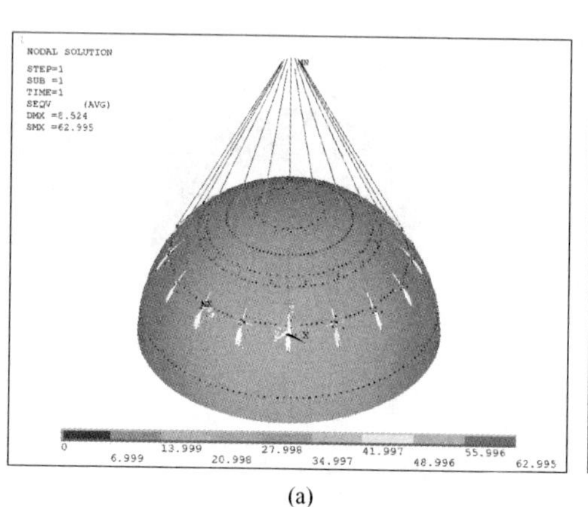


(a)

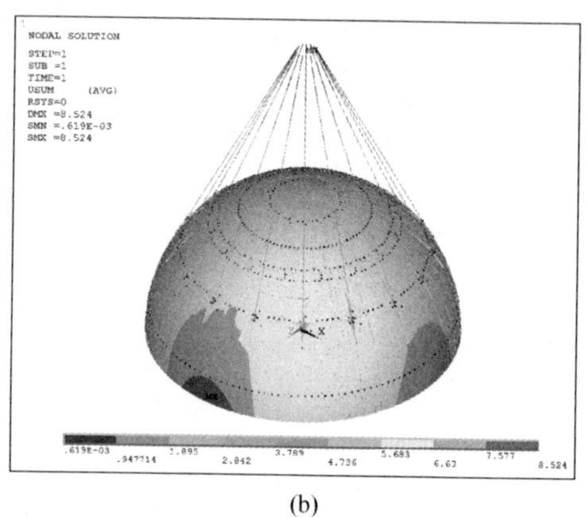


(b)

图 7-19　Ⅰc 工况有限元分析云图

（a）穹顶应力云图；（b）穹顶位移云图

## 7.2.2 穹顶最大误差吊装工况组计算分析

最大误差（±10%）吊装工况组应力与位移数据见表 7-21；下口位移见表 7-22；稳定性数据见表 7-23。

**表 7-21　穹顶最大误差吊装工况应力与位移**

| 工况 | 最大应力 /MPa | 总体位移 /mm | X 向最大位移 /mm | Z 向最大位移 /mm | Y 向最大位移 /mm |
|---|---|---|---|---|---|
| Ⅱa | 133 | 22.9 | 11.8 | 14.5 | 17.8 |
| Ⅱb | 99 | 16.8 | | | |
| Ⅱc | 69 | 10.6 | | | |

注：X 向、Z 向为水平方向；Y 向为竖直方向。

表 7-22 穹顶最大误差吊装工况组下口位移 (mm)

| 工况 | Y方向最小位移 | Y方向最大位移 | 高度差 |
|---|---|---|---|
| IIa | 10.9 | 22.8 | 11.9 |

表 7-23 穹顶最大误差吊装工况组稳定性

| 工况 | 一阶 | 二阶 | 三阶 |
|---|---|---|---|
| Ⅱa | 8.8262 | 8.8652 | 9.6588 |

由以上计算结果可以看出：

(1) 穹顶吊装最大应力 133MPa，吊耳最大应力 82MPa，小于许用应力 159MPa/224MPa。

(2) 穹顶吊装水平方向最大位移为 14.5mm，竖直方向最大位移为 17.8mm；穹顶下口最大变形量为 11.9mm，小于 200mm；以上位移均为弹性位移，在穹顶吊装就位后即可恢复。

(3) 穹顶吊装一阶稳定性系数最小为 8.8262，大于一般工程上要求的稳定性系数 2。

综上，穹顶吊装满足强度、刚度及稳定性要求。

### 7.2.3 穹顶就位工况计算分析

(1) 工况说明。本计算的目的是分析穹顶就位时对钢衬里筒体的影响，即验算钢衬里筒体（周圈无混凝土墙体）能支撑穹顶重量的安全高度。已知预留的钢衬里筒体（周圈无混凝土墙体）高度为 1.53m，需通过验算确定安全高度。

(2) 穹顶就位工况计算结果。当边界条件施加到穹顶以下 1.53m 位置时（即预留高度），计算结果如图 7-20 所示。应力与位移数据见表 7-24。

表 7-24 穹顶就位工况应力与位移

| 工况 | 材料许用应力/MPa | 最大应力/MPa | 最大位移/mm |
|---|---|---|---|
| 穹顶就位 | 152 | 27.7 | 1.3 |

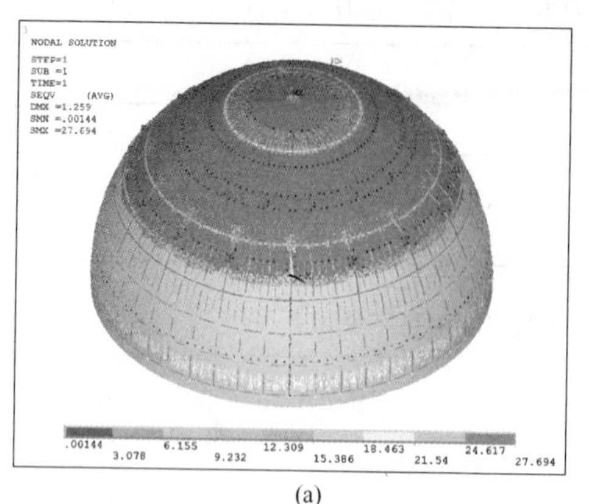


(a)

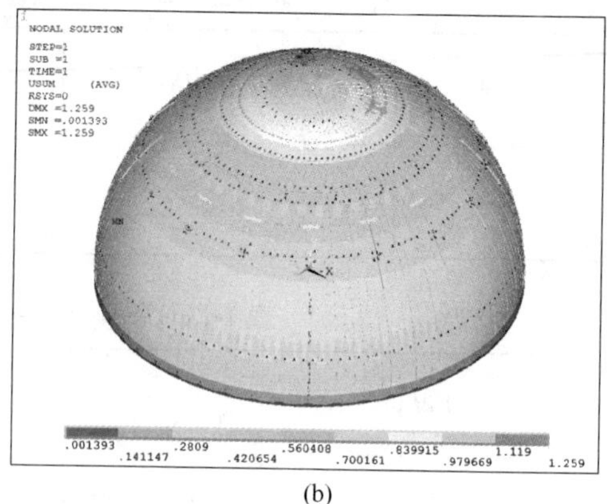


(b)

图 7-20 穹顶就位工况有限元分析云图

（a）穹顶应力云图；（b）穹顶位移云图

（3）结论。由以上计算结果可以看出：

1）穹顶就位工况最大应力 27.7MPa，小于许用应力 152MPa；最大位移 1.3mm，为弹性位移，在穹顶吊装就位后即可恢复；

2）预留的钢衬里筒体（周圈无混凝土墙体）高度 1.53m 满足就位要求，是安全的。

## 7.3 预应力施工数值模拟

### 7.3.1 安全壳结构分析

核电站安全壳预应力施工会引起筒体变形，为分析其影响，本书采用 ANSYS 有限元分析软件对穹顶预应力张拉引起的筒体变形进行数值模拟，为现场施工筒体的变形进行控制。

（1）安全壳实体几何结构。安全壳为预应力混凝土结构，如图 7-21 所示，主要由基础底板、筒体、扶壁柱和穹顶组成；筒体上设有设备闸门及人员闸门，开孔区域局部加厚；筒身混凝土厚度为 1300mm。

（2）预应力钢绞线空间分布定位。在安全壳筒体结构中，共设有竖向、环向和穹顶 3 组预应力钢束，其中竖向 94 根预应力导管、水平方向 106 根预应力导管，从整体上看：绕过贯穿件洞口区域的环向和竖向钢束周边应力分布比较复杂；采用扁球壳形设计的穹顶钢束布置形式更为复杂，钢绞线空间分布几何模型如图 7-22 所示。

### 7.3.2 有限元模型建立

（1）网格剖分及单元定义。安全壳结构几何尺寸较大，设备和人员闸门等孔洞周围是网格剖分工作的难点，遵循网格剖分的基本原则，对安全壳结构进行网格剖分。混凝土单元选择20结点六面体单元，此单元具有开裂、压碎、塑性变形、徐变等功能。通过界面操作可在单元属性中设定钢筋混凝土实体和钢束的弹性模量、泊松比、密度等参数。核电站安全壳预应力系统选用符合英国标准BS 5896—1980的钢绞线，钢绞线弹性模量为190GPa，每延米的理论质量为1178g。混凝土强度等级C60，混凝土弹性模量取考虑钢筋刚度效应的等效刚度。

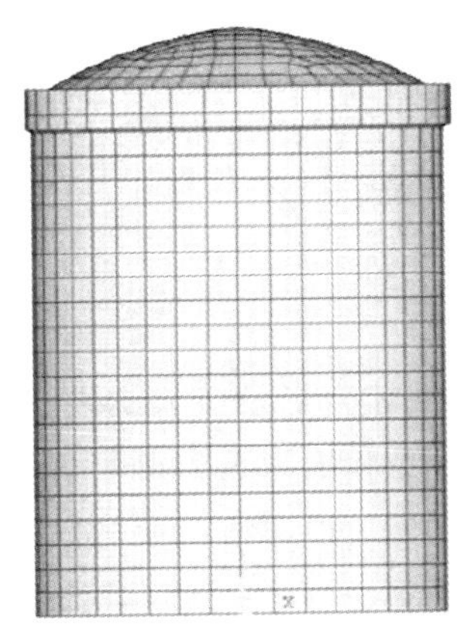

图7-21 安全壳实体模型

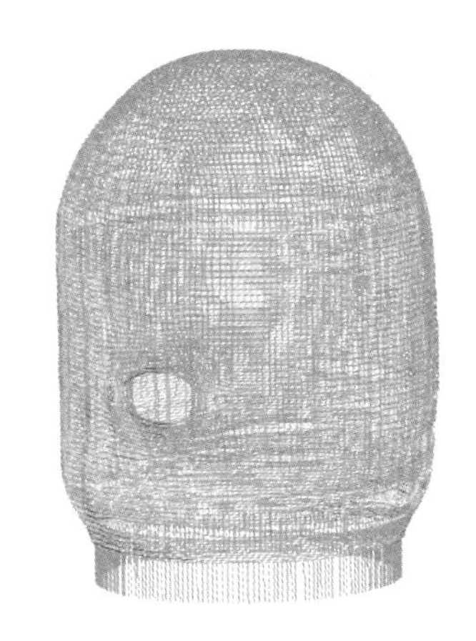

图7-22 安全壳钢束几何模型

（2）预应力加载方法选取。对于预应力空间分布较为复杂的大型实体结构，预应力效应的模拟通常采用两种方法；第一种方法是将预应力简化为等效均布压力作用于安全壳上；第二种方法是在三维计算模型中将预应力离散成点荷载施加在安全壳上。第二种方法较第一种方法更为复杂，但具有明显优点，通过真实施加预应力于结构模型结点上，可以实现更高的计算精度。本书采用第二种方法模拟安全壳结构中的预应力体系，在空间分布钢束节点上施加预应力。

（3）施加约束。安全壳底板可近似认为刚接于基础之上，故在有限元结构计算中对基础底板上的所有节点均施加6个自由度方向约束，即约束板底节点的$x$，$y$，$z$，$R_{OTx}$，$R_{OTy}$和$R_{OTz}$方向，亦即约束$x$、$y$、$z$方向的平动和转动。

（4）载荷工况。由于安全壳穹顶预应力钢束孔道布置复杂及钢绞线受孔道内壁摩擦力的作用，孔道内不同部位钢绞线的受力均不相同，很难精确模拟穹顶预应力管道的分布荷载。经过研究发现，虽然穹顶预应力管道布置复杂但管道两端锚固点处力的大小、方向、作用点位置均可确定，而且该力即是引起筒体变形的直接因素。因此，将锚固点处的荷载进行简化，作用在安全壳筒体环梁处，对筒体变形进行计算分析，穹顶预应力管道布置及锚固点位置如图7-23所示。

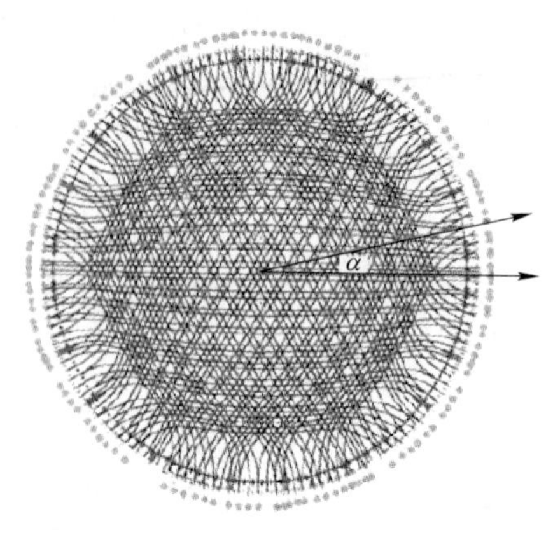


图 7-23 穹顶预应力管道布置

### 7.3.3 分析结果及讨论

采用 ANSYS 软件分析穹顶预应力张拉引起的筒体变形及应力结果，锚固端环梁处的最大变形量为 5. 24mm，穹顶顶点的竖向变形量为 5. 21mm，张拉后筒体的变形图及应力图如图 7-24 及图 7-25 所示，其中 U 向、环向的局部应力云图如图 7-26 所示。

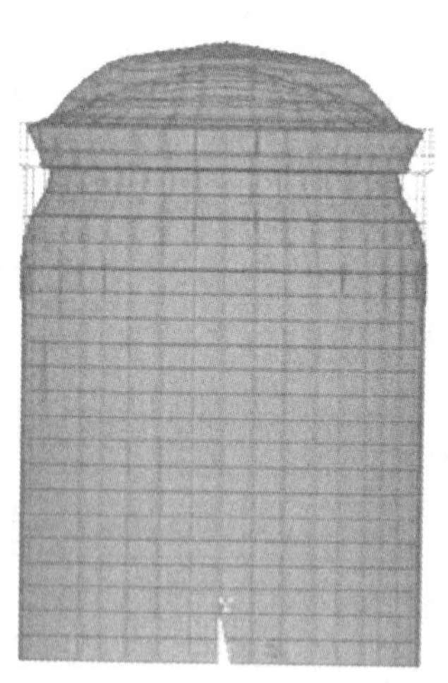

图 7-24 径向张拉变形示意图

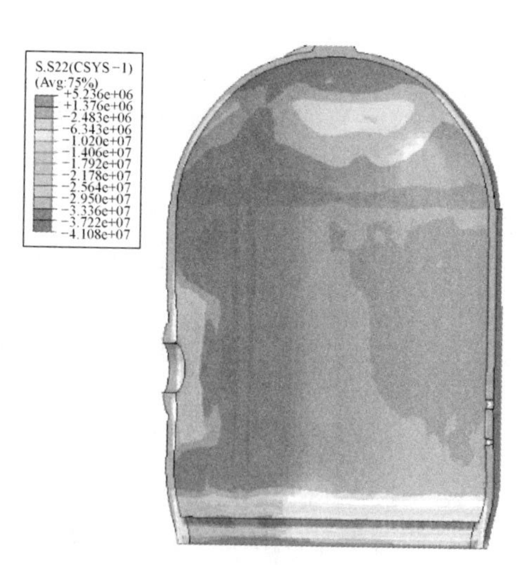


图 7-25 整体张拉应力云图

在穹顶张拉的过程中预应力钢束对环梁施加水平荷载的同时，也给穹顶施加了竖向的均布荷载，该竖向荷载起到约束穹顶竖向变形的作用，进一步可以限制穹顶张拉过程中筒体的水平变形。由于本书简化计算，并未考虑竖向分布荷载所起的作用，所以本书的模拟结果与实际的变形值相比偏大。

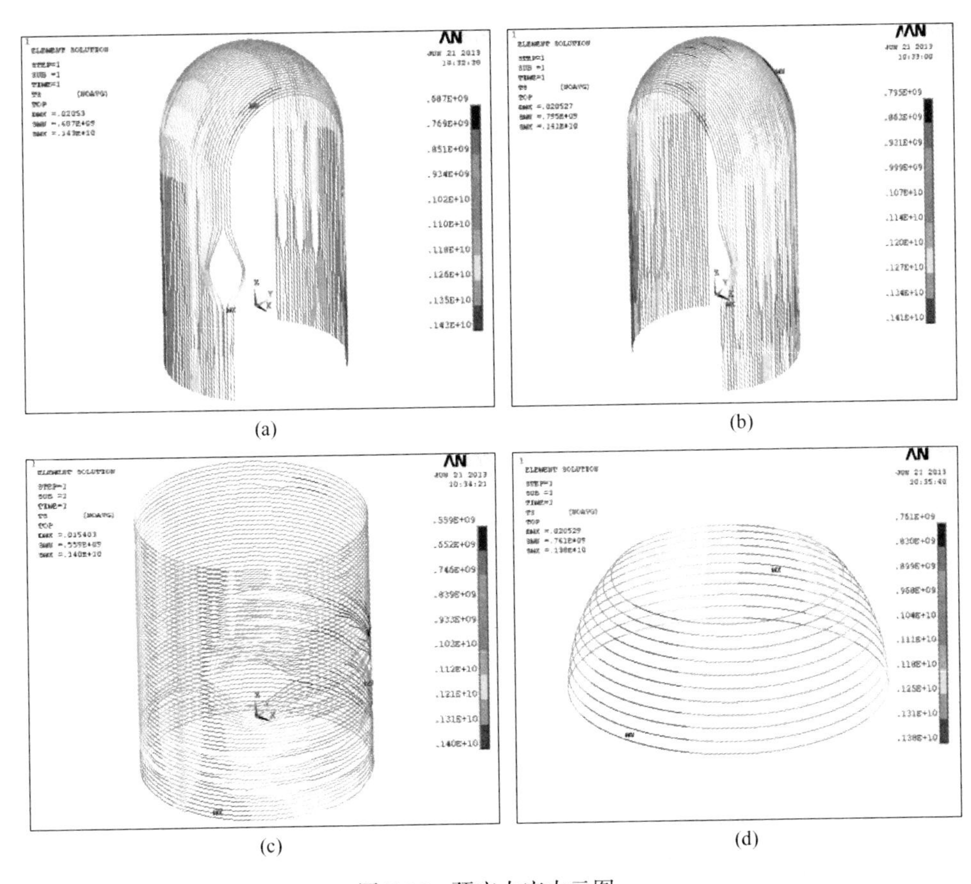

(a) (b) (c) (d)

图 7-26 预应力应力云图

(a) U 向预应力应力云图；(b) U 向预应力应力云图；

(c) 环向预应力应力云图；(d) 顶部向预应力应力云图

由图 7-25、图 7-26 可见，穹顶预应力张拉引起筒体的变形主要集中在环梁位置，而燃料转运装置的安装位置的变形值几乎为 0，从分析结果可以看出，穹顶预应力张拉计划的调整并不会对反应堆厂房燃料转运装置的安装造成影响。

# 8 特种筒体结构施工安全动态监测

本章以第三代核电技术施工项目为实例，以变形、应力监测等关键工序举例分析，运用第 4 章所建立的理论分析方法详细阐述特种筒仓结构施工安全动态监测的实现过程，以期理论结合实践，生动形象地向广大读者分析特种筒仓结构施工安全控制过程中动态监测方法的实现流程，为类似特种筒仓结构施工安全管理工作提供参考。

## 8.1 传感器的布置

### 8.1.1 监测项目的确定

依据对特种筒仓结构施工过程的分析及对关键技术环节的把控，拟定对该项目开展以下施工安全的监测工作：

（1）结构位移监测：混凝土浇筑施工过程中的结构本体的位移监测、预应力张拉阶段的径向位移监测、钢衬里模块化施工过程中的钢衬里变形监测等。

（2）应力监测：混凝土浇筑施工过程中的结构本体的应力监测、预应力张拉阶段的混凝土应力监测、钢衬里模块化施工过程中的吊装设备及钢衬里本体的应力监测、穹顶施工过程中的吊装设备及穹顶本体的应力监测等。

（3）温度监测：混凝土浇筑施工过程中的温度监测、工作区域的温度监测等。

（4）风荷载监测：施工区域的风速、风压监测。

由于监测点数目有限，对于特种筒仓结构而言只能采集到小部分的结构响应信息，故传感器的数量和布设位置对监测分析结果起重要作用，应遵循合理性、可实施性及经济性原则确定传感器的数量和布设位置。依据不同工况对特种筒仓结构进行初步施工模拟分析，部分数值模拟分析见第 7 章，选取变形和应力较大的部位作为监测布点位。

### 8.1.2 监测设备的安装

监测设备的安装，这里以穹顶吊装施工阶段进行举例阐述。其中，吊装过程中监测测点均为应力测点，包括钢索应力测点、附加应力测点。

（1）钢索测点布置。穹顶吊索具共 16 根，钢索计布置于吊索具的钢丝绳下部位约 1/3 位置。钢索测点共计 16 个，编号为 $k$-1，$k$ 为钢索编号 1~16，测点平面和立面布置如图 8-1 所示。

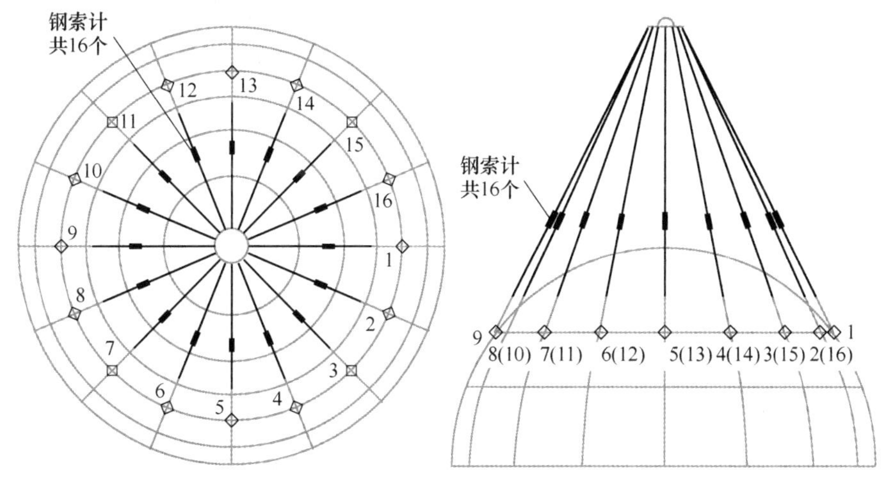


图 8-1　钢索测点布置图

（2）附加应力测点布置。穹顶吊索具共 16 根，附加应力测点布置于吊索具可调拉杆上部 U 形接头板上。附加应力测点共计 16 个，编号为 $k$-2，$k$ 为钢索编号 1~16，测点的平面和立面布置如图 8-2 所示。

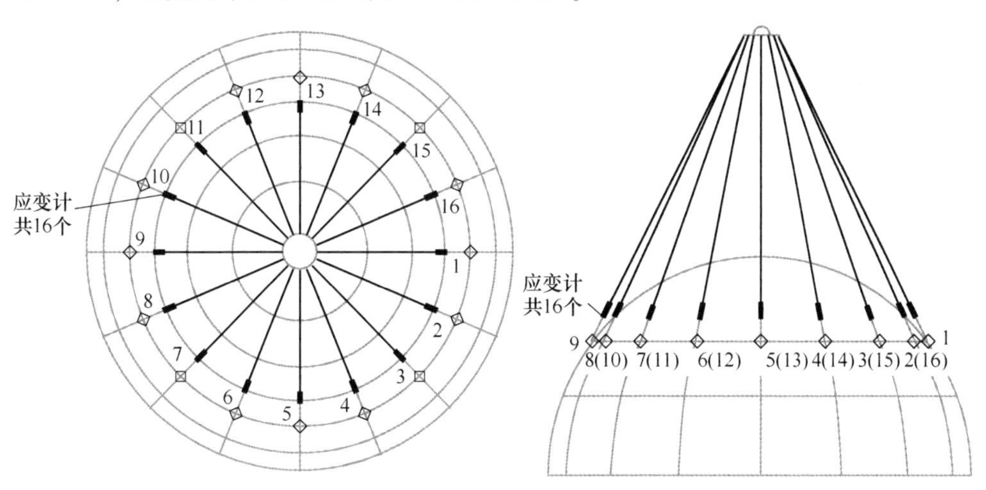


图 8-2　附加应力测点布置图

（3）采集箱布置。本次监测传感器与采集箱采用四芯屏蔽电缆线有线连接方式，按照电缆线总长最短原则，采集箱布置位置如图 8-3 所示，采集箱共计 1 个。

（4）测点及仪器统计。根据上述测点布置，全部测点数量统计见表 8-1，其中，钢索测点及附加应力测点各 16 个。仪器统计表见表 8-2。

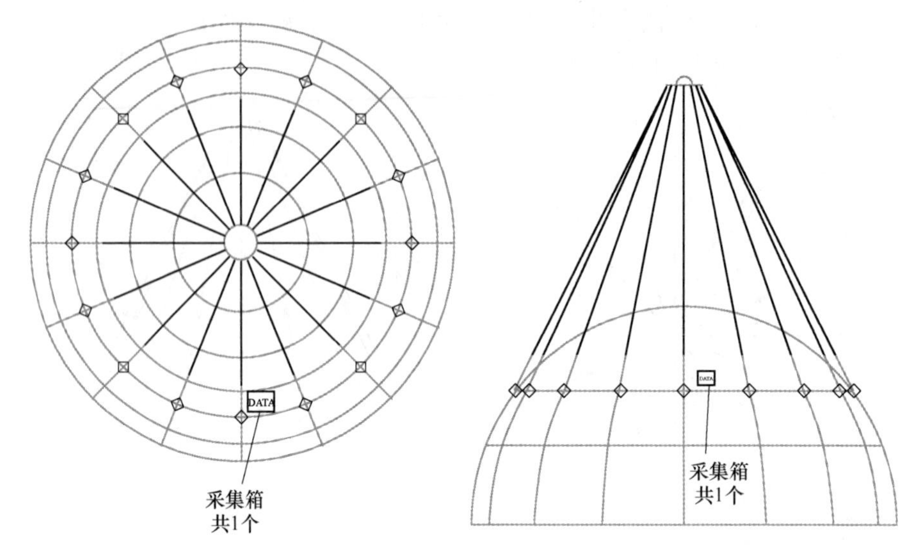


图 8-3 采集箱布置图

**表 8-1 测点统计表**

| 监测项目 | 测点类型 | 测点数量/个 | 传感器 | 备注 |
| --- | --- | --- | --- | --- |
| 应力测点 | 钢索测点 | 16 | 振弦式钢索计 | |
| | 附加应力测点 | 16 | 振弦式表面应变计 | |

**表 8-2 仪器数量统计表**

| 设备类型 | 仪器名称 | 数量 | 单位 | 备注 |
| --- | --- | --- | --- | --- |
| 传感器 | 振弦式钢索计 | 16 | 个 | 配套支座 16 对 |
| | 振弦式表面应变计 | 16 | 个 | 配套夹具 16 对 |
| | 四芯屏蔽电缆 | 2200 | m | 一组测点按照 137. 5m 预估 |
| 采集设备 | 采集箱 | 1 | 个 | |
| | GPRS 通讯模块 | 1 | 个 | 装于采集箱内 |
| | 便携式读数仪 | 1 | 台 | |
| | MEMS 专用读数仪 | 1 | 台 | |

1）钢索计安装。钢索计安装时，应先确认工作面，即钢索计安装部位在工人可操作范围内。若方案中测点布置部位安装操作困难，应及时调整。安装时，先在钢索松弛状态安装钢索计一端支座，使支座与钢索卡紧，再进行钢索初张拉，使钢索绷直，安装钢索计另一端支座，并将电缆接入采集箱，松弛钢索上的初张力，若钢索计内力没有变化，则安装完成。钢索计安装如图 8-4 所示。

2）附加应变计安装。安装应变计时，应先确认工作面，即应变计布置部位在工人可操作范围内。安装时，先除掉构件表面涂装并磨平，再用胶将支座粘牢，最后再安装应变计和电缆，尽可能避开作业面。应变计安装如图 8-5 所示。

图 8-4 钢索计安装

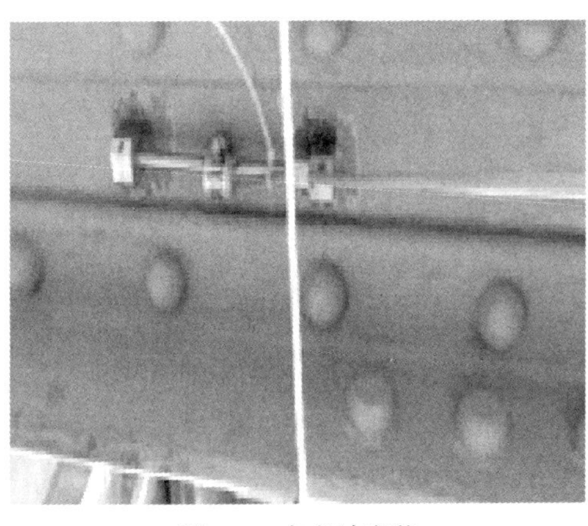

图 8-5 应变计安装

3）采集箱安装。采集箱安装时，应先确认工作面：一是搭设采集箱放置平台，并保证所有传感器电缆线可接入采集箱；二是有持续 220V 电源可供采集箱使用。采集箱固定就位后，将所有电缆线连接就位，进行调试。采集箱安装如图 8-6 和图 8-7 所示。

图 8-6 采集箱安装

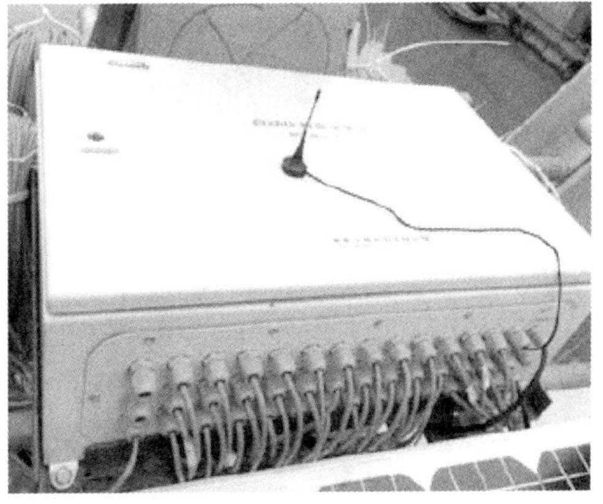

图 8-7 采集箱安装

### 8.1.3 监测工作的开展

根据制定的监测项目安装相应的传感器等监测设备，进行特种筒仓结构施工安全的动态监测工作，如图 8-8、图 8-9 所示。在监测过程中对相应的监测项目的监测指标依据规范及数值模拟结果设置相应的预警限值，当监测数据异常时应及时报警，例如，在穹顶吊装过程中，为保证各个吊点受力均匀，对吊点受力情况进行监测。拟采用如下方法进行监测：

（1）采用振弦式钢索计直接测量钢丝绳内力；

（2）采用振弦式应变计辅助测量可调拉杆端部应力，换算得出钢丝绳内力值。

监测进行前，计算每根吊索的拉力设计值 $A$（单位 kN）。监测过程中，采用自行编制的施工监控软件，即时通报监测数据。当出现以下两种情况：

（1）不均匀系数 $\delta > b$（$\delta$=监测得到的最大索力值/平均索力值）；

（2）某一监测点的索力值超过拉力设计值 $A$。

若出现情况（1），应立即停止吊装，调节可调拉杆，直至各吊点受力均匀，即不均匀系数 $\delta \leqslant b$，恢复吊装工作；若出现情况（2），应立即停止吊装，排查影响因素，各方共同协商解决。

图 8-8　现场变形监测

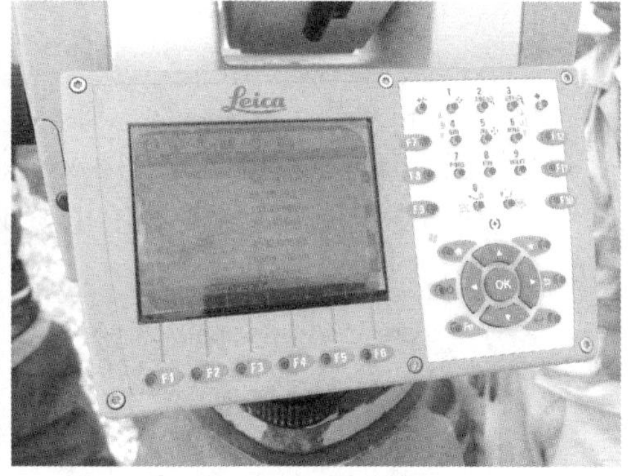


图 8-9　自动监测

## 8.2　变形监测结果

### 8.2.1　地基沉降监测结果分析

为保证穹顶、钢衬里吊装施工过程中的作业安全，保证吊运过程中起吊机行驶区域的作业安全，特进行行驶区域的地基基础安全监测，监测点布置如图 8-10 所示。

（1）使用仪器。本工程地基沉降监测采用瑞士徕卡 SPRINTER250M 型精密水准仪，配合条形码玻璃钢尺施测，人工记录观测数据。由沉降监测点、基准点、工作基点组成附合、闭合水准线路。在监测网控制下，采用几何水准测量方

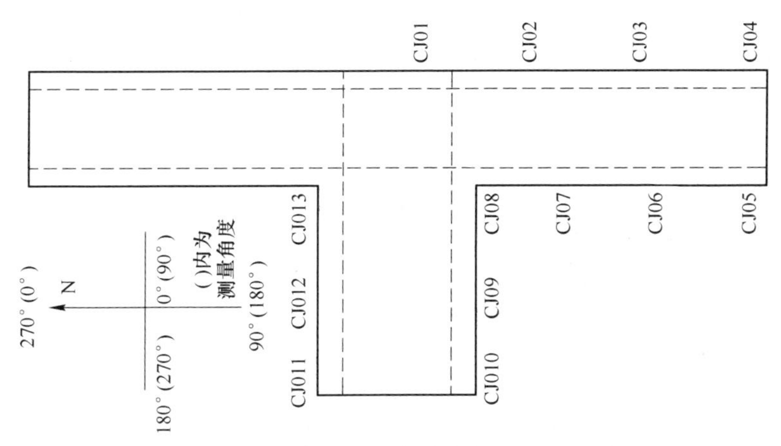


图 8-10　穹顶吊装过程吊车站位点地基监测示意图

法，按二级变形测量的精度要求，施测各沉降监测点。每期沉降监测，均保持监测线路、方法、测站、观测人员及使用的仪器不变。

（2）人员组成。成立沉降监测组，成员包括负责人一人，监测人员一人。对测量水准仪进行定期检验，加强日常维护、使用和保管，有检查记录。使用仪器时，测量员不得离开仪器，将仪器置于仪器柜内，仪器柜必须干燥、无尘土，经常擦拭保养仪器。

（3）报警。根据实际监测数据对工程做出险情预报是一个重大的技术问题，关系着施工安全和项目管理等多方面因素，必须根据工程的具体情况，综合考虑各种实际因素，在实测数据的基础上及时做出判断。

根据《建筑地基基础设计规范》（GB 50007—2011）第 5. 3. 3 条有关规定，并结合相关工程经验，确定本工程绝对沉降和局部沉降的报警值分别为：

1）单点平均沉降速率报警值：3mm/min；

2）单点累计沉降报警值：10mm。

当监测单位发出预警通报后，有关各方应及时互通情报，研究处理方案，有步骤地采取应急措施，及时排除险情，从而确保施工过程的地基基础安全。

（4）地基沉降监测成果。钢衬里及穹顶吊装工程起重机行驶路面沉降，包含所有 13 个监测点，自 13:40 起吊前到 17:20 吊车就位调整后期间沉降监测结果如图 8-11 ~ 图 8-14 所示。

（5）结果分析。起重机行驶路面的地基基础在监测期间沉降观测各项精度指标均满足《建筑变形测量规范》（JGJ/8—2007）要求。由上述分析及沉降监测结果可知：起重机行驶路面的地基基础在监测期间，该起重机行驶路面的地基基础沉降速率符合《建筑变形测量规范》（JGJ/8—2007）规定的沉降稳定性指标要求，在观察周期内沉降不稳定。

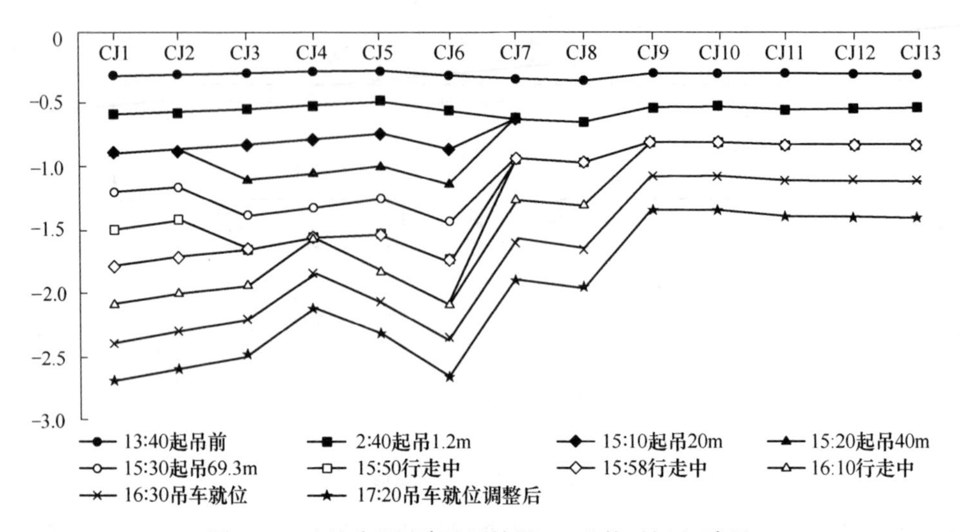


图 8-11 地基路面沉降监测结果 1（监控时间-沉降量）

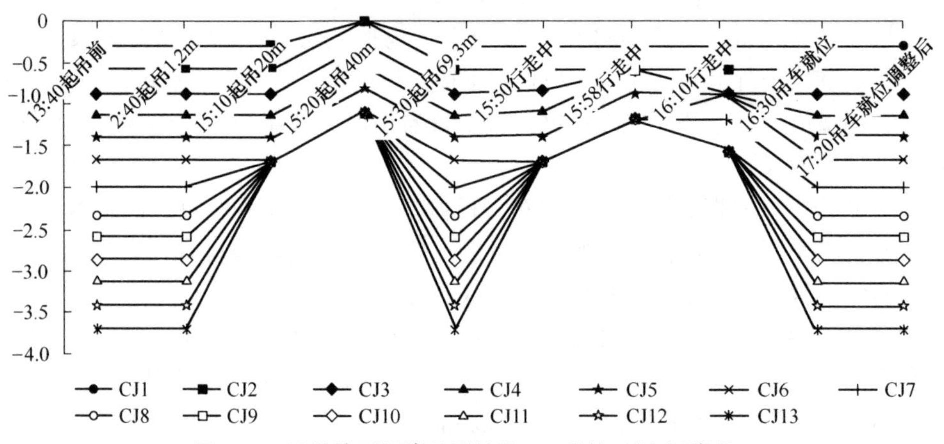


图 8-12 地基路面沉降监测结果 2（监控时间-沉降量）

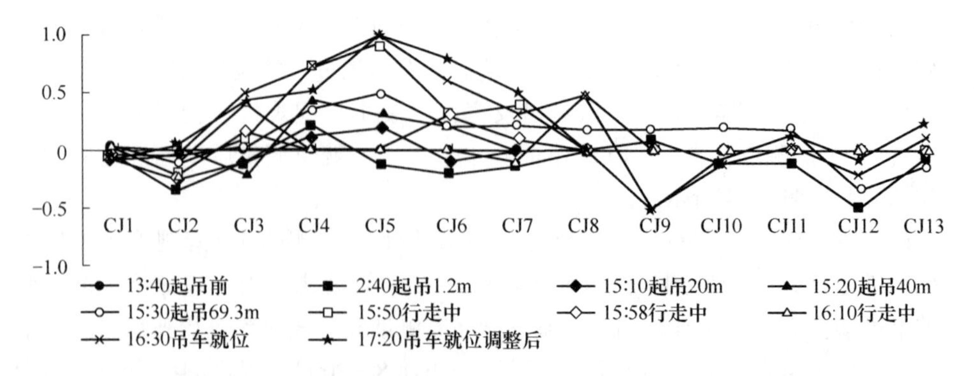


图 8-13 地基路面沉降监测结果 3（监控时间-累计沉降量）

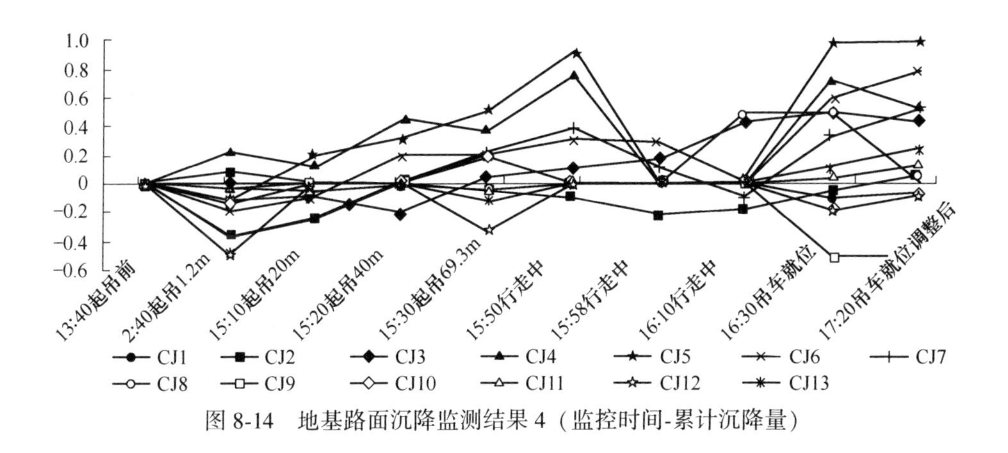


图 8-14 地基路面沉降监测结果 4（监控时间-累计沉降量）

### 8.2.2 钢衬里变形监测结果分析

为保证穹顶、钢衬里吊装施工过程中的作业安全，保证吊运过程中穹顶和钢衬里的施工作业安全，特进行行驶区域的穹顶、钢衬里的变形监测，监测点主要为下口沿。

（1）使用的仪器。本工程钢衬里变形监测，采用南方精密全站仪，人工记录监测数据。每期变形监测均保持监测线路、方法、测站、监测人员及使用的仪器不变。

（2）人员组成。成立变形监测组，成员包括负责人一人，监测人员一人。对测量全站仪进行定期检验，加强日常维护、使用和保管，有检查记录。使用仪器时，测量员不得离开仪器，将仪器置于仪器柜内，仪器柜必须干燥、无尘土，经常擦拭保养仪器。

（3）监测结果。钢衬里吊装工程变形监测包含所有 13 个观测点，自 13:40 起吊前到 17:20 吊车就位调整后期间变形监测结果如图 8-15、图 8-16 所示。

（4）监测结果分析。钢衬里吊装工程变形监测包含所有 13 个观测点，自 13:40 起吊前到 17:20 吊车就位调整后期间变形监测数据符合规范和数值模拟限值的要求，监测数据正常。

### 8.2.3 筒体变形监测结果分析

为保证筒体在施工过程中（钢衬里模块化施工、混凝土浇筑、预应力施工等）的作业安全，保证施工过程中的筒体结构安全，特对筒体的顶点位移和筒体筒身变形进行监测。

（1）使用仪器。倾斜变形监测采用南方精密全站仪进行，监测方法是前方交会法，分别在 $A$、$B$ 两点设立测站，如图 8-17 所示。在每一个测站，分别在不

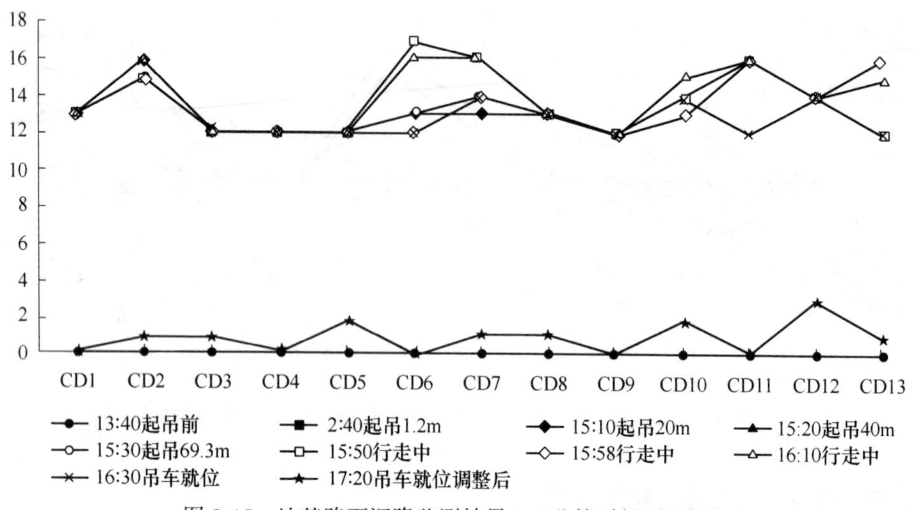


图 8-15　地基路面沉降监测结果 1（监控时间-变形量）

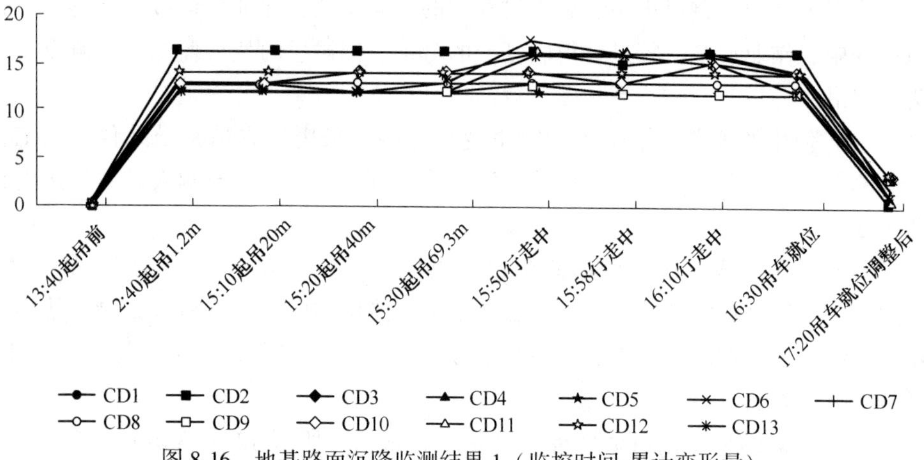


图 8-16　地基路面沉降监测结果 1（监控时间-累计变形量）

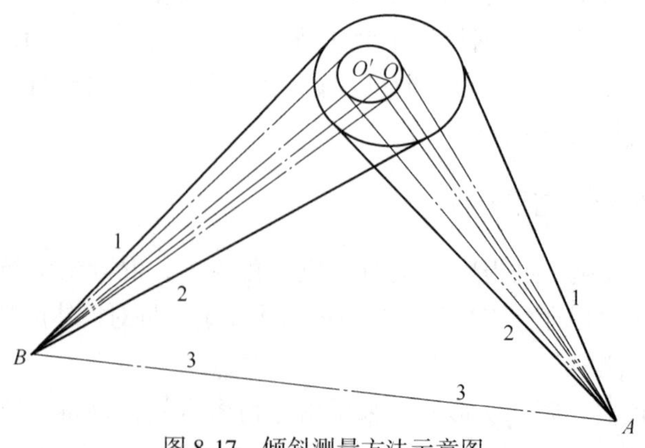


图 8-17　倾斜测量方法示意图

同标高读取1、2、3三个方向角，并测量$A$、$B$两点之间的距离。则不同标高的中心位置完全确定，据此可计算倾斜方向及倾斜距离的大小。依据现场实际条件采用大角度前方交会法以验证检测结果的正确性。此外，局部变形监测采用游标卡尺（预应力张拉施工期间）进行筒体径向变形监测。

（2）人员组成。成立筒体变形观测组，成员包括负责人一人，观测人员两人。

（3）监测结果。筒体变形监测包含8个整体倾斜变形监测点，16个局部径向变形监测点，自-7.8m到45.13m混凝土施工期间筒体变形监测结果如图8-18所示。

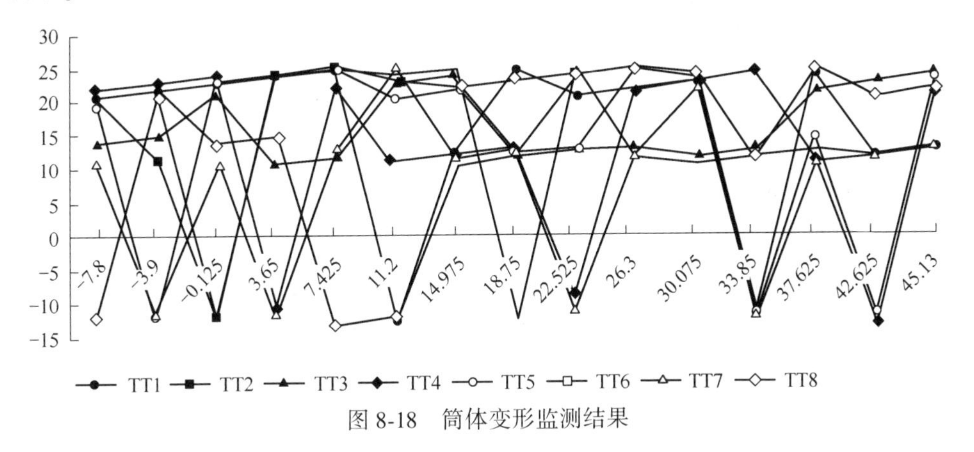


图8-18　筒体变形监测结果

（4）监测结果分析。由监测结果可知，自-7.8m到45.13m混凝土浇筑期间，变形最大值为25mm，最小值为-12mm，变形量符合规范要求，结构在该段施工期间安全可靠。

## 8.3　应力监测结果

### 8.3.1　吊装工程应力监测结果分析

为保证穹顶、钢衬里吊装施工过程中的作业安全，保证吊装过程中吊装索具及穹顶和钢衬里的作业安全，特进行穹顶吊装应力的安全监测。其中，单个机组穹顶重395t，吊装吊索具重约59t，平衡配重约6t。吊装采用海阳AP1000穹顶吊装索具，共计16个吊点，吊点均匀分布。穹顶吊装平面及立面示意如图8-19和图8-20所示。吊索具主要由两端U形接头、钢丝绳和可调拉杆组成，如图8-21所示。钢丝绳公称直径为$\phi$92mm，型号为NAT6×61a+IWR-1670。

（1）试吊装应力监测分析。2017年5月25日5:25开始试吊装。通过现场试吊调整配重、调节穹顶下口水平度、考察索力不均匀程度。试吊装加载制度按

表8-3执行。拉索内力相应值变化如图8-22～图8-25所示。

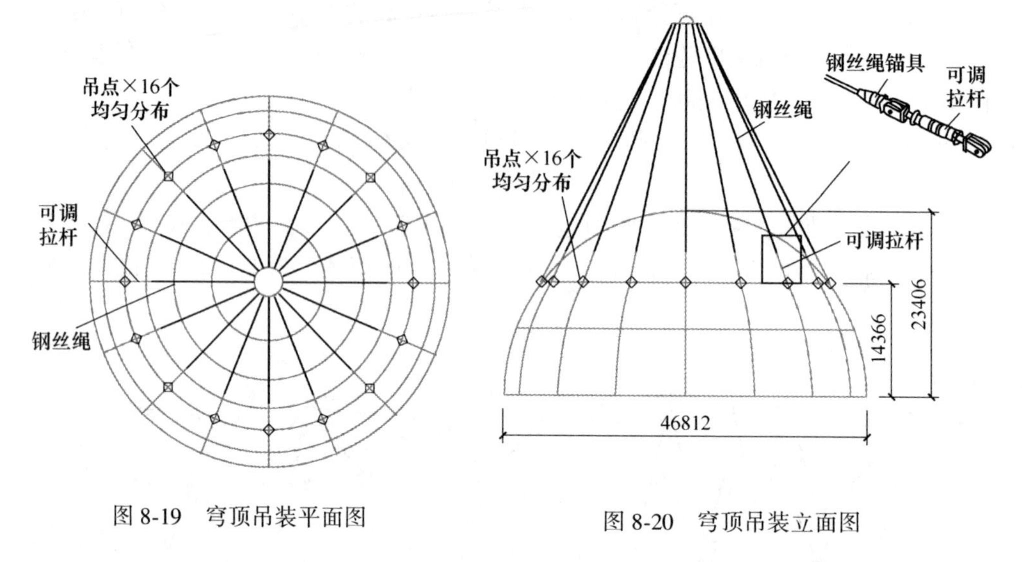


图8-19 穹顶吊装平面图

图8-20 穹顶吊装立面图

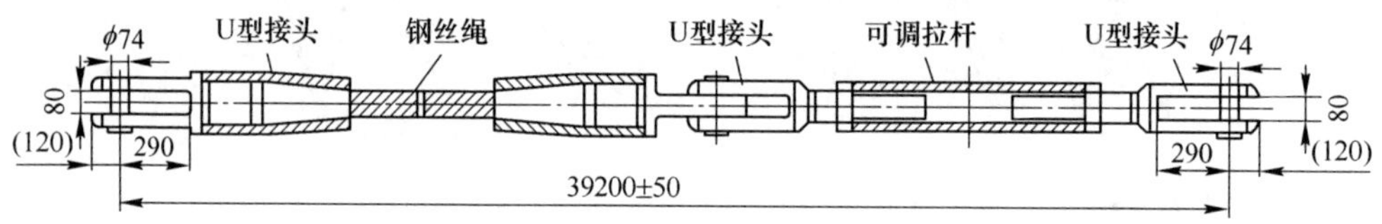


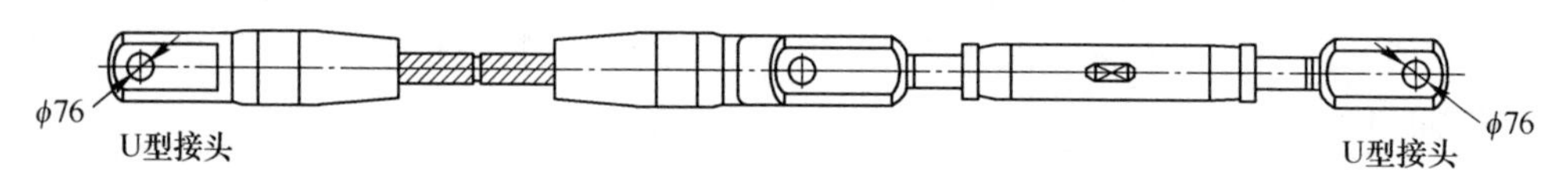


图8-21 吊索具详图

**表8-3 加载制度**

| 时间 | | 加载步 | 加载/% | 备注 |
|---|---|---|---|---|
| 试吊装 | 5:25 | 1 | 25 | |
| | 6:02 | 2 | 50 | |
| | 7:25 | 3 | 75 | |
| | 8:38 | 4 | 75 | 调整索1、5、14、16 |
| | 9:01 | 5 | 100 | 下口高差最大值470mm（限值200mm） |
| | 10:10 | 6 | 100 | 移动5号索处1.3t配重至13号索处 |
| | 10:47 | 7 | 100 | 移动5号索处1.3t配重至13号索处 |
| | 11:24 | 8 | 100 | 增加13号索处配重2t |

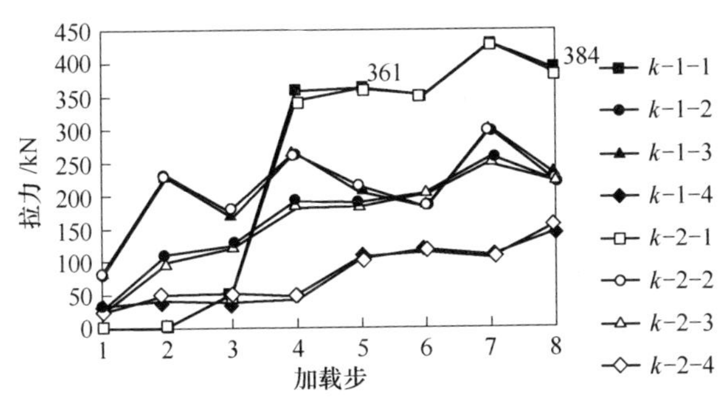


图 8-22 1~4 号钢索及应变计内力值

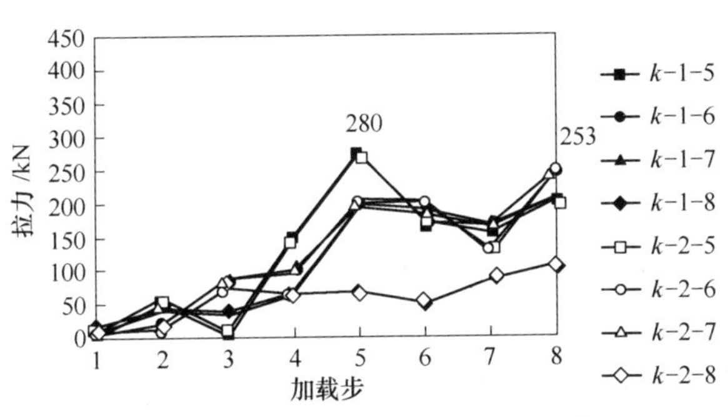


图 8-23 5~8 号钢索及应变计内力值

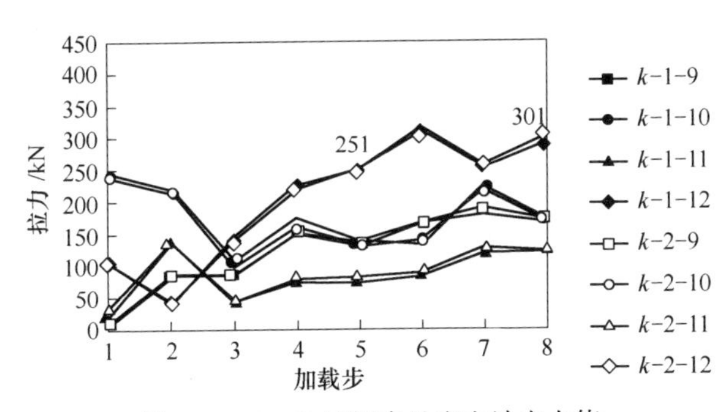


图 8-24 9~12 号钢索及应变计内力值

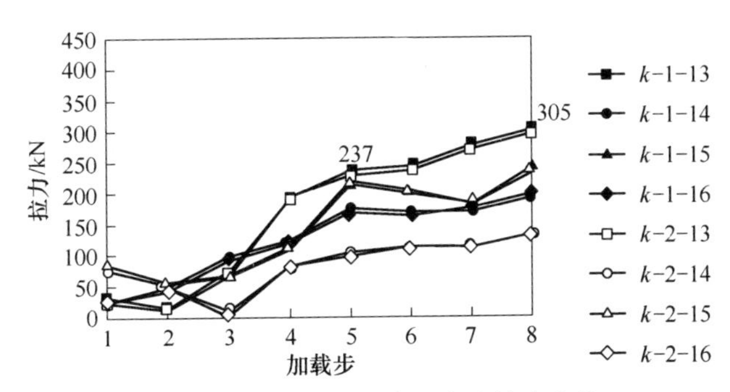


图 8-25 13~16 号钢索及应变计内力值

由图 8-22～图 8-25 可知：

1）加载步 1～3 过程中，初始拉索内力值不呈线性增长趋势且各拉索内力值不均匀分布，不均匀系数等于 2.3。

2）加载步 4 时，拉紧拉索 1、5、14 和 16，拉索 1、5、14 和 16 的内力值明显增大，拉索 1、5、14 和 16 的内力值分别增大 311.4kN、148.9kN、80.4kN 和 29.5kN。索力均值为 145kN，最大值为 358kN，不均匀系数为 2.46。

3）加载步 5 时，索力最大值在拉索 1 处，最大值为 361kN（小于限值 520kN）。索力均值为 181kN，最大值为 361kN，不均匀系数为 1.9，穹顶下口的最大高差为 470mm，处于倾斜状态。加载步 5 时，拉索 1 和 9 对应位置先离地，拉索 5 对应位置最后离地。

4）根据现场试吊装情况，索力值最大值未超出索力限值 520kN，各索力值分布不均匀系数最大为 2.46，过程控制以索力和下口水平度作为预警控制指标，不均匀系数作为参考指标。

5）加载步 6 和 7 时，现场将拉索 5 处的配重分步移至拉索 13 处，拉索 5 的内力值分别减小 99.6kN 和 20.2kN；拉索 13 的内力值分别增大 7.4kN 和 36kN。穹顶下口的最大高差缩小至 270mm。

6）加载步 8 时，增加拉索 13 处配重，拉索 13 的内力值增大 22.6kN。穹顶下口的最大高差缩小至 170mm，满足《5 号机组钢衬里穹项吊装施工方案》中穹顶下口最大高差为 200mm 的要求。加载步 8 时，索力最大值仍在拉索 1 处，最大值为 384kN（小于限值 520kN）。索力均值为 215kN，最大值为 384kN，不均匀系数为 1.7，处于安全状态。

（2）正式吊装应力监测。穹顶正式吊装从 2005 年 25 日 14:28 开始至17:58 结束。吊装过程中拉锁内力值如图 8-26～图 8-29 所示。

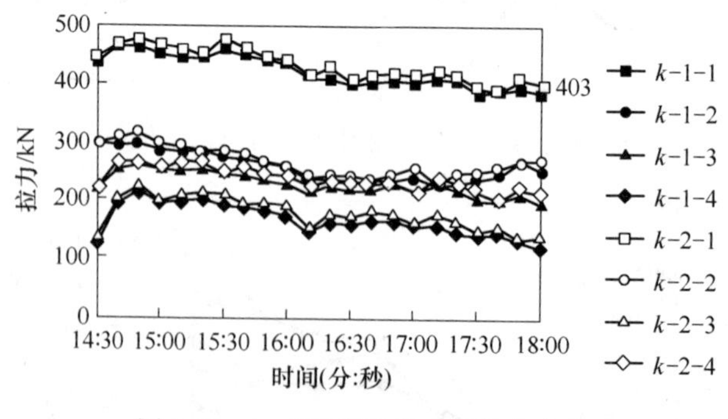


图 8-26 1～4 号钢索及应变计内力值

（3）应力监测结果分析。由图 8-26～图 8-29 可知：

1）在 14:30～15:20 期间，穹顶处于吊装上升阶段，拉索内力值均略有增

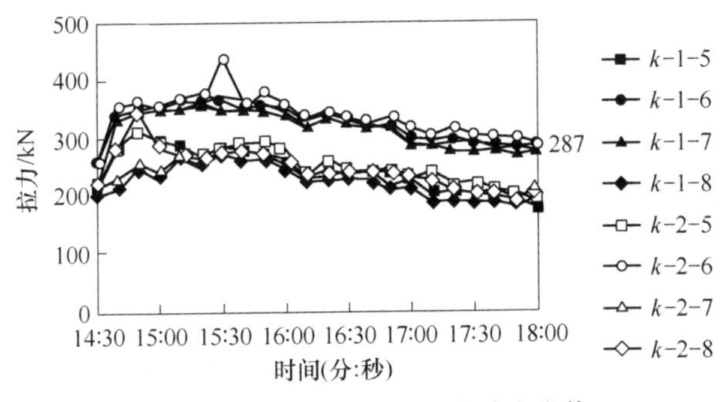

图 8-27 5~8 号钢索及应变计内力值

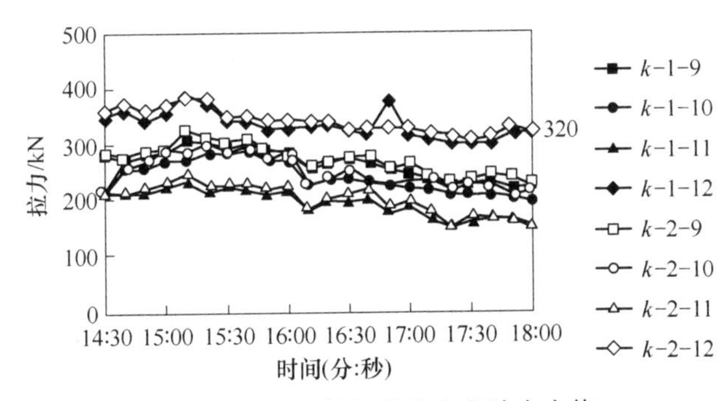

图 8-28 9~12 号钢索及应变计内力值

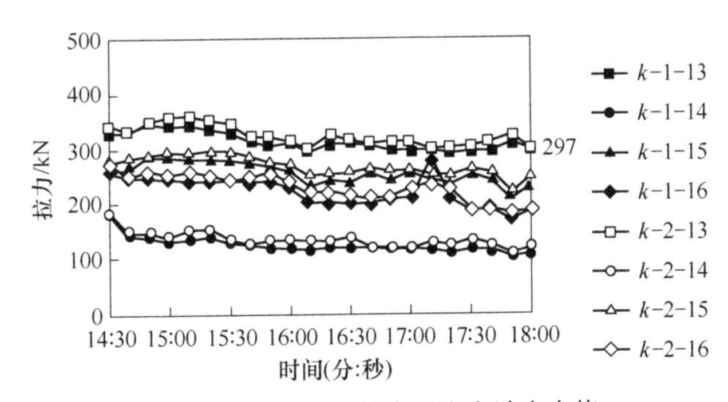

图 8-29 13~16 号钢索及应变计内力值

大，说明吊装过程不能保证绝对匀速，上升过程对穹顶施加了向上的加速度。15:20 时，索力均值为 216kN，最大值为 333kN，不均匀系数为 1.5，处于安全状态。

2）在 15:20~16:50 期间，穹顶处于水平移动阶段，拉索内力值平稳波动，索力均值为 203kN，最大值为 326kN，不均匀系数为 1.6，处于安全状态。

3）在 16:50~17:58 期间，穹顶处于吊装下降阶段，拉索内力值均略有减小，说明吊装过程不能保证绝对匀速，下降过程对穹顶施加了向下的加速度。

17:58 时，索力均值为 185N，最大值为 293kN，不均匀系数为 1.5，处于安全状态。

### 8.3.2 预应力张拉监测结果分析

由于该项目预应力张拉过程工作尚未开展，本节借鉴前人以往研究成果对预应力张拉过程中的预应力筋的应力监测结果进行阐述。

（1）环向预应力筋的应力值。图 8-30 为各施工阶段环向预应力筋应力值，环向预应力筋应力平均（最大、最小）值为该预应力筋施工阶段所有激活的环向预应力筋应力平均（最大、最小）值。

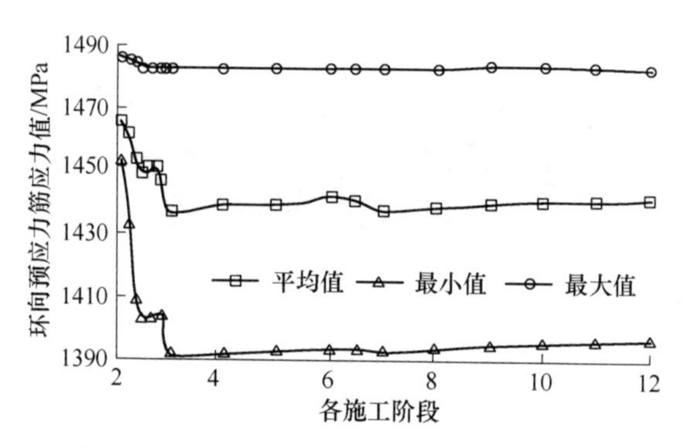


图 8-30 各施工阶段环向预应力筋应力平均值

（2）竖向预应力筋的应力值。图 8-31 为各施工阶段竖向预应力筋应力值，竖向预应力筋应力平均（最大、最小）值为该预应力筋施工阶段所有激活的竖向预应力筋应力平均（最大、最小）值。

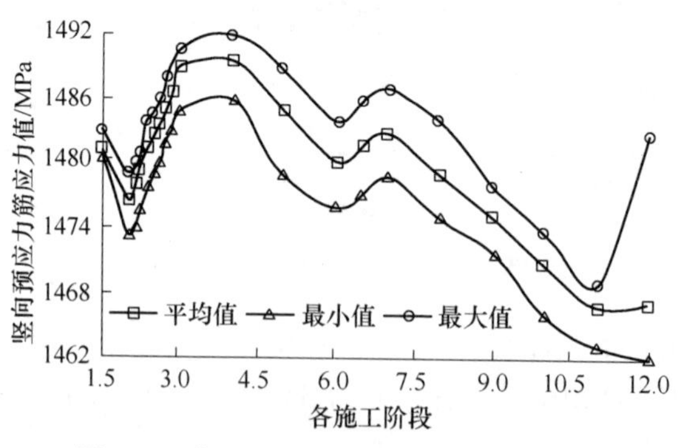


图 8-31 各施工阶段竖向预应力筋应力值

（3）穿过穹顶的预应力筋的应力值。图 8-32 为各施工阶段穿过穹顶的预应力筋应力值，穿过穹顶的预应力筋应力平均（最大、最小）值为该预应力筋施工阶段所有激活的穿过穹顶的预应力筋应力平均（最大、最小）值。

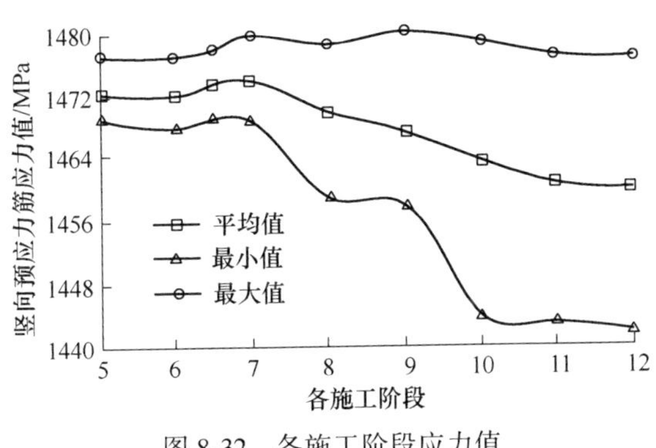


图 8-32 各施工阶段应力值

### 8.3.3 混凝土应力监测结构分析

（1）筒身混凝土应力。由图 8-33（a）可看出，环形基础和共用底板应力较小，筒身中部应力高于环梁区域和筒身与环形基础交接区域的应力，穹顶应力略小于筒身中部的应力，符合安全壳应力分布的基本模式。

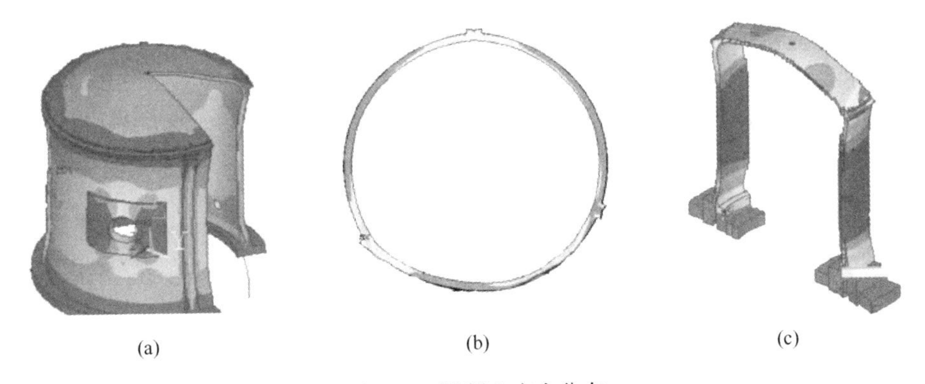

(a) (b) (c)

图 8-33 混凝土应力分布

（a）筒身混凝土应力；（b）筒身混凝土竖向应力；（c）筒身混凝土环向应力

（2）筒身混凝土竖向应力。图 8-33（b）为局部混凝土竖向应力云图，由竖向应力云图可以看出，筒身绝大部分区域混凝土竖向应力约为-9MPa，与竖向预应力筋和穿过穹顶的预应力筋在筒身混凝土中产生的预应力接近。

（3）筒身混凝土环向应力。图 8-33（c）为 90°、270°混凝土环向应力云图，筒身混凝土环向应力约为-21MPa，考虑内外侧环向预应力筋因素，与环向预应力筋在混凝土中产生的预应力接近。

# 9 特种筒体结构施工安全风险评估

本章以第三代核电技术施工项目为实例，以穹顶吊装这一关键工序举例分析，运用第 5 章所建立的理论分析方法详细阐述特种筒仓结构施工安全风险评估的实现过程，以期理论结合实践，生动形象地向广大读者分析特种筒仓结构施工安全控制过程中安全风险评估方法的实现流程，为类似特种筒仓结构施工安全管理工作提供参考。

## 9.1 安全风险评估过程及分析

### 9.1.1 评估过程概况

依据第 8 章所监测到的数据成果，依据第 5 章的特种筒仓结构施工安全风险评估进行模型的运算分析，该项目施工主要工序包括特种筒仓结构本体的钢衬里模块化施工、混凝土结构施工、预应力结构施工等，根据所建立的安全风险评估指标体系进行数据采集。应力、变形等监测位置布置见第 8 章。

### 9.1.2 评估阶段选择

该项目施工周期长，安全风险度较大的环节为模块化施工、预应力施工等阶段，如图 9-1、图 9-2 所示。由于模块化施工、预应力施工周期相对较短，为了更好地描述模型的应用过程，本章选择以传统混凝土浇筑（牛腿安装）过程为安全风险评估阶段，运用 BP 小波神经网络模型进行阶段安全风险评估。

图 9-1 模块二吊装施工现场

图 9-2 穹顶吊装施工现场

## 9.2　模型的确定

模型的确定主要包括训练样本集、网络的初始化、隐含层节点个数的确定。

### 9.2.1　数据的搜集与整理

(1) 数据搜集。在本次数据的采集过程中，由于各监测点数量较多，在初次进行模型建立时选择某个监测点位进行，例如地表沉降累计量量测选择点 CJ-5。每组数据的间隔期根据实际监测情况而定，常规间隔时间为三天，其中，吊装施工或预应力张拉施工等作业时间较短的工序间隔时间根据具体工况而定。利用特种筒仓结构施工过程中的各项监测数据对筒仓结构施工中的各个指标进行拟合训练，然后采用动态的方法进行分析。即随着施工的不断推进，监测所得到的数据信息也逐渐地增加，在网络模型预测过程中不断将这些新的数据加入训练样本中，动态地训练、调整和更新神经网络，使神经网络模型的计算精度不断提高，误差不断减小。

(2) 训练样本集。学习训练样本采样时间为三天一个周期，本次举例分析的训练学习样本合计有 12 组，其中，每一组的学习样本是依据前 4 个现场实际测量的数据得来的。而前 3 个(如 $x(1)$、$x(2)$、$x(3)$)作为输入样本，第 4 个($x(4)$)作为期望输出样本，按照如此规律，形成了一个完整的基于 BP 小波神经网络模型的特种筒仓结构施工安全风险评估的训练样本集，见表 9-1。

**表 9-1　量测数据训练样本集**

| 实际输入 | | | | | | | 期望输出 |
|---|---|---|---|---|---|---|---|
| $x(1)$ | $x(2)$ | $x(3)$ | $x(4)$ | $x(5)$ | $x(6)$ | … | $x(14)$ |
| $x(2)$ | $x(3)$ | $x(4)$ | $x(5)$ | $x(6)$ | $x(7)$ | … | $x(15)$ |
| $x(3)$ | $x(4)$ | $x(5)$ | $x(6)$ | $x(7)$ | $x(8)$ | … | $x(16)$ |
| ⋮ | ⋮ | ⋮ | ⋮ | ⋮ | ⋮ | ⋮ | ⋮ |
| $x(k)$ | $x(k+1)$ | $x(k+2)$ | $x(k+3)$ | $x(k+4)$ | $x(k+5)$ | … | $x(k+13)$ |

在进行神经网络训练之前，由于采集的各个数据的单位不一致，需要先对数据进行归一化处理。由于选取的指标不同，指标之间单位不一样，如果不进行数据的归一化处理，就会导致神经网络收敛速度变慢、训练时间增加，同时还会影响模型的分析准确性。因为神经网络输出层传递函数的取值范围是有局限性的，所以需要将网络训练的数据映射到传递函数的取值范围内。例如将单极性 S 型函数作为神经网络模型的输出层的激活函数，神经网络的输出也只能在 0~1 之间，

因为该类型函数的值域是限制在（0，1）的，因此训练输出就要进行归一化处理，范围与单极性S型函数相同。根据本文所选用的传递函数为双极性S型函数，因此需要将样本数据归一化至［-1，1］区间，再进行训练学习。

### 9.2.2 初始化网络

对BP小波神经网络模型中的小波参数的初始值进行处理是对网络模型初始化中必不可少的一个步骤，也就是快速地选取网络参数。在对小波参数初始值进行处理的时候，小波参数中的伸缩因子对函数的形态的影响较大，用$a$来表示该因子，还有另外一个因子，称为平移因子，一般用$b$表示，$b$的影响较小。所以，调整的过程中$a$是主要的调整对象，有如下两种情况：

（1）$a>1$。$a$取值大于1时，小波函数被拉伸的同时其波动也开始平滑，这种情况随着$a$的逐渐增大也愈加明显。在这种情况下，网络学习训练次数会大幅下降，并且伴随着收敛速度变快的现象。

（2）$a<1$。与（1）相反，此种情况小波函数在被压缩的情况下波动也开始变大，这会造成在网络的训练和学习方面耗时更多。

基于此，可以通过改变小波参数的平移伸缩因子来调整网络训练的速度和网络的收敛速度。小波参数的伸缩平移因子按照式（5-37）和式（5-38）进行选取。

### 9.2.3 确定隐含层节点个数

网络模型的输入层和输出层数量随着样本数据的确定随之被确定下来。随后的步骤就是确定网络模型隐含层神经元个数，神经元个数选取的恰当与否会直接对模型产生重要影响。在5.5节中对介绍了关于选取BP神经网络模型的隐含层节点个数的方法，基于BP小波神经网络与BP神经网络的相似性，BP神经网络模型的隐含层节点个数的选取也可以采用相同的方法，并且可以将两种方法进行结合考虑选取，即结合经验公式法和试验法。经验公式是基于经历大量的实际应用，单方面采用该法确定隐含层节点时并不绝对正确；而在采用试验法时也具有很大的盲目性，准确度有待提高。所以，可以用经验公式对隐含层的节点数确定一个取值范围，然后再通过试验法在确定的范围内不断进行试验，进一步确定隐含层的节点数，从而最终确定一个合适的隐含层节点数。

依据经验公式法选择5~15个相对合适的节点个数对对评估模型训练样本（见表9-2）中的合计39组数据进行不低于30次的数据训练学习，最终得到其相应的平均误差，并利用试验法对评估模型中的训练样本数据进行训练，合计训练学习次数达500次，其容许限值误差为0.001，训练学习的结果见表9-3。

**表 9-2 评估模型训练样本表**

| 样本序列 | 实 际 输 入 | | | | | | | | | | | | | 期望输出 |
|---|---|---|---|---|---|---|---|---|---|---|---|---|---|---|
| 日期（时间） | 4. 25 | 4. 30 | 5. 5 | 5. 10 | 5. 15 | 5. 20 | 5. 25（14:30） | 5. 25（15:00） | 5. 25（15:30） | 5. 25（16:00） | 5. 25（16:15） | 5. 25（16:30） | 5. 25（17:00） | 5. 25（17:30） |
| 筒体混凝土强度 $S_{11}$ /MPa | 25. 16 | 26. 13 | 23. 95 | 24. 85 | 24. 85 | 24. 75 | 24. 75 | 24. 75 | 24. 75 | 24. 75 | 24. 75 | 24. 75 | 24. 75 | 24. 75 |
| 筒体混凝土温度 $S_{12}$ /℃ | 38. 5 | 41. 4 | 37. 3 | 42. 2 | 37. 1 | 28. 3 | 27. 7 | 27. 2 | 27. 3 | 26. 6 | 27. 4 | 26. 7 | 27. 5 | 27. 6 |
| 筒体钢衬里刚度 $S_{13}$ /MPa | 272 | 268 | 269 | 268 | 272 | 270 | 265 | 265 | 265 | 265 | 265 | 265 | 265 | 265 |
| 筒体径向位移累计量 $S_{14}$ /mm | 13. 5 | 14. 5 | 13. 5 | 14. 5 | 15. 0 | 14. 5 | 1. 5 | 1. 8 | 2. 5 | 2. 5 | 1. 5 | 2. 5 | 6. 5 | 3. 5 |
| 筒体竖向位移累计量 $S_{15}$ /mm | -13. 0 | -13. 5 | -13. 0 | -13. 5 | -13. 0 | 13. 0 | 1. 5 | 1. 0 | 1. 5 | 1. 5 | 1. 0 | 2. 0 | 4. 2 | 1. 0 |
| 筒身混凝土竖向应力值 $S_{16}$ /MPa | 5. 00 | 5. 55 | 6. 00 | 6. 00 | 6. 55 | 6. 55 | 6. 55 | 6. 55 | 6. 55 | 6. 55 | 6. 55 | 6. 55 | 6. 55 | 6. 55 |
| 筒身混凝土环向应力值 $S_{17}$ /MPa | 1. 50 | 1. 55 | 1. 55 | 1. 55 | 1. 80 | 1. 90 | 2. 00 | 2. 00 | 2. 00 | 2. 00 | 2. 00 | 2. 00 | 2. 00 | 2. 00 |
| 地表沉降累计量 $S_{21}$ /mm （CJ-5） | 0. 16 | 0. 11 | -0. 12 | 0. 14 | 0. 15 | 0. 17 | -0. 13 | 0. 19 | 0. 32 | 0. 50 | 0. 92 | 0. 96 | 0. 98 | 1. 01 |
| 地表沉降速率 $S_{22}$ /mm · $d^{-1}$ | 0. 031 | 0. 010 | 0. 046 | 0. 052 | 0. 002 | 0. 004 | 0. 060 | 15. 360 | 6. 240 | 8. 640 | 40. 320 | 3. 840 | 0. 960 | 1. 440 |

续表 9-2

| 样本序列 | 实际输入 | | | | | | | | | | | | | 期望输出 |
|---|---|---|---|---|---|---|---|---|---|---|---|---|---|---|
| 日期（时间） | 4.25 | 4.30 | 5.5 | 5.10 | 5.15 | 5.20 | 5.25（14:30） | 5.25（15:00） | 5.25（15:30） | 5.25（16:00） | 5.25（16:15） | 5.25（16:30） | 5.25（17:00） | 5.25（17:30） |
| 地表沉降差异量 $S_{23}$ /mm | 0.24 | 0.23 | 0.14 | 0.21 | 0.15 | 0.29 | 0.71 | 0.44 | 0.53 | 0.84 | 1.03 | 1.45 | 1.49 | 1.51 |
| 吊车行驶区域强度 $S_{24}$ /MPa | 12.87 | 12.95 | 13.24 | 13.55 | 13.21 | 13.22 | 13.22 | 13.22 | 13.22 | 13.22 | 13.22 | 13.22 | 13.22 | 13.22 |
| 吊车行驶区域坑边荷载 $S_{25}$ /kPa | 21.41 | 21.32 | 25.98 | 21.41 | 20.98 | 21.01 | 42.66 | 42.68 | 41.82 | 51.67 | 41.61 | 51.48 | 41.54 | 41.43 |
| 地下水位高度 $S_{26}$ /m | 13.61 | 13.46 | 13.50 | 13.42 | 13.32 | 13.93 | 13.98 | 13.98 | 13.98 | 13.98 | 13.98 | 13.98 | 13.97 | 13.97 |
| 地下水位变化速率 $S_{27}$ $mm \cdot d^{-1}$ | -0.015 | -0.038 | 0.010 | -0.020 | -0.025 | 0.153 | 0.010 | 0.000 | 0.000 | 0.000 | 0.000 | 0.000 | -0.476 | 0.000 |
| 混凝土浇筑高度 $S_{31}$ /m | 41.60 | 42.00 | 42.40 | 42.80 | 43.20 | 43.60 | 43.60 | 43.60 | 43.60 | 43.60 | 43.60 | 43.60 | 43.60 | 43.60 |
| 混凝土浇筑体积 $S_{32}$ /$m^3$ | 355 | 370 | 350 | 365 | 365 | 370 | 0 | 0 | 0 | 0 | 0 | 0 | 0 | 0 |
| 钢衬里悬臂高度 $S_{33}$ /m | 3.53 | 3.13 | 2.73 | 2.33 | 1.93 | 1.53 | 1.53 | 1.53 | 1.53 | 1.53 | 1.53 | 1.53 | 1.53 | 1.53 |
| 内外壳施工高差 $S_{34}$ /m | 21.6 | 22.0 | 22.4 | 22.8 | 23.2 | 23.6 | 23.6 | 23.6 | 23.6 | 23.6 | 23.6 | 23.6 | 23.6 | 23.6 |
| 施工平台荷载 $S_{35}$ /kPa | 3.5 | 1.5 | 2.5 | 1.5 | 1.5 | 1.5 | 2.5 | 2.5 | 2.5 | 2.5 | 2.5 | 4.5 | 4.5 | 4.0 |

续表 9-2

| 样本序列 | 实际输入 | | | | | | | | | | | | | 期望输出 |
|---|---|---|---|---|---|---|---|---|---|---|---|---|---|---|
| 日期（时间） | 4. 25 | 4. 30 | 5. 5 | 5. 10 | 5. 15 | 5. 20 | 5. 25 (14:30) | 5. 25 (15:00) | 5. 25 (15:30) | 5. 25 (16:00) | 5. 25 (16:15) | 5. 25 (16:30) | 5. 25 (17:00) | 5. 25 (17:30) |
| 起吊极限值 $S_{36}$ /t | 909 | 909 | 909 | 909 | 909 | 909 | 909 | 909 | 909 | 909 | 909 | 909 | 909 | 909 |
| 支撑体系的强度 $S_{41}$ /MPa | 238 | 240 | 238 | 239 | 236 | 240 | 250 | 245 | 245 | 242 | 242 | 238 | 238 | 236 |
| 支撑体系的变形 $S_{42}$ /mm | 3. 0 | 3. 6 | 2. 5 | 4. 0 | 5. 5 | 3. 0 | 6. 0 | 7. 5 | 4. 5 | 4. 0 | 3. 5 | 4. 5 | 4. 5 | 3. 5 |
| 支撑体系的轴力 $S_{43}$ /kN | 172. 5 | 160. 6 | 179. 4 | 175. 4 | 170. 3 | 168. 1 | 219. 2 | 220. 6 | 157. 7 | 155. 6 | 160. 8 | 168. 3 | 167. 7 | 177. 3 |
| 吊装总质量 $S_{51}$ /t | — | — | — | — | — | — | 524. 6 | 524. 6 | 524. 6 | 524. 6 | 524. 6 | 524. 6 | 524. 6 | 524. 6 |
| 钢索最大索力值 $S_{52}$ /kN | — | — | — | — | — | — | 333 | 330 | 328 | 326 | 326 | 293 | 262 | 263 |
| 钢索平均索力值 $S_{53}$ /kN | — | — | — | — | — | — | 216 | 212 | 209 | 203 | 203 | 185 | 176 | 175 |
| 钢索索力不均匀系数 $S_{54}$ | — | — | — | — | — | — | 1. 5 | 1. 4 | 1. 6 | 1. 5 | 1. 6 | 1. 6 | 1. 5 | 1. 4 |
| 附加应力最大值 $S_{55}$ /kN | — | — | — | — | — | — | 331 | 328 | 326 | 322 | 324 | 289 | 259 | 261 |
| 附加应力平均值 $S_{56}$ /kN | — | — | — | — | — | — | 214 | 208 | 211 | 208 | 204 | 182 | 172 | 172 |

续表 9-2

| 样本序列 | 实际输入 | | | | | | | | | | | | | 期望输出 |
|---|---|---|---|---|---|---|---|---|---|---|---|---|---|---|
| 日期（时间） | 4. 25 | 4. 30 | 5. 5 | 5. 10 | 5. 15 | 5. 20 | 5. 25（14:30） | 5. 25（15:00） | 5. 25（15:30） | 5. 25（16:00） | 5. 25（16:15） | 5. 25（16:30） | 5. 25（17:00） | 5. 25（17:30） |
| 附加应力不均匀系数 $S_{57}$ | — | — | — | — | — | — | 1. 5 | 1. 6 | 1. 5 | 1. 6 | 1. 7 | 1. 7 | 1. 4 | 1. 5 |
| 穹顶/钢衬里最大偏摆幅度 $S_{61}$/m | — | — | — | — | — | — | 1. 575 | 1. 652 | 0. 912 | 1. 812 | 1. 675 | 1. 112 | 0. 635 | 0. 251 |
| 穹顶/钢衬竖向最大变形量 $S_{62}$/mm | — | — | — | — | — | — | 5. 5 | 14. 5 | 16. 0 | 15. 0 | 16. 5 | 16. 2 | 17. 5 | 6. 5 |
| 穹顶/钢衬水平最大变形量 $S_{63}$/mm | — | — | — | — | — | — | 4. 5 | 12. 5 | 12. 0 | 11. 5 | 13. 0 | 14. 5 | 12. 0 | 4. 0 |
| 环向预应力筋的应力值 $S_{71}$/kN | — | — | — | — | — | — | — | — | — | — | — | — | — | — |
| 竖向预应力筋的应力值 $S_{72}$/kN | — | — | — | — | — | — | — | — | — | — | — | — | — | — |
| 穿过穹顶的预应力筋的应力值 $S_{73}$/kN | — | — | — | — | — | — | — | — | — | — | — | — | — | — |
| 风速 $S_{81}$ /$m \cdot s^{-1}$ | 6. 9 | 5. 8 | 6. 5 | 6. 3 | 5. 8 | 5. 3 | 5. 2 | 6. 1 | 5. 2 | 5. 2 | 5. 1 | 5. 3 | 5. 2 | 5. 5 |
| 风压 $S_{82}$ /$N \cdot m^{-2}$ | 29. 76 | 21. 03 | 26. 41 | 24. 81 | 21. 03 | 17. 56 | 16. 90 | 23. 26 | 16. 90 | 16. 90 | 16. 26 | 17. 56 | 16. 90 | 18. 91 |
| 室外温度 $S_{83}$ /℃ | 26. 5 | 25. 3 | 26. 6 | 26. 4 | 24. 2 | 22. 6 | 26. 2 | 25. 5 | 24. 5 | 25. 6 | 23. 4 | 24. 7 | 25. 2 | 25. 5 |

表 9-3 不同隐含层节点数对应的训练学习结果平均误差

| 隐含层节点数 | 平均误差 |
|---|---|
| 15 | 0.0062 |
| 14 | 0.0051 |
| 13 | 0.0056 |
| 12 | 0.0063 |
| 11 | 0.0058 |
| 10 | 0.0062 |
| 9 | 0.0079 |
| 8 | 0.0081 |
| 7 | 0.0094 |
| 6 | 0.0111 |
| 5 | 0.0132 |

本研究拟采用 BP 小波神经网络模型对特种筒仓结构施工安全风险评估数据进行处理。这是因为，由分析结果可知，BP 神经网络学习训练的平均误差范围在［0.0051，0.0132］之间，其训练学习的误差精度变化幅度不是很大。从图 9-3可知，BP 神经网络训练的平均误差精度最小值为 0.0051，出现在隐含节点为 14 的时候，此时的模型达到了最优的状态，即网络的收敛速度快、训练学习次数最小、训练学习的精度高。

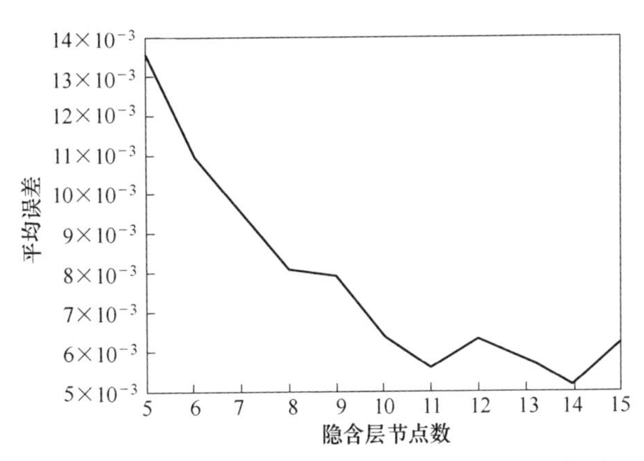


图 9-3 不同隐含层节点数对应的训练学习结果平均误差

## 9.3 模型的训练和分析

### 9.3.1 BP 神经网络模型的训练

为比较 BP 小波神经网络模型和 BP 神经网络模型的收敛速度、训练学习次数、训练学习的精度，为特种筒仓结构安全风险评估选取更加适用的安全风险评估模型，本研究将运用这两种模型依据误差精度 0.001，训练次数 1000，分别对样本数据进行训练学习。其中，基于 MATLAB 软件编程后的 BP 神经网络模型样本数据训练结果见表 9-4，BP 神经网络的预测误差收敛图如图 9-4 所示。

**表 9-4 BP 神经网络预测结果与绝对误差**

| 序号 | 期望值/mm | 训练值/mm | 绝对误差/mm | 序号 | 期望值/mm | 训练值/mm | 绝对误差/mm |
|---|---|---|---|---|---|---|---|
| 1 | -0.28 | -0.24532 | -0.03397 | 20 | -0.76 | -0.78459 | 0.0247 |
| 2 | -0.31 | -0.28029 | -0.02578 | 21 | -0.64 | -0.55119 | -0.09130 |
| 3 | -0.34 | -0.31219 | -0.02382 | 22 | -0.63 | -0.55117 | -0.08042 |
| 4 | -0.35 | -0.31274 | -0.03792 | 23 | -0.62 | -0.52342 | -0.09644 |
| 5 | -0.39 | -0.33259 | -0.05744 | 24 | -0.56 | -0.48419 | -0.07535 |
| 6 | -0.4 | -0.34746 | -0.05033 | 25 | -0.53 | -0.48163 | -0.05136 |
| 7 | -0.39 | -0.37073 | -0.01861 | 26 | -0.53 | -0.53149 | -0.00282 |
| 8 | -0.38 | -0.39712 | 0.01716 | 27 | -0.54 | -0.52515 | -0.01433 |
| 9 | -0.33 | -0.38443 | 0.05517 | 28 | -0.54 | -0.54516 | 0.00534 |
| 10 | -0.25 | -0.36039 | 0.11213 | 29 | -0.36 | -0.34076 | -0.01832 |
| 11 | -0.22 | -0.32162 | 0.10262 | 30 | -0.36 | -0.38712 | 0.02726 |
| 12 | -0.16 | -0.26434 | 0.10433 | 31 | -0.33 | -0.40343 | 0.07345 |
| 13 | -0.11 | -0.22134 | 0.11035 | 32 | -0.32 | -0.42046 | 0.10235 |
| 14 | -0.81 | -0.7247 | -0.08542 | 33 | -0.25 | -0.37163 | 0.12469 |
| 15 | -0.89 | -0.83012 | -0.05815 | 34 | -0.56 | -0.58432 | 0.02421 |
| 16 | -0.92 | -0.93533 | 0.01533 | 35 | -0.56 | -0.57133 | 0.01044 |
| 17 | -0.86 | -0.90709 | 0.04302 | 36 | -0.63 | -0.60013 | -0.02532 |
| 18 | -0.86 | -0.91779 | 0.05719 | 37 | -0.66 | -0.67533 | 0.01510 |
| 19 | -0.83 | -0.89809 | 0.06422 | | | | |

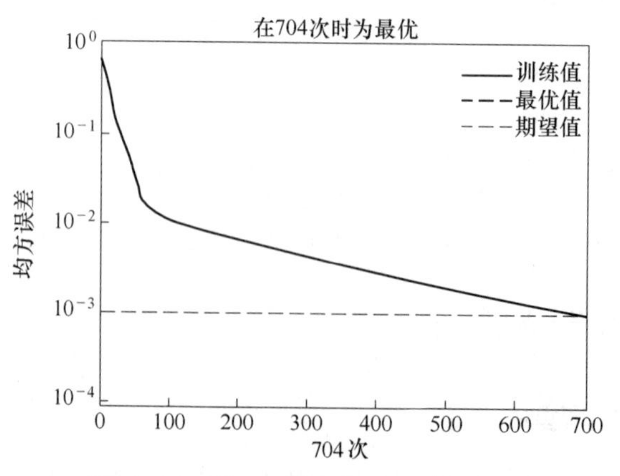


图 9-4 BP 神经网络的预测误差收敛图

### 9.3.2　BP 小波神经网络模型的训练

在 BP 神经网络训练学习后，运用 BP 小波神经网络模型对数据样本进行训练学习，基于 MATLAB 软件编程后的 BP 小波神经网络模型样本数据训练结果见表 9-5，训练学习结果表明，基于 BP 小波神经网络模型的合计训练次数达 1000 次，误差精度仅为 0.001，BP 小波神经网络的预测误差收敛图如图 9-5 所示。

**表 9-5　BP 小波神经网络预测结果与绝对误差**

| 序号 | 期望值/mm | 训练值/mm | 绝对误差/mm | 序号 | 期望值/mm | 训练值/mm | 绝对误差/mm |
|---|---|---|---|---|---|---|---|
| 1 | -0.28 | -0.27585 | -0.00545 | 20 | -0.76 | -0.75192 | -0.00827 |
| 2 | -0.31 | -0.31152 | 0.00134 | 21 | -0.64 | -0.63801 | -0.00192 |
| 3 | -0.34 | -0.34024 | 0.00012 | 22 | -0.63 | -0.63431 | 0.00403 |
| 4 | -0.35 | -0.34653 | -0.00322 | 23 | -0.62 | -0.62112 | -0.00322 |
| 5 | -0.39 | -0.38424 | -0.00512 | 24 | -0.56 | -0.55845 | -0.00225 |
| 6 | -0.4 | -0.39432 | -0.00543 | 25 | -0.53 | -0.52319 | -0.00701 |
| 7 | -0.39 | -0.39563 | 0.00652 | 26 | -0.53 | -0.53104 | -0.00199 |
| 8 | -0.38 | -0.37732 | -0.00742 | 27 | -0.54 | -0.54231 | -0.00263 |
| 9 | -0.33 | -0.33442 | 0.00412 | 28 | -0.54 | -0.54102 | -0.00311 |
| 10 | -0.25 | -0.24411 | -0.00289 | 29 | -0.36 | -0.35469 | -0.00612 |
| 11 | -0.22 | -0.22314 | 0.00332 | 30 | -0.36 | -0.36631 | 0.00693 |
| 12 | -0.16 | -0.15427 | -0.00512 | 31 | -0.33 | -0.31791 | -0.00742 |
| 13 | -0.11 | -0.11351 | 0.00342 | 32 | -0.32 | -0.32445 | 0.00473 |
| 14 | -0.81 | -0.81824 | 0.00885 | 33 | -0.25 | -0.24245 | -0.00255 |
| 15 | -0.89 | -0.89032 | 0.00068 | 34 | -0.56 | -0.56206 | 0.00114 |
| 16 | -0.92 | -0.92422 | 0.00428 | 35 | -0.56 | -0.55586 | -0.00314 |
| 17 | -0.86 | -0.86633 | 0.00664 | 36 | -0.63 | -0.62782 | -0.00312 |
| 18 | -0.86 | -0.86135 | 0.00156 | 37 | -0.66 | -0.65771 | -0.00315 |
| 19 | -0.83 | -0.83625 | 0.00602 | | | | |

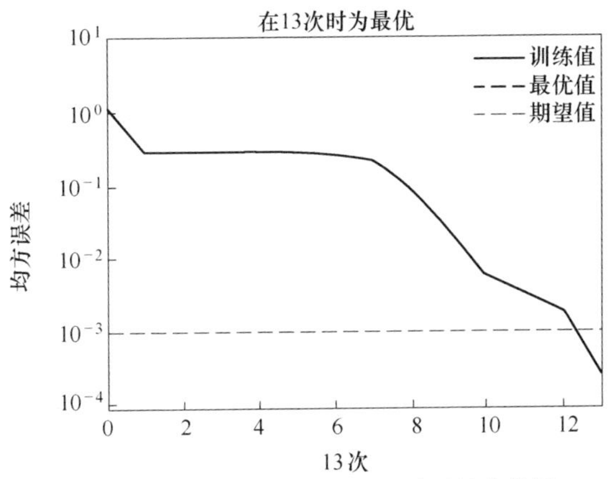


图 9-5　BP 小波神经网络的预测误差收敛图

神经网络的收敛性直接由网络模型的训练次数决定，收敛性即神经网络模型在进行学习训练前提前预设的训练精度（达到怎样的精度后训练学习停止）。由两个神经网络模型训练结果可知，BP 小波神经网络模型经 13 次学习训练即达到数据收敛（原设定的数据精度为 0. 0001），而 BP 神经网络模型在经历了多达 700 多次的训练学习后才达到数据收敛，如图 9-4、图 9-5 所示。由此可知，基于小波理论的改进后的 BP 神经网络模型数据收敛速度远远优于 BP 神经网络模型。两个神经网络模型的训练结果见表 9-4、表 9-5，相应的收敛精度对比图如图 9-6 所示。

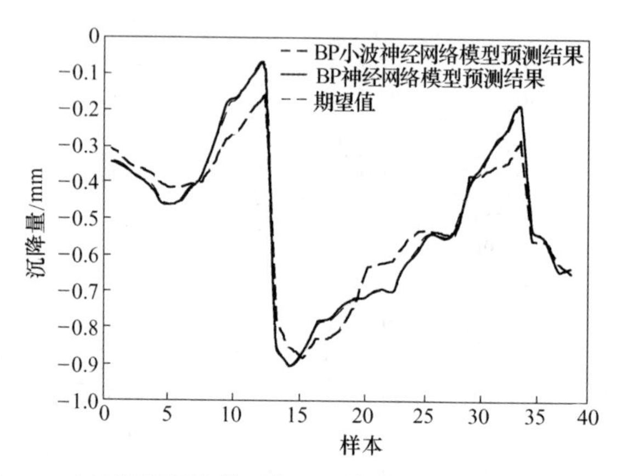


图 9-6　BP 小波神经网络模型与 BP 神经网络模型预测输出对比图

由图 9-6 所示，基于小波理论改进后的 BP 神经网络模型相比于未改进的 BP 神经网络模型训练学习的精度高，基于小波理论改进后的 BP 神经网络模型与 BP 神经网络模型相比，训练结果和期望值更为相近，表明基于小波理论改进后的 BP 神经网络模型远远优于未改进的 BP 神经网络模型。

因此，本研究选用改进后的 BP 神经网络模型开展对特种筒仓结构施工安全风险评估工作，对现场实测的数据样本进行训练学习，最终达到预期的训练学习效果。拟定训练精度为 0. 001，对部分的现场实测的数据样本（见表 9-6）依据训练学习好的基于小波理论改进后的 BP 神经网络模型和未改进的 BP 神经网络模型进行分析，分析结果见表 9-7。

**表 9-6　部分观测样本**

| 序号 | 观测样本/mm | | | | | |
|---|---|---|---|---|---|---|
| 38 | −0. 54 | −0. 51 | −0. 59 | −0. 51 | −0. 52 | −0. 50 |
| 39 | −0. 53 | −0. 52 | −0. 51 | −0. 51 | −0. 54 | −0. 50 |
| 40 | −0. 50 | −0. 52 | −0. 55 | −0. 52 | −0. 51 | −0. 53 |
| 41 | −0. 57 | −0. 53 | −0. 50 | −0. 50 | −0. 55 | −0. 52 |

表 9-7　BP 小波神经网络模型和 BP 神经网络模型的分析结果

| 序号 | 实测值/mm | BP 神经网络模型预测值/mm | 绝对误差/mm | BP 小波神经网络模型预测值/mm | 绝对误差/mm |
|---|---|---|---|---|---|
| 38 | -0.53 | -0.5542 | 0.0243 | -0.5397 | 0.0064 |
| 39 | -0.55 | -0.4984 | -0.0525 | -0.5412 | -0.0085 |
| 40 | -0.57 | -0.6023 | 0.0332 | -0.5703 | 0.0033 |
| 41 | -0.60 | -0.5842 | -0.0173 | -0.5912 | -0.0083 |

从分析结果可知，基于小波理论改进后的 BP 神经网络模型比未改进的 BP 神经网络模型的分析结果更加接近现场实测数据，表明其远远优于未改进的 BP 神经网络模型。BP 小波神经网络模型与 BP 神经网络模型分析结果对比如图 9-7 所示。

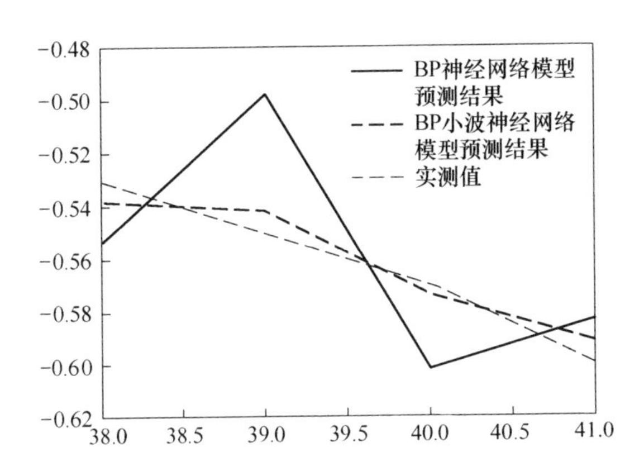


图 9-7　BP 小波神经网络模型与 BP 神经网络模型分析结果对比

仅运用一组样本数据对基于小波理论的改进后的 BP 神经网络模型和未改进的 BP 神经网络模型进行分析尚不能保证模型的有效性、科学性。至此，本研究取另外的两组完全不同的数据样本对模型进行分析，以期验证模型的可靠性，训练次数仍定为 1000 次，误差精度仍定为 0.001，以基于小波理论的改进后的 BP 神经网络模型对第二组数据进行，以 MATLAB 软件对数据进行训练学习，改进后的神经网络训练结果与绝对误差结果见表 9-8，训练样本误差收敛图如图 9-8 所示。

表 9-8 BP 小波神经网络训练结果与绝对误差

| 样本序列 | 期望值 /mm | 训练值 /mm | 绝对误差 /mm | 样本序列 | 期望值 /mm | 训练值 /mm | 绝对误差 /mm |
|---|---|---|---|---|---|---|---|
| 1 | -0.05 | -0.0566 | 0.0073 | 20 | -0.12 | -0.1282 | 0.0085 |
| 2 | -0.08 | -0.0862 | 0.0083 | 21 | -0.21 | -0.2162 | 0.0061 |
| 3 | 0.12 | 0.1126 | 0.0053 | 22 | -0.14 | -0.1414 | 0.0002 |
| 4 | -0.11 | -0.1065 | 0.0008 | 23 | -0.16 | -0.1593 | -0.0005 |
| 5 | -0.2 | -0.2026 | 0.0021 | 24 | -0.11 | -0.1113 | 0.0014 |
| 6 | -0.25 | -0.2521 | 0.0053 | 25 | -0.05 | -0.0562 | 0.0062 |
| 7 | -0.06 | -0.0656 | 0.0055 | 26 | -0.09 | -0.0966 | 0.0065 |
| 8 | -0.12 | -0.1196 | -0.0005 | 27 | -0.21 | -0.2142 | 0.0047 |
| 9 | 0.09 | 0.0866 | 0.0053 | 28 | -0.18 | -0.1871 | 0.0032 |
| 10 | -0.05 | -0.0502 | 0.0003 | 29 | -0.14 | -0.1362 | -0.0024 |
| 11 | 0.16 | 0.1542 | 0.0057 | 30 | -0.13 | -0.1313 | 0.0033 |
| 12 | -0.21 | -0.2062 | 0.0008 | 31 | 0.12 | 0.1121 | 0.0051 |
| 13 | -0.09 | -0.0948 | 0.0057 | 32 | -0.11 | -0.1065 | 0.0008 |
| 14 | -0.02 | -0.0224 | 0.0033 | 33 | -0.21 | -0.2123 | 0.0020 |
| 15 | -0.18 | -0.1856 | 0.0053 | 34 | -0.22 | -0.2223 | 0.0051 |
| 16 | -0.26 | -0.2616 | 0.0015 | 35 | -0.16 | -0.1656 | 0.0045 |
| 17 | -0.13 | -0.1364 | 0.0035 | 36 | 0.12 | 0.1136 | 0.0056 |
| 18 | -0.19 | -0.1852 | -0.0051 | 37 | -0.12 | -0.1164 | 0.0009 |
| 19 | -0.09 | -0.0864 | 0.0007 | 38 | -0.11 | -0.1074 | 0.0011 |

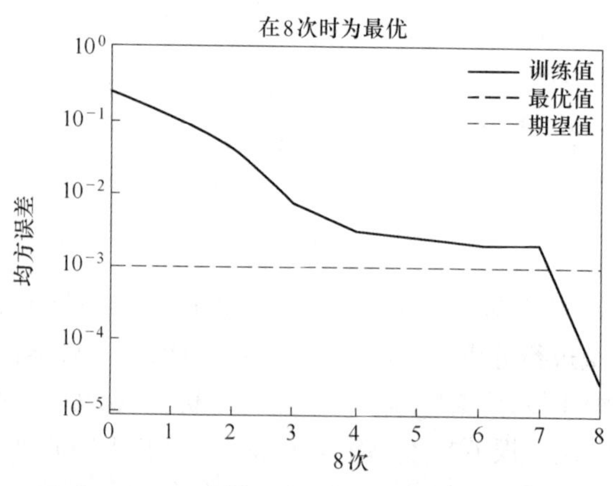


图 9-8 BP 小波神经网络的训练样本误差收敛图

由两个神经网络模型训练结果可知，BP 小波神经网络模型经 8 次学习训练即达到数据收敛（原设定的数据精度为 0.0001），而 BP 神经网络模型在经历了多达1000多次的训练学习后才达到数据收敛。由此可知，基于小波理论的改进后的BP神经网络模型大幅度地改善了BP神经网络模型的收敛速度和精度，两个模型相应的收敛精度对比局部放大图如图9-9所示。

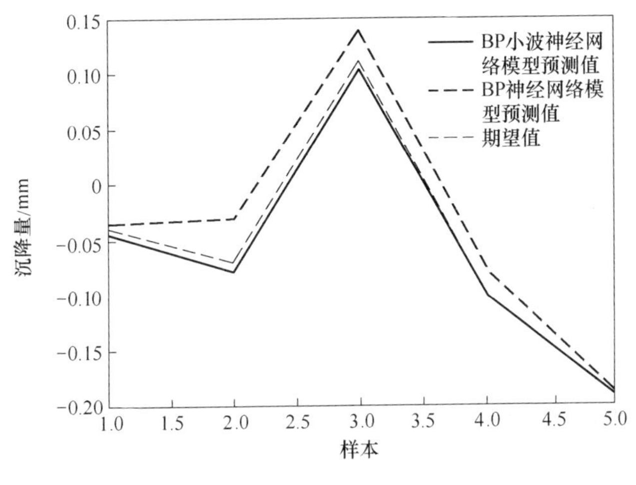


图9-9 结果放大图

至此，利用训练好的改进后的BP神经网络模型对部分训练样本数据进行分析，并同未改进的BP神经网络模型进行对比分析，结果见表9-9。

**表9-9 BP小波神经网络模型与BP神经网络模型的分析结果**

| 序号 | 实测值/mm | BP神经网络模型预测值/mm | 绝对误差/mm | BP小波神经网络模型预测值/mm | 绝对误差/mm |
| --- | --- | --- | --- | --- | --- |
| 39 | −0.13 | −0.0929 | −0.0371 | −0.1234 | −0.0061 |
| 40 | −0.21 | −0.1466 | −0.0631 | −0.2021 | −0.0075 |
| 41 | −0.25 | −0.2101 | −0.0446 | −0.2399 | −0.0079 |
| 42 | −0.14 | −0.1071 | −0.0329 | −0.1349 | −0.0051 |
| 43 | −0.12 | −0.1581 | 0.0381 | −0.1132 | −0.0068 |

由网络模型分析值与现场实测值的对比结果可知，基于小波理论改进后的BP神经网络模型的分析精度远比未改进的BP神经网络模型要高，如图9-10所示。

由此可知，基于小波理论的改进后的BP神经网络模型数据收敛速度、数据分析精度远远优于BP神经网络模型。利用基于小波理论的改进后的BP神经网络模型进行特种筒仓结构施工安全风险评估的数据处理可以达到预期效果。

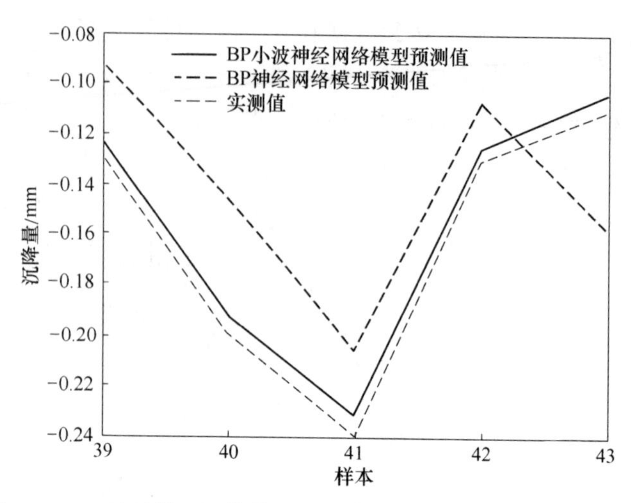


图 9-10 BP 小波神经网络模型与 BP 神经网络模型的分析对比结果

### 9.3.3 模型的训练结果分析

由上述计算结果可知，基于小波理论的改进后的 BP 神经网络模型训练与检验，最大的绝对误差保持在 0.001，最大的相对误差保持在 5.01%左右。因此，可以得出结论，利用基于小波理论的改进后的 BP 神经网络模型，可以准确地通过特种筒仓结构施工监测数据进行分析，对安全风险等级进行评估，从而可以提前制定关于特种筒仓结构施工安全风险控制措施，保证项目在施工过程中的安全。

# 参考文献

[1] 李慧民．土木工程安全管理教程［M］．北京：冶金工业出版社，2013.
[2] 李慧民．土木工程安全检测与鉴定［M］．北京：冶金工业出版社，2014.
[3] 李慧民．土木工程安全生产与事故案例分析［M］．北京：冶金工业出版社，2015.
[4] 孟海，李慧民．土木工程安全检测、鉴定、加固修复案例分析［M］．北京：冶金工业出版社，2016.
[5] 李慧民，裴兴旺，孟海，等．旧工业建筑再生利用结构安全检测与评定［M］．北京：中国建筑工业出版社，2017.
[6] 李慧民，裴兴旺，孟海，等．旧工业建筑再生利用施工技术［M］．北京：中国建筑工业出版社，2017.
[7] 刘光强．大直径筒仓滑模施工中心井架支撑体系的受力分析［J］．工程质量，2011，1：28~34.
[8] 吴春杰．22m 仓顶锥壳板施工技术［J］．科技信息，2010，26：711~712.
[9] 郑中锋，朱振强，赵晓园．大直径超高筒仓仓顶锥壳支撑技术［J］．科技信息，2011：23~24.
[10] 张玲，肖继忠．22 米直径配煤仓仓顶锥壳支撑系统的创新应用［J］．科技视界，2013，11：61~62.
[11] 段红杰，周文玉，蒋玮．大直径筒仓结构的有限元分析［J］．工业建筑，2000，30（9）：38~42.
[12] 倪时华，胡庆刚，王振辉，等．大直径预应力筒仓滑模施工技术［J］．施工技术，2013，2：54~57.
[13] 夏军武，周勇利．大直径筒仓仓顶钢桁架施工支撑平台设计［J］．钢结构，2011，26（8）：40~42.
[14] 彭雪平．巨型贮煤筒仓的有限元分析［J］．特种结构，2005，22（4）：41~42.
[15] 吕西林，金国芳．钢筋混凝土结构非线性有限元理论与应用［M］．上海：同济大学出版社，1997.
[16] 付建宝．复杂条件下大型筒仓侧压力的极限分析与弹塑性有限元分析［M］．大连：大连理工大学，2006.
[17] 陈滔豪．大直径预应力混凝土筒仓仓壁的受力有限元分析［D］．武汉：武汉理工大学，2007.
[18] 姜东．浅圆仓仓壁侧压力的有限元分析［J］．特种结构，2007，24（4）：7~12.
[19] 周勇强，高政国．巨型贮煤筒仓有限元分析［J］．工业建筑，2007，z1：351~355.
[20] 张少坤．大直径钢筋砼筒仓温度荷载和贮料荷载作用有限元分析［D］．武汉：武汉理工大学，2008.

# 冶金工业出版社部分图书推荐

| 书　　名 | 作　者 | | 定价(元) |
|---|---|---|---|
| 冶金建设工程 | 李慧民 | 主编 | 35.00 |
| 岩土工程测试技术（第2版）（本科教材） | 沈　扬 | 主编 | 68.50 |
| 现代建筑设备工程（第2版）（本科教材） | 郑庆红 | 等编 | 59.00 |
| 土木工程材料（本科教材） | 廖国胜 | 主编 | 40.00 |
| 混凝土及砌体结构（本科教材） | 王社良 | 主编 | 41.00 |
| 工程经济学（本科教材） | 徐　蓉 | 主编 | 30.00 |
| 工程地质学（本科教材） | 张　荫 | 主编 | 32.00 |
| 工程造价管理（本科教材） | 虞晓芬 | 主编 | 39.00 |
| 建筑施工技术（第2版）（国规教材） | 王士川 | 主编 | 42.00 |
| 建筑结构（本科教材） | 高向玲 | 编著 | 39.00 |
| 建设工程监理概论（本科教材） | 杨会东 | 主编 | 33.00 |
| 土力学地基基础（本科教材） | 韩晓雷 | 主编 | 36.00 |
| 建筑安装工程造价（本科教材） | 肖作义 | 主编 | 45.00 |
| 高层建筑结构设计（第2版）（本科教材） | 谭文辉 | 主编 | 39.00 |
| 土木工程施工组织（本科教材） | 蒋红妍 | 主编 | 26.00 |
| 施工企业会计（第2版）（国规教材） | 朱宾梅 | 主编 | 46.00 |
| 工程荷载与可靠度设计原理（本科教材） | 郝圣旺 | 主编 | 28.00 |
| 流体力学及输配管网（本科教材） | 马庆元 | 主编 | 49.00 |
| 土木工程概论（第2版）（本科教材） | 胡长明 | 主编 | 32.00 |
| 土力学与基础工程（本科教材） | 冯志焱 | 主编 | 28.00 |
| 建筑装饰工程概预算（本科教材） | 卢成江 | 主编 | 32.00 |
| 建筑施工实训指南（本科教材） | 韩玉文 | 主编 | 28.00 |
| 支挡结构设计（本科教材） | 汪班桥 | 主编 | 30.00 |
| 建筑概论（本科教材） | 张　亮 | 主编 | 35.00 |
| Soil Mechanics（土力学）（本科教材） | 缪林昌 | 主编 | 25.00 |
| SAP2000结构工程案例分析 | 陈昌宏 | 主编 | 25.00 |
| 理论力学（本科教材） | 刘俊卿 | 主编 | 35.00 |
| 岩石力学（高职高专教材） | 杨建中 | 主编 | 26.00 |
| 建筑设备（高职高专教材） | 郑敏丽 | 主编 | 25.00 |
| 岩土材料的环境效应 | 陈四利 | 编著 | 26.00 |
| 建筑施工企业安全评价操作实务 | 张　超 | 主编 | 56.00 |
| 现行冶金工程施工标准汇编（上册） | | | 248.00 |
| 现行冶金工程施工标准汇编（下册） | | | 248.00 |